U0142263

凝煉知識品味閱讀

電腦輔助沖壓模具設計

Computer Aided Stamping Die Design

林栢村
郭峻志 著

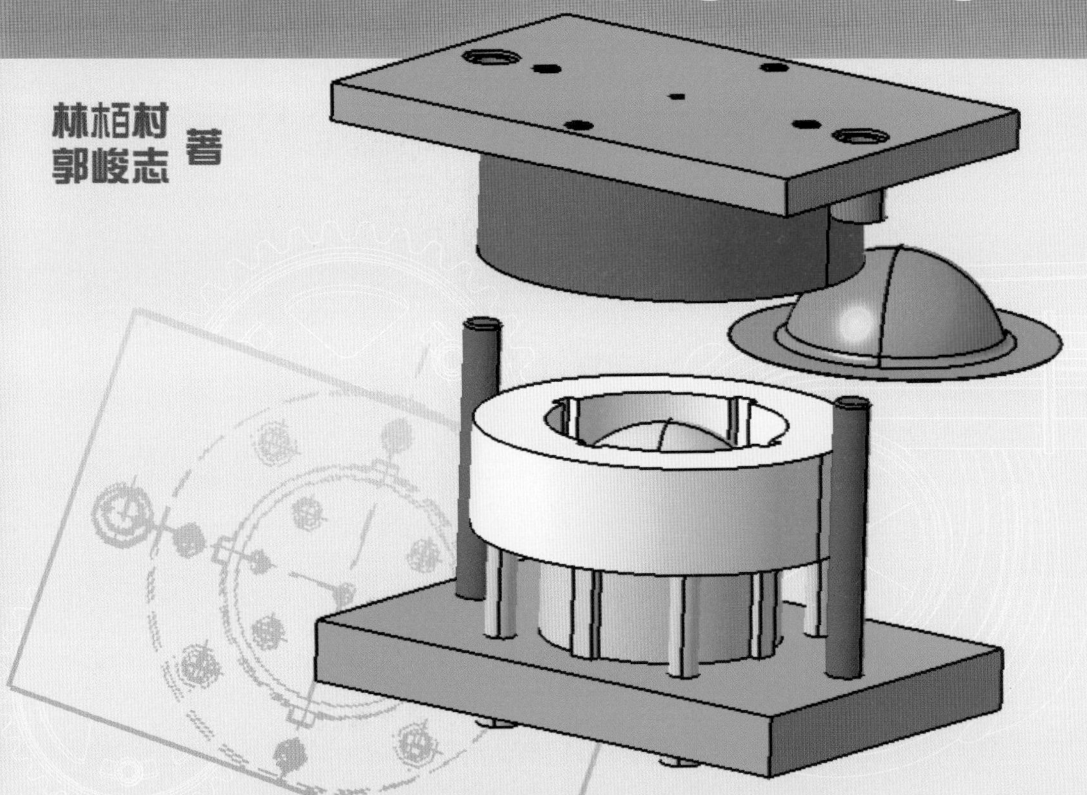

五南圖書出版公司 印行

五南出版

序

沖壓零件廣泛應用於各種交通工具、電腦、通訊及消費性電子產品。沖壓零件係將板金胚料藉由沖壓模具加以成形，沖壓模具依成形功能分成引伸、剪切及彎曲模具。在沖壓零件開發過程中，沖壓模具設計是最重要的工作之一。由於模具結構複雜，加上許多設計參數會相互影響，讓模具設計過程更加困難且耗時。因此，大多數的業界至今仍相信，模具設計過程是藝術多於科學，需要長期實務經驗才能成為專家。

面對世界潮流及高度競爭的環境，如何讓沖壓模具設計的時程縮短、成本降低及品質提昇，增加業界競爭力，使用電腦輔助設計系統就是有效的方法之一。現今常用的設計系統以 2D 為主，以其描繪複雜的沖壓模具，有視圖不易辨識、干涉不易察覺、繪圖及改圖不易等缺點，讓設計者在學習及設計的時間冗長。而 3D CAD 軟體則是以實體模型直覺且具體的描述設計物體，可大幅改善上述問題；加上近年來，由於個人電腦技術的急速發展，3D CAD 軟體亦可在個人電腦上使用，故 3D CAD 軟體的使用，逐步成為沖壓模具設計主流。

目前，市面上販售書籍絕大部分是從知識傳授的角度編著，例如：沖壓模具設計相關書籍以介紹沖壓模具種類、沖壓理論、作動過程、設計原理及 / 或設計準則與規範為主；此外，電腦輔助設計相關書籍大都以說明 3D CAD 軟體的各種繪圖功能及流程為主。對沖壓模具業界而言，上述書籍與設計實務著實有著看不見的鴻溝。

長期以來，作者使用三維電腦輔助軟體從事沖壓模具設計的實作教學及產學合作計畫。本書籍即是以實務經驗為基礎，從作業需求的角度編著。本書籍的特色包含：1. 範例採用業界實際案例：以金屬燈殼實例，結合 3D CATIA 軟體，設計沖壓模具。2. 呈現真實設計作業：依據設計準則與規範，選用 / 計算零件材料、位置及尺寸值，與操作電腦輔助繪圖。3. 一個案例貫穿完整設計流程：從沖壓零件為基礎，逐步進行工程模面設計、引伸模具結構設計、剪切模具結構設計、彎形模具結構設計、標準零件目錄建立與組立、模具作動模擬、模具干涉檢查、模具工程圖出圖及 BOM 表建立。本書可做為在學學生學習沖壓模具設計實務的教科書，亦可做為業界沖壓模具設計工程師在職進修參考書。

本書籍得以著作完成，首先感謝教育部科技顧問室先進產業設備人才培育計畫經費補助。本書籍得以順利出版，特別感謝五南文化事業機構，嚴謹認真有效率的編排製，讓本書更活潑生動，清晰具體。

林栢村　郭峻志　謹致
2013 年夏

目　錄

1 工程模面設計

2 引伸模具結構設計

3 剪切模具結構設計

5 模具結構分析

6 標準零件目錄建立與組立

7 模具作動模擬

8 模具干涉檢查

1

工程模面設計

1.1 沖壓零件

1.2 板材胚料面積計算

1.3 沖壓工序

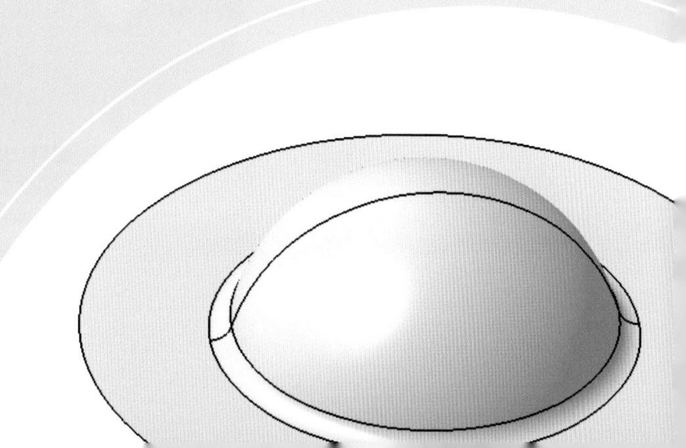

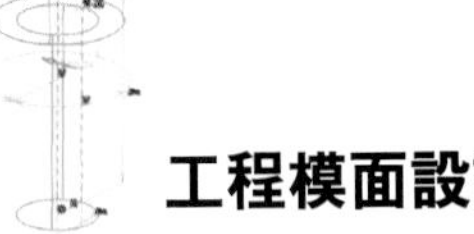

1.1 沖壓零件

金屬燈殼沖壓零件的製作，涵蓋沖壓最常用的引伸、剪切及彎形三種製程。因此，本書將以金屬燈殼爲例，藉由 CATIA 軟體輔助，說明沖壓模具設計流程。至於，金屬燈殼之零件圖與 3D 造型，如下所示：

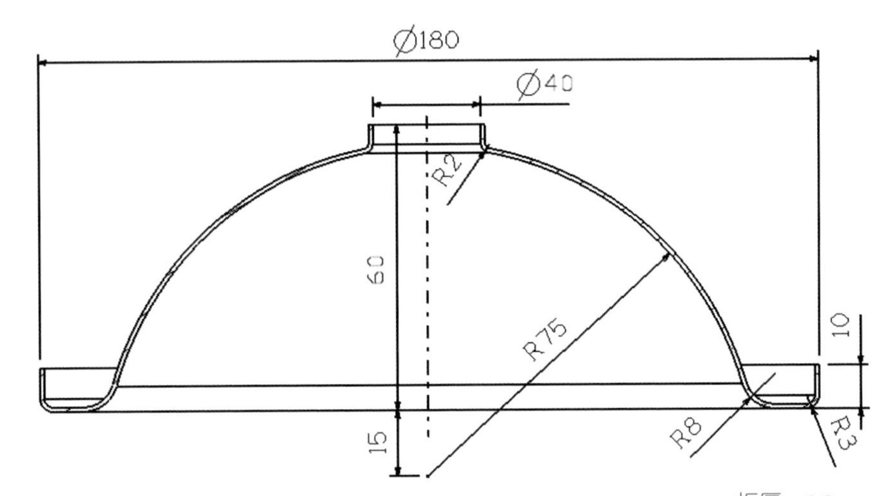

板厚：0.8 mm
材料：不鏽鋼

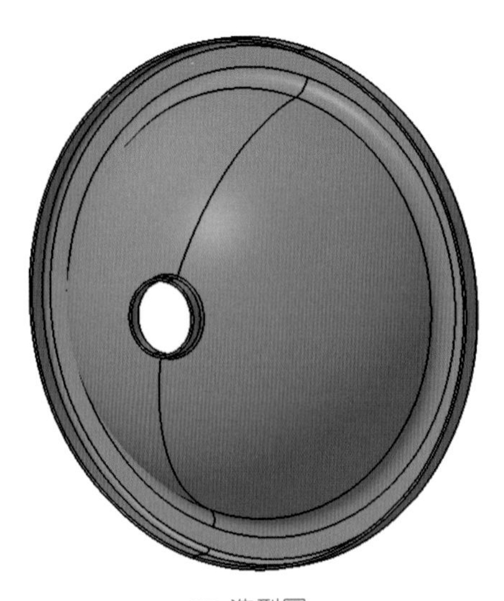

3D 造型圖

燈殼 3D 造型繪製操作說明

1. 開啓 CATIA 後，切換至曲面建構模組【 Shape】，選擇曲面設計【 Generative Shape Design】。

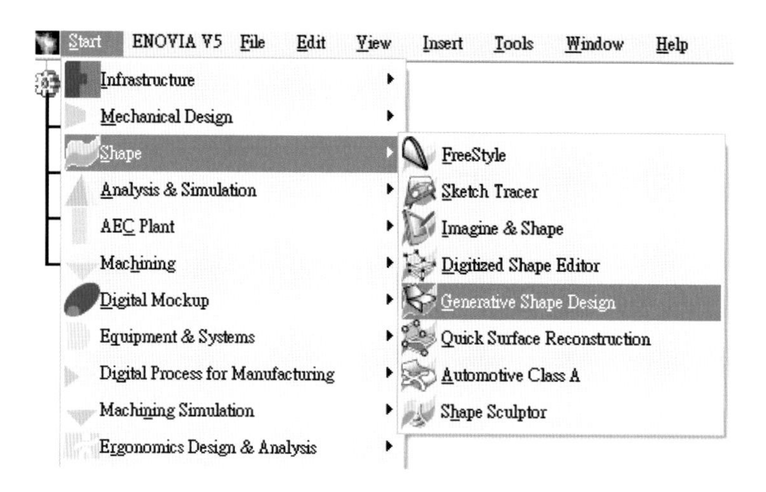

2. 以 yz 平面為草圖基準面，繪製燈殼零件圖。

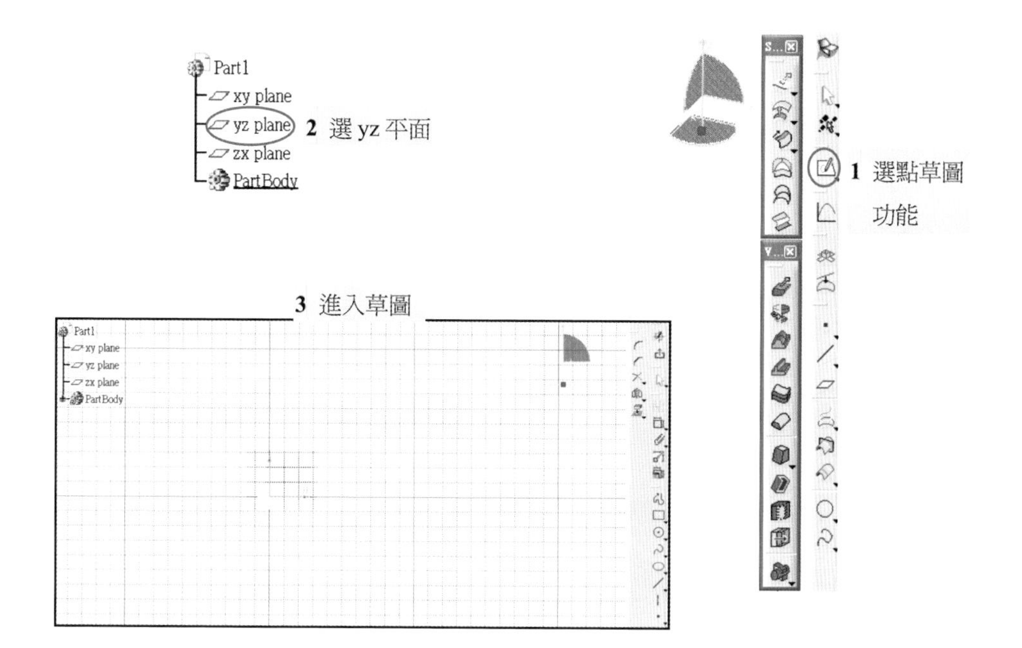

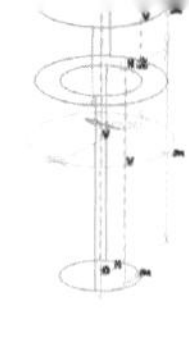

3. 金屬燈殼爲一旋轉體造型，故其草圖需繪製燈殼對稱於旋轉軸之剖面線，完成燈殼之剖面線草圖，如下所示：

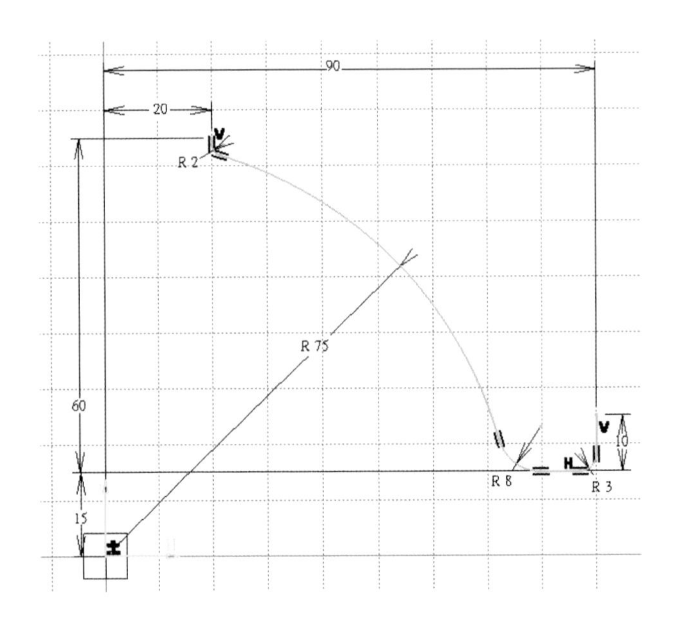

4. 以【 Exit workbench】指令退出草圖，以【 Revolve】指令對旋轉軸旋轉剖面線一周後，即完成燈殼內側曲面。

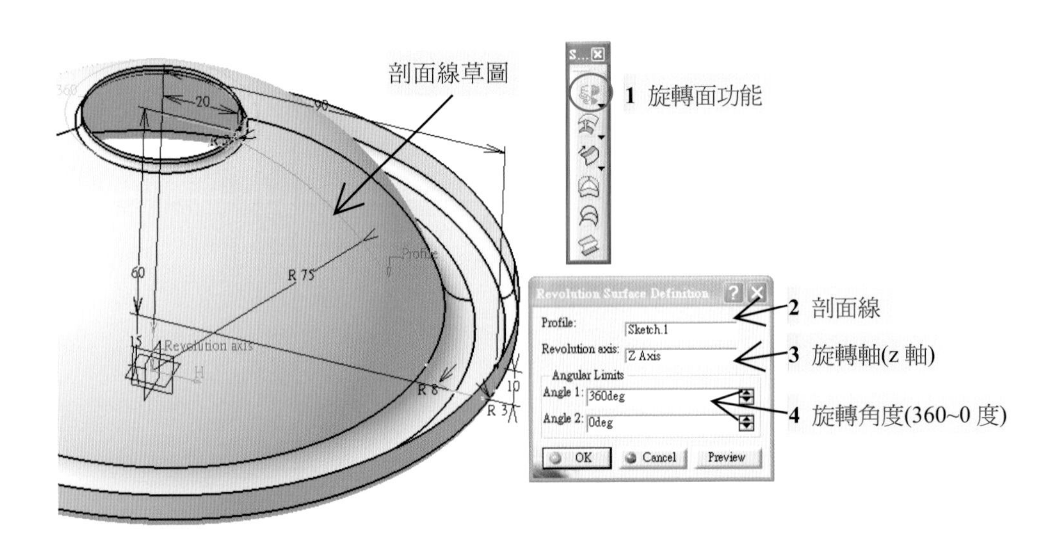

5. 以【 Thick surface】指令長出具有板厚之燈殼實體。

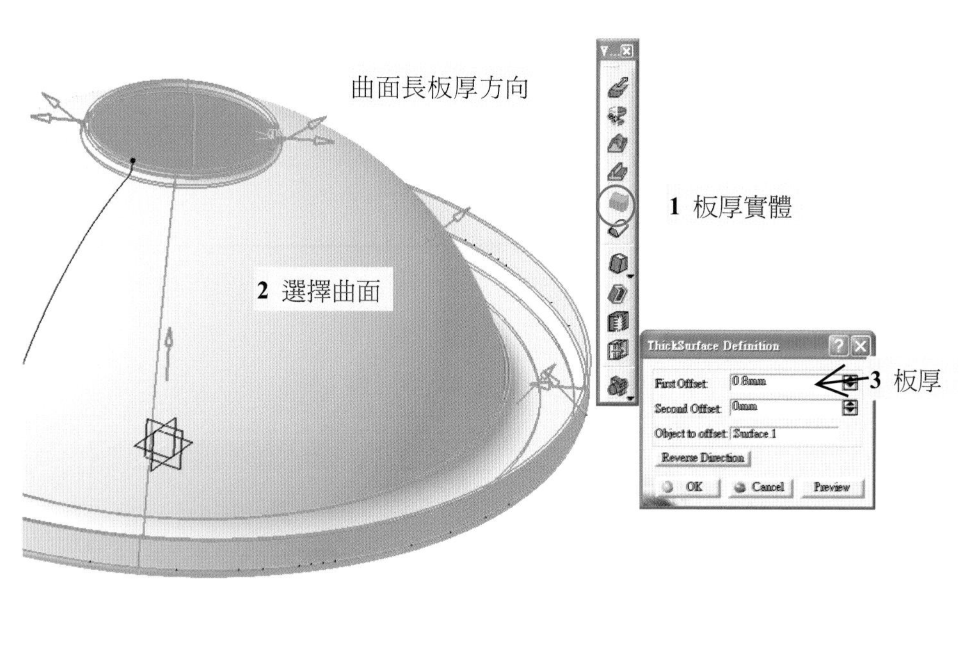

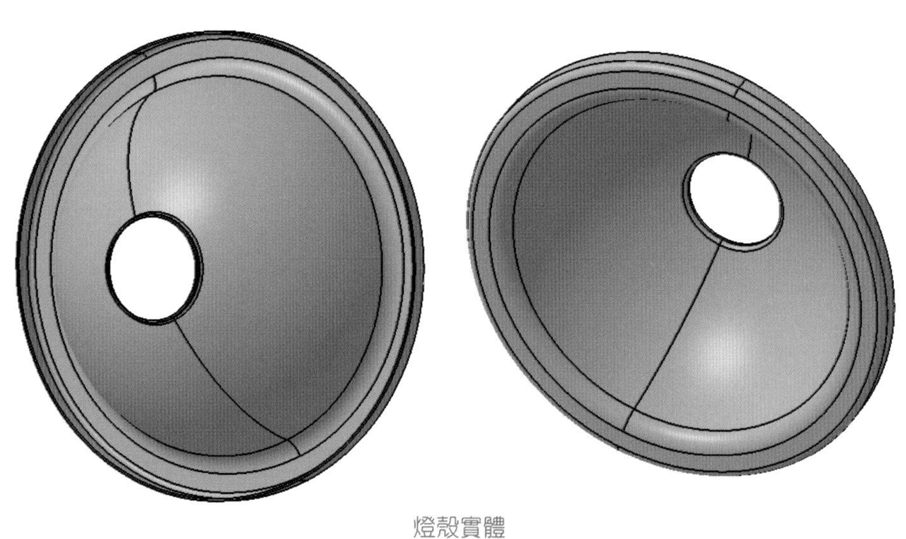

燈殼實體

1.2 板材胚料面積計算

金屬燈殼內彎緣孔為沖孔後彎緣成形，在板材胚料面積計算時，應先填補成沖孔前之曲面。填補後造型如下所示，並點選【 Measure Item】後，量測該曲面面積為 0.041 m^2。

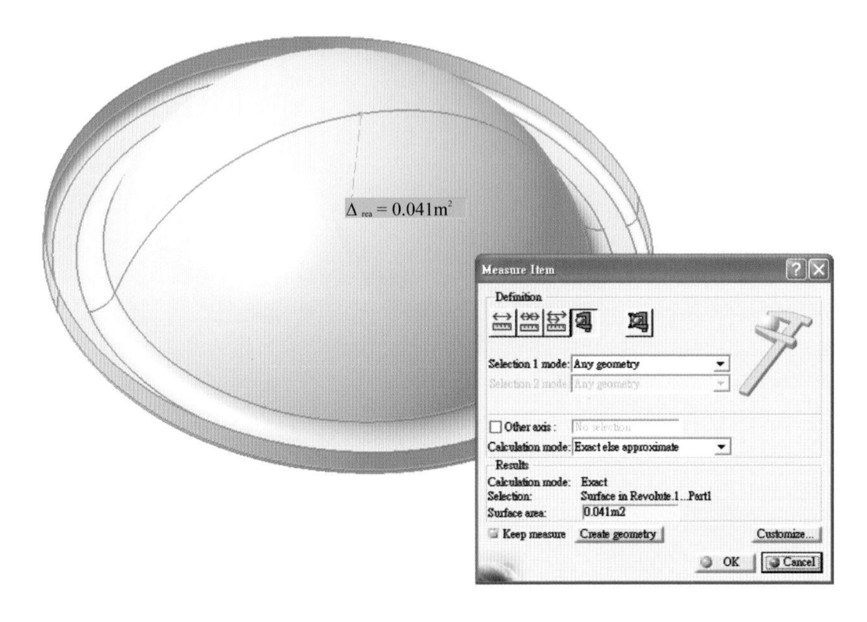

金屬燈殼為旋轉體造型，沖壓板材最好選用圓形胚料，圓形胚料直徑 (D) 尺寸計算如下：

$$\text{圓胚料直徑 (D)} = 2\times\sqrt{0.041/\pi} = 0.228\ \text{m} = 228\ \text{mm}$$

由於燈殼外形需保留剪切餘料尺寸，一般剪切餘料尺寸設計為 3~5 倍板厚。燈殼板厚為 0.8 mm，故每一剪切邊需預留 2.4 mm～4 mm。本設計之直徑兩邊各預留 3 mm，故圓胚料直徑修正為：

$$\text{圓胚料直徑 (D)} = 228\ \text{mm} + 2\times3\ \text{mm} = 234\ \text{mm}$$

1.3 沖壓工序

金屬燈殼之沖壓工程依序是 3D 造型成形、外形與內孔沖切及外緣與內緣翻邊三個工序，因此，金屬燈殼之沖壓加工用模具包括：3D 造型成形之引伸模具、外形與內孔沖切之剪切模具及外緣與內緣翻邊之彎形模具。其各工程模面圖如下所示：

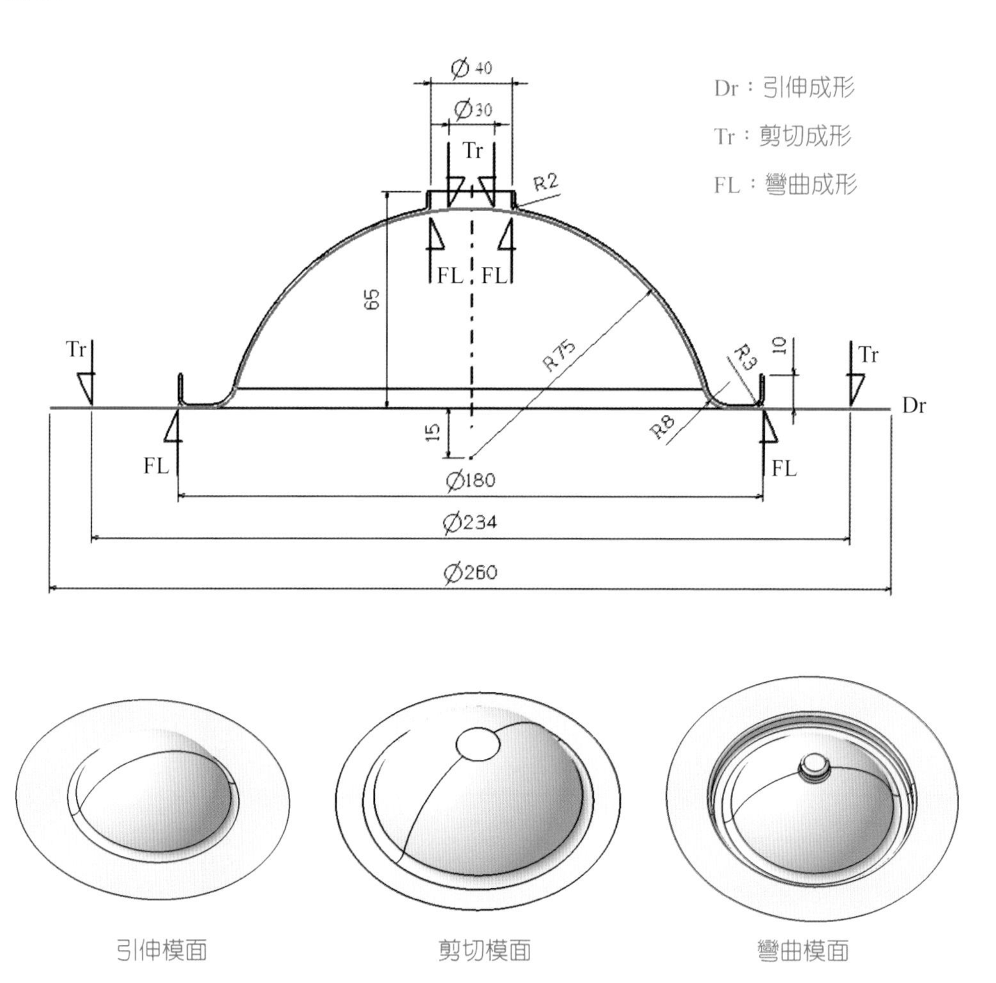

引伸模面 3D 造型繪製操作說明

1. 開啓 CATIA 後，切換至曲面建構模組【 Shape】，選擇曲面設計【 Generative Shape Design】。

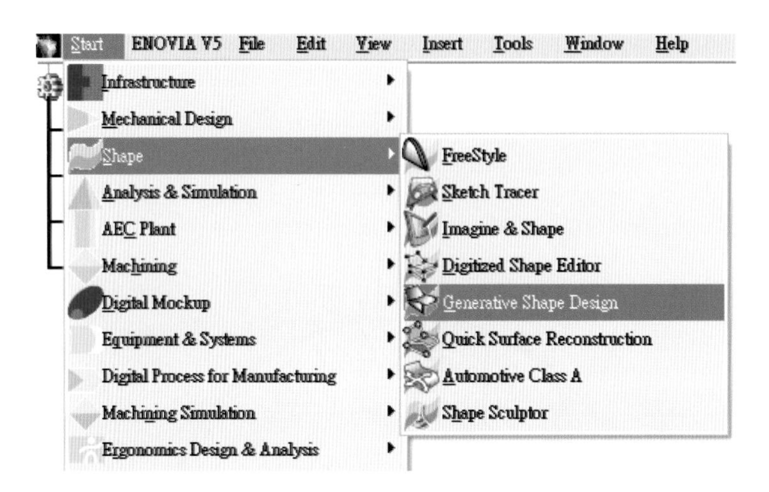

2. 以 yz 平面爲草圖基準面，繪製燈殼零件圖。

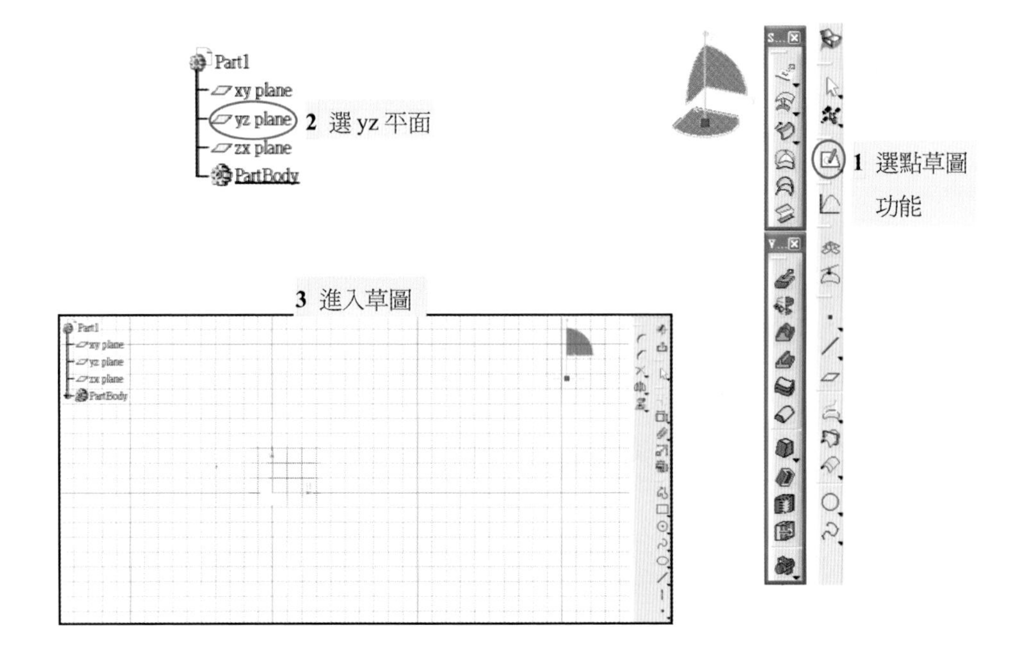

3. 引伸工程模面爲一旋轉體造型，其草圖需繪製模面對稱於旋轉軸之剖面線。依工程模面圖，完成引伸成形之剖面線草圖，如下所示：

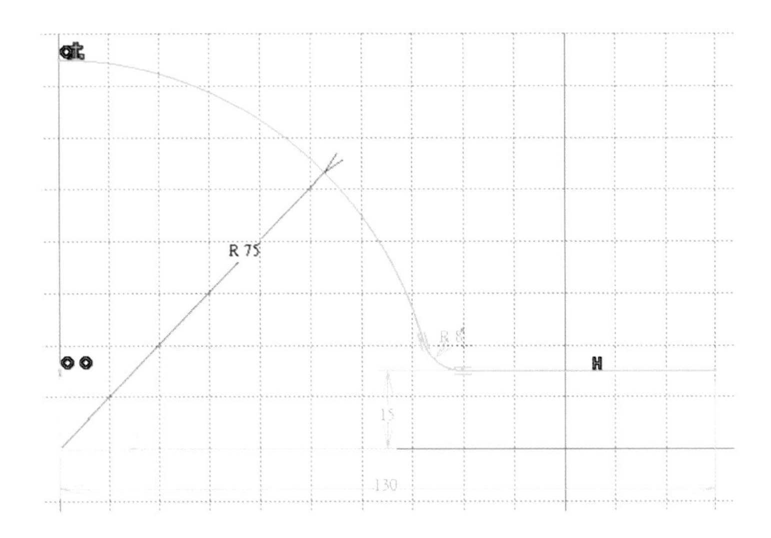

4. 以【 Exit workbench】指令退出草圖，以【 Revolve】指令對旋轉軸旋轉剖面線一周後，即完成引伸成形模面內側曲面。

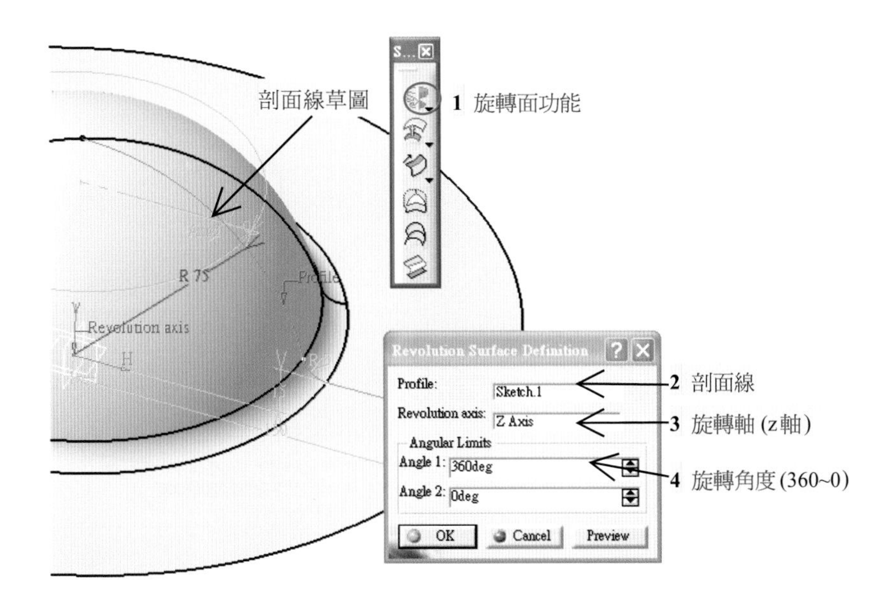

剪切模面 3D 造型繪製操作說明

1. 將完成之引伸模面，以外直徑 197 mm 與內直徑 30 mm 剪切後，即完成剪切模面。故剪切模面繪製需先在引伸模面圖的 xy 平面，繪製直徑 197 mm 與直徑 30 mm 二圓。

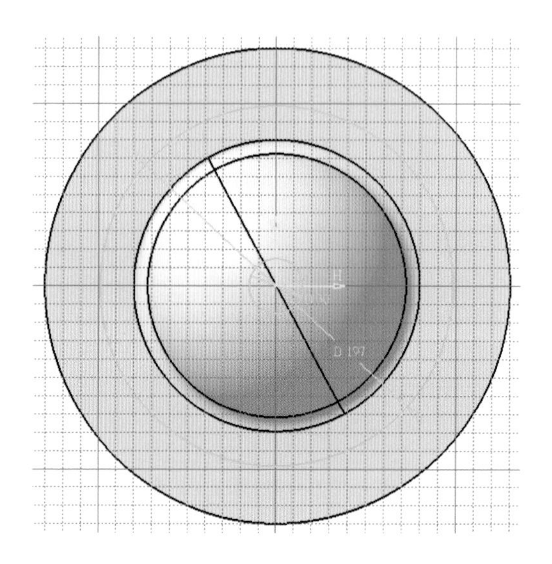

2. 以【Extract】指令，從草圖擷取出內、外圓曲線。

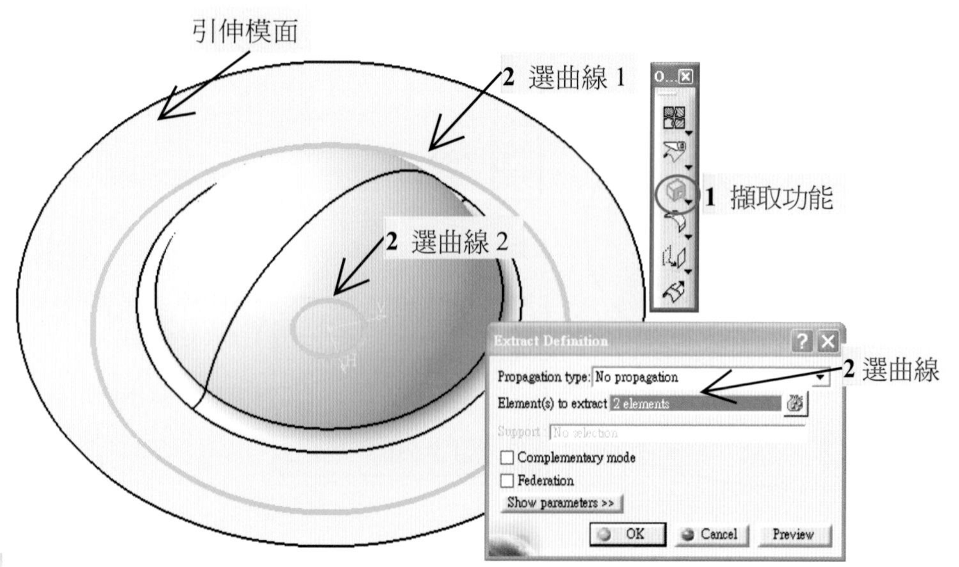

3. 選擇【 Profection】，將內、外圓曲線投影至曲面上。

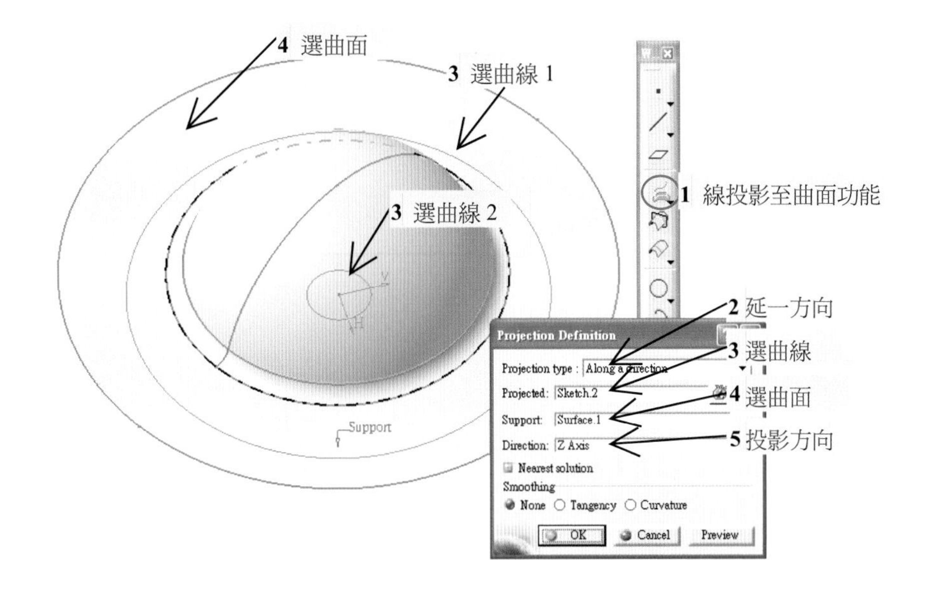

4. 點選【 Split】，將曲面延著內、外圓投影曲線進行裁切，即完成剪切模面。

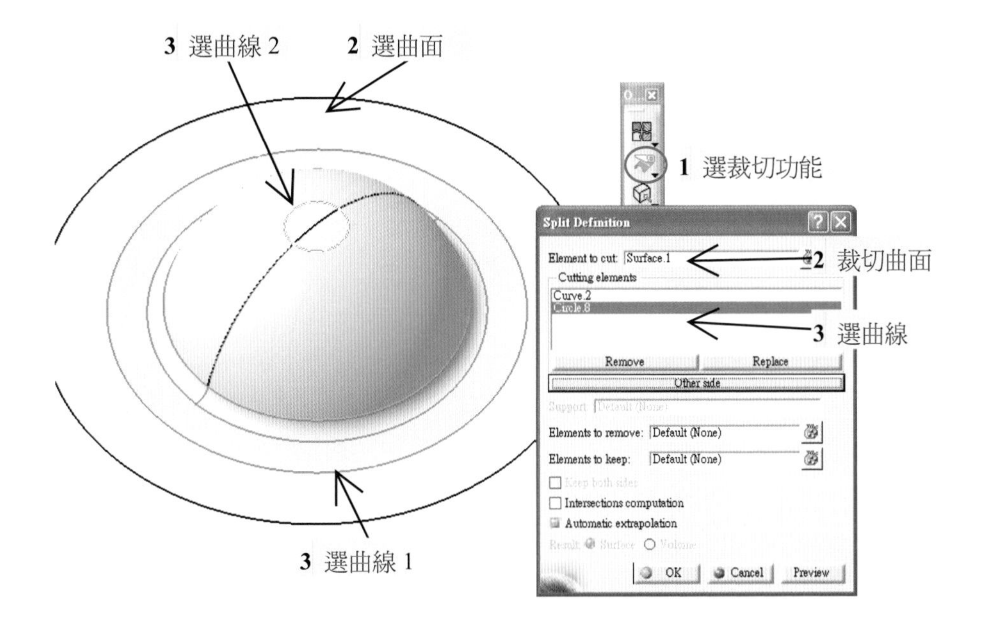

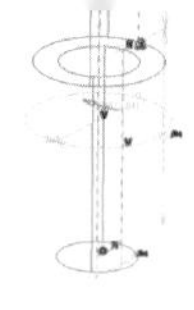

彎曲模面 3D 造型繪製操作說明

1. 在繪製彎曲模面之剖面線草圖時，需考慮彎刀模面尺寸。

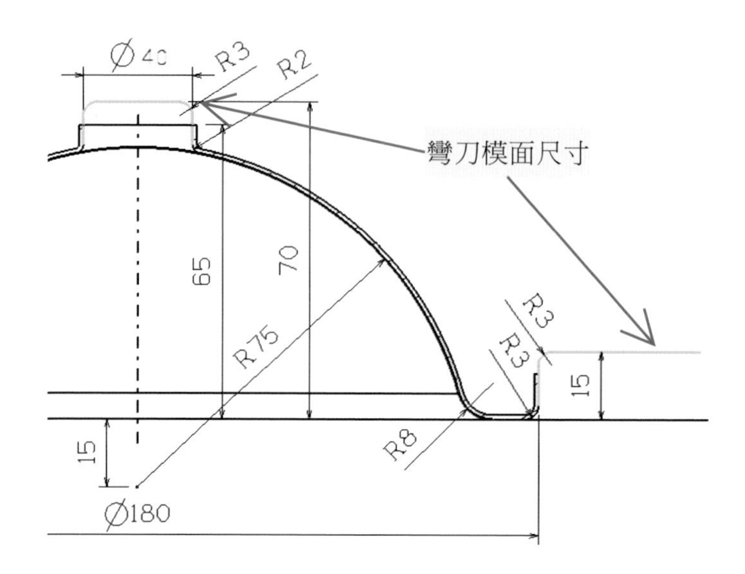

2. 彎曲模面 3D 造型圖的繪製流程，請仿照引伸模面 3D 造型繪製流程。

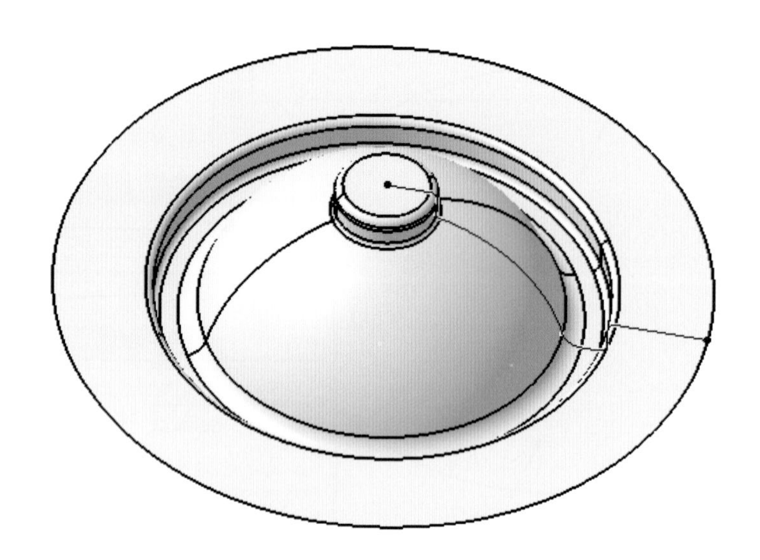

2

引伸模具結構設計

- 2.1 引伸模具設計
- 2.2 引伸模具之模仁結構設計
- 2.3 引伸模具之壓料板結構設計
- 2.4 引伸模具之上模結構設計
- 2.5 引伸模具之下模座結構設計
- 2.6 引伸模具之上模座結構設計
- 2.7 引伸模具之定位與鎖固孔設計

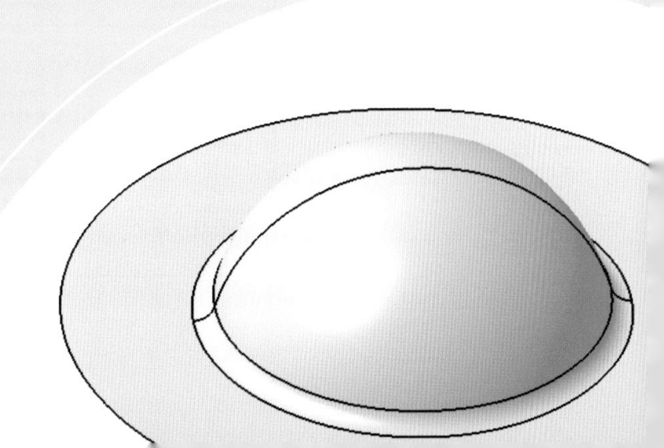

2.1 引伸模具設計

引伸模具主體結構包括：模仁、壓料板、模穴、下模座及上模座。

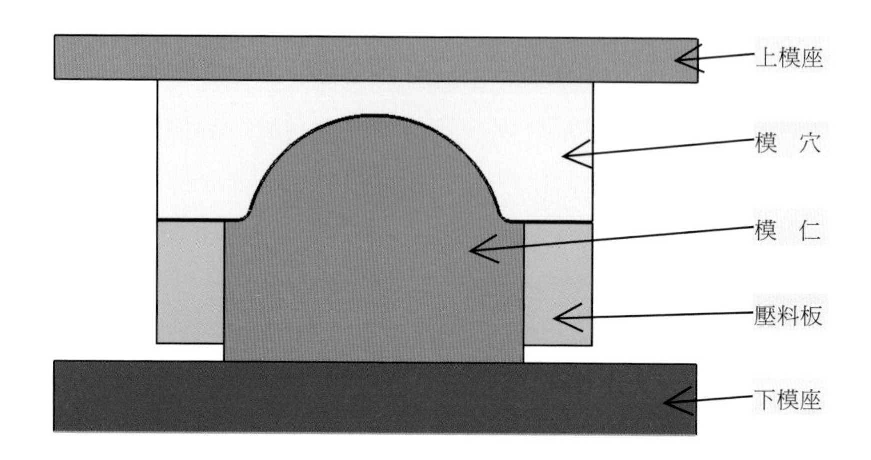

引伸模具主結構設計依序為：模仁 →壓料板→模穴 →下模座 →上模座

引伸模具結構設計圖檔案規劃操作說明

1. 開啓 CATIA，進入【Assembly Design】模組。

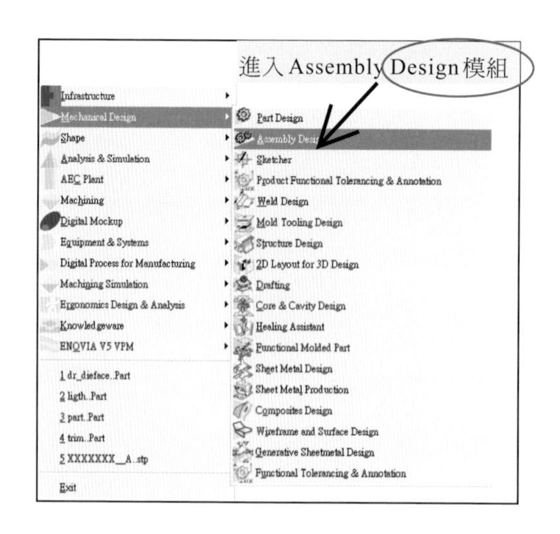

2. 點選【 Existing Component】指令，開啓引伸模面檔案 (dr_dieface.prt)。

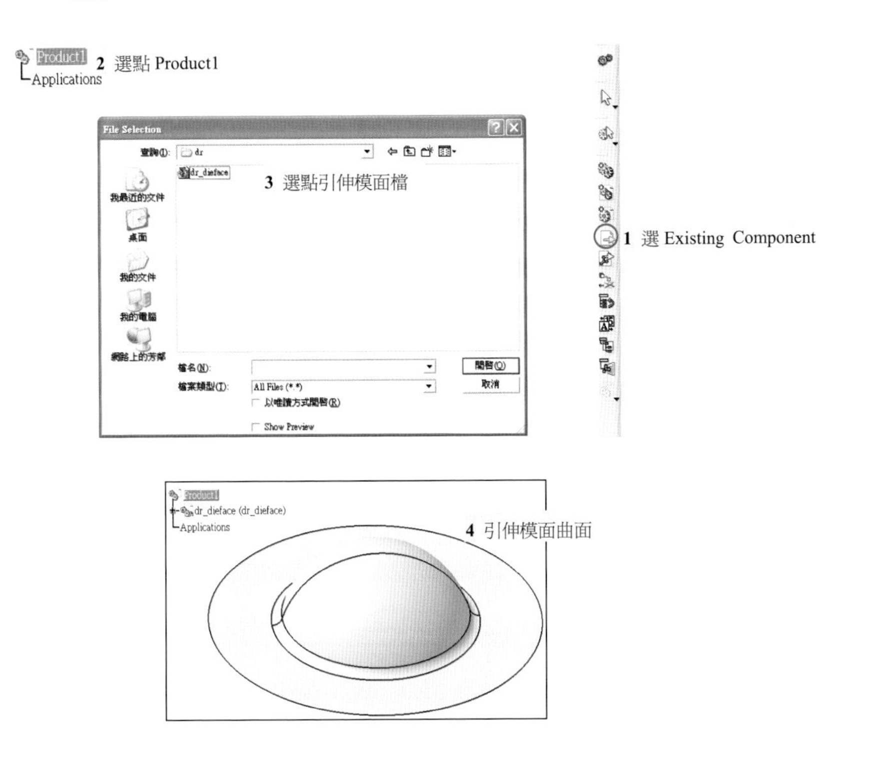

3. 點選【 Part】指令，建立一個新零件檔案，將其命名爲部品零件名稱。

4. 引伸模具主體結構有：模仁（Punch）、壓料板（Blank Holder）、模穴（Cavity）、上模座（Upper Die Set）、下模座（Lower Die Set）；所有主體零件皆依據下圖中 1~5 步驟建立新零件檔案，再進行繪製。

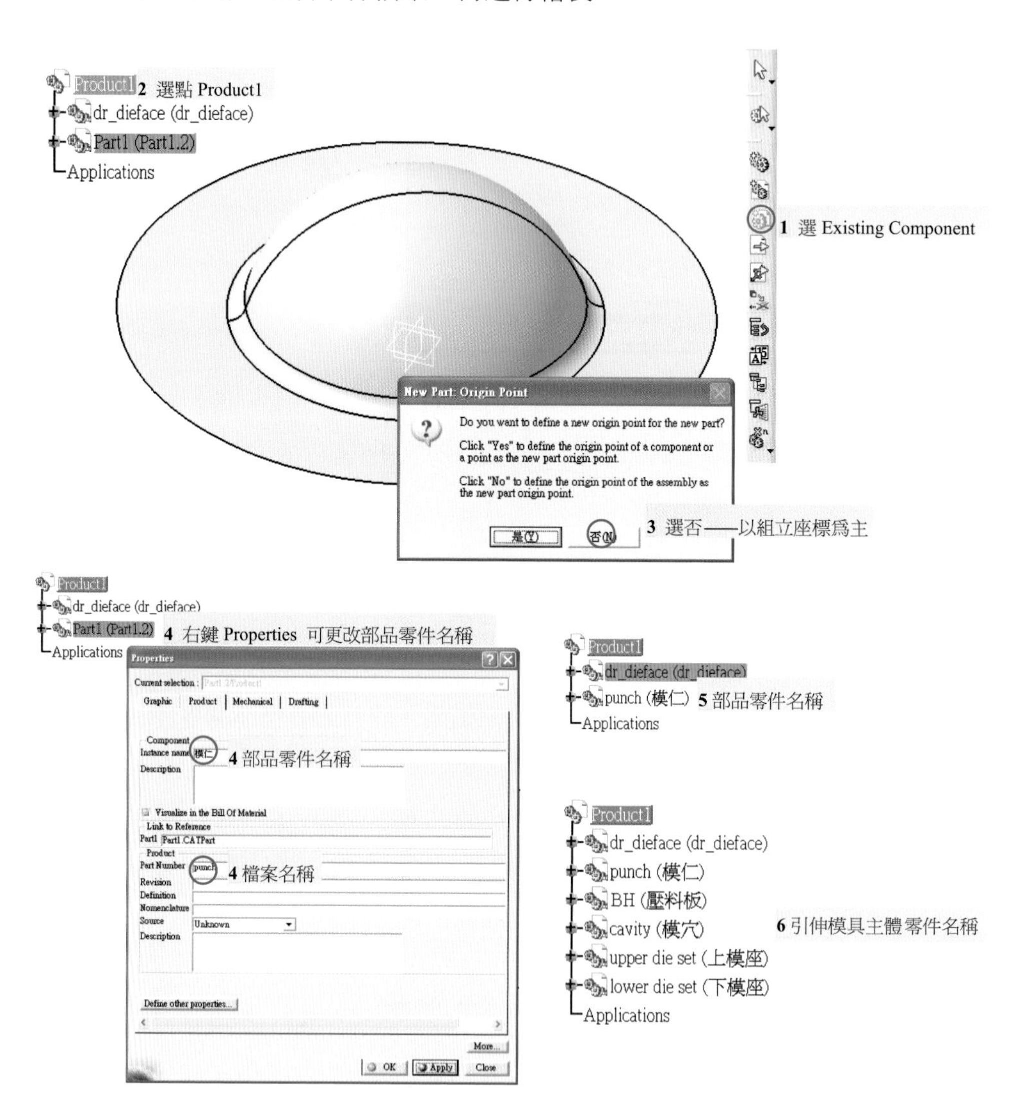

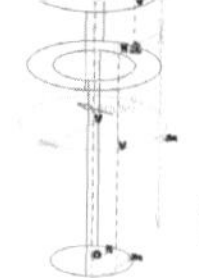

5. 進入 Part Design 模組，開始進行各主體零件繪製。

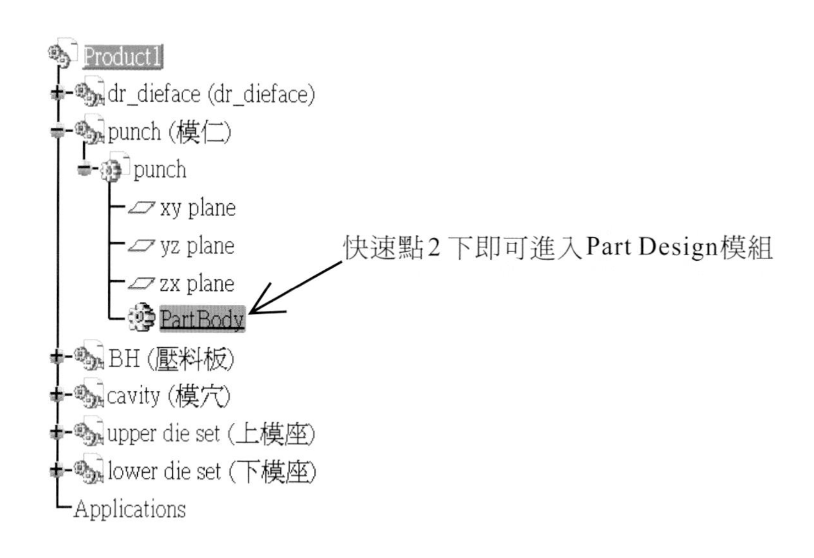

2.2 引伸模具之模仁結構設計

相關設計規範說明

1. 在引伸模具設計中，模仁與壓料板間滑動距離是決定模仁高度設計之依據。首先，需確認引伸行程距離。一般引伸行程為成品最高點位置與壓料面最低點位置差，也就是說開模時，壓料板壓料面需提昇至成品最高點位置。其引伸行程 (S) = 成品最高點位置 − 壓料面最低點位置 = 75 − 15 = 60 (mm)。在開模時，壓料板為避免脫離其與模仁間滑導面，所以需考慮模仁與壓料板間之重合距離 (d1)，一般重合距離 (d1) = 1/6 引伸行程 (S)。在閉模時，壓料板與下模座間會預留間隙 (d2) 10 mm。所以，模仁與壓料板間滑導面高度 (H) = 引伸行程 + 開模時模仁與壓料板重合距離 + 閉模時模仁壓料板與下模座間距 = 60 + 10 + 10 = 80 (mm)。

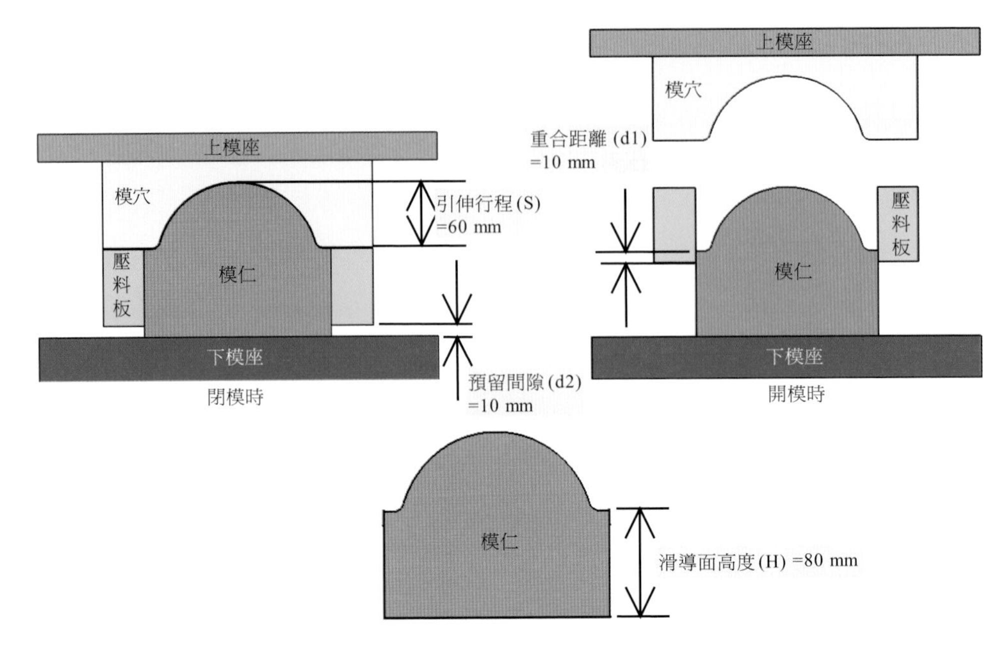

2. 壓料板與模仁間分模線處分別設計四個滑導面，以作爲模仁與壓料板滑動配合之導引面。一般滑導面寬度爲分模線外形尺寸 1/10，突出厚度爲 6~15 mm。除滑導面需以滑動配合外，壓料板其餘側面皆需離隙 0.05 mm。

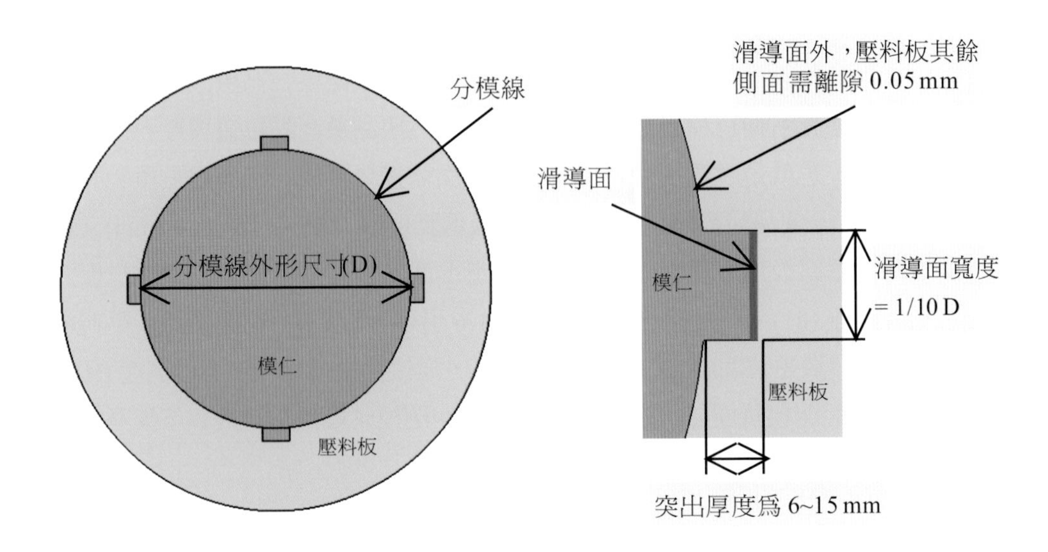

設計軟體操作說明

1. 依上述設計規範 1 說明可知，在設計時，模仁底部位置爲 Z＝−65。使用【 Plane】指令，在 xy 平面向下偏移（Offset from plane）65 mm 處建立一平面。

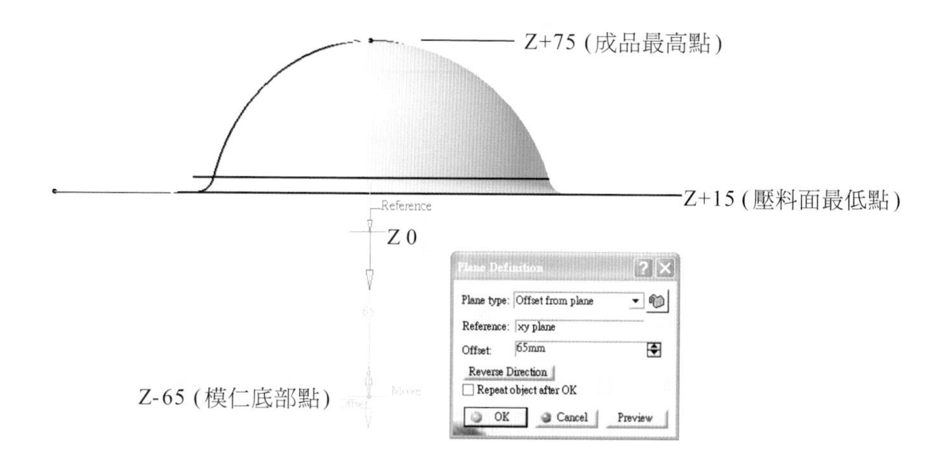

2. 以此平面點選【 Sketch】指令建立草圖。
3. 在草圖中，利用【 Project 3D Elements】指令投影模仁分模線外形草圖，並依上述設計規範 2 說明，繪製四個尺寸皆相同滑導面，作爲模仁與壓料板滑導配合之導引面。滑導面寬度爲 16 mm，突出厚度爲 8 mm。

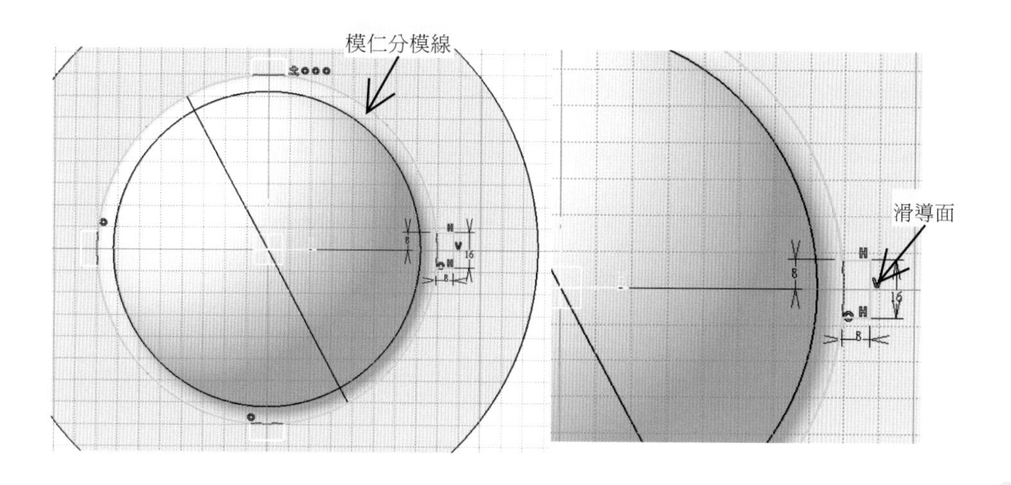

4. 完成草圖繪製後，點選【 Exit workbench】指令離開草圖，使用【 Pad】指令，將草圖投影至引伸模面之曲面（Up to surface）以長出實體，即完成模仁結構設計。

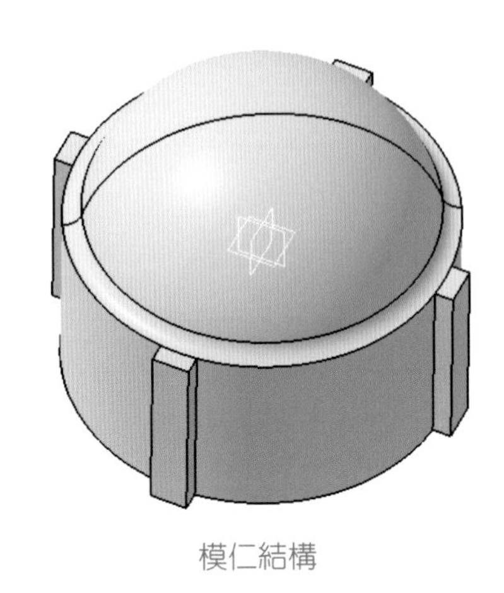

模仁結構

2.3 引伸模具之壓料板結構設計

相關設計規範說明

1. 壓料板之壓料面範圍必需大於胚料外形 10 mm 以上，以確保完全壓料。

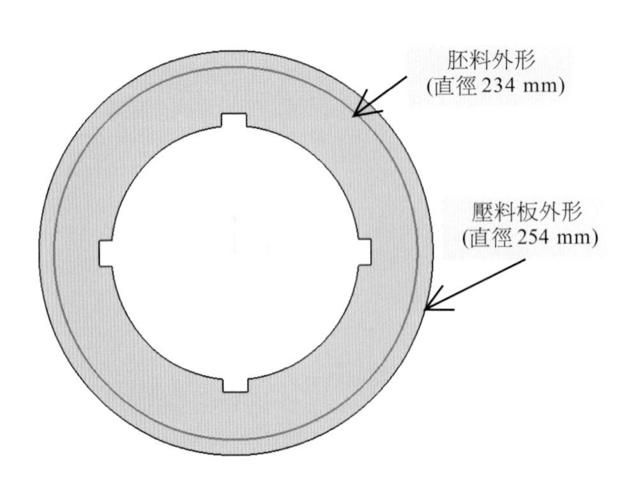

2. 壓料板與模仁間分模線處，需分別設計四個滑導面，作爲模仁與壓料板滑動配合之導引面。一般滑導面寬度爲分模線外形尺寸 1/10，突出厚度爲 6~15 mm。除滑導面需以滑動配合外，壓料板其餘側面皆需離隙 0.05 mm。同時，壓料板分模面凸處需導角處理，避免與模仁分模面凹處加工之線半徑殘料發生干涉現象。

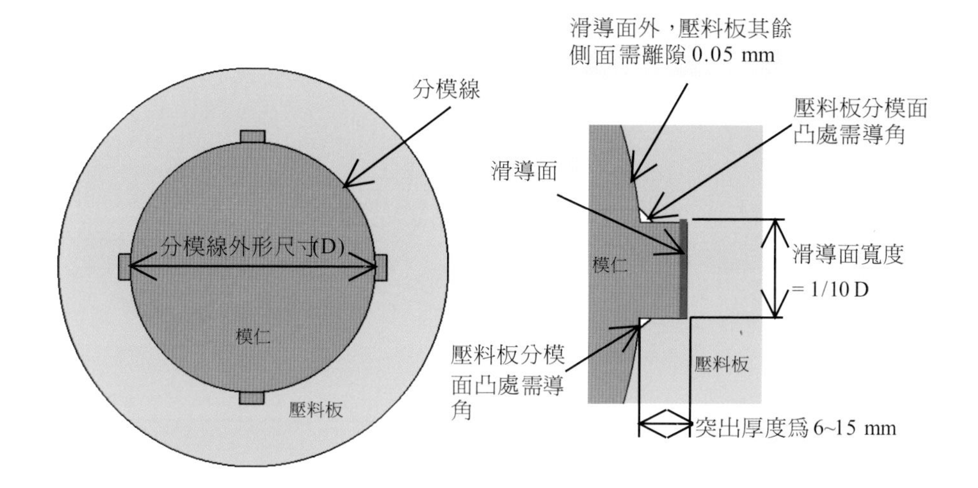

設計軟體操作說明

1. 壓料板底部位置需比模仁底部位置高 10 mm（閉模時，壓料板與下模座間距）。

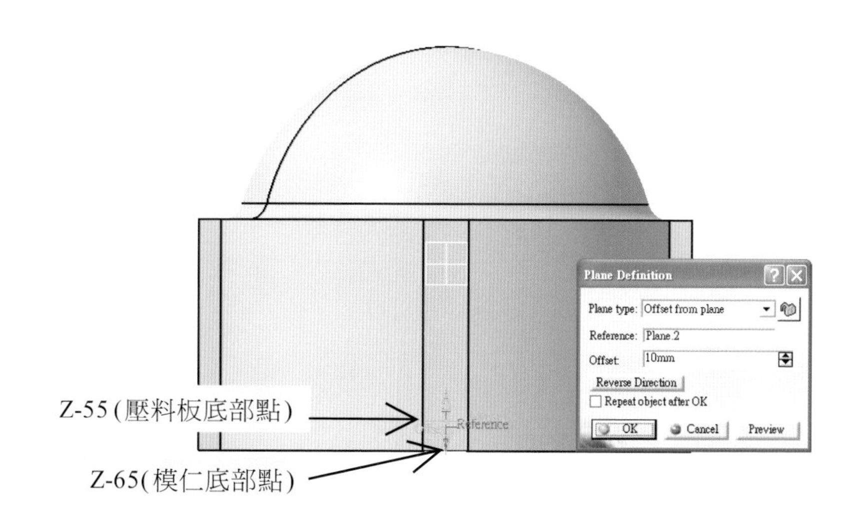

2. 使用【 Sketch】指令點選壓料板底部平面，作爲壓料板之草圖基準面；再用【 Project 3D Elements】指令投影模仁外形，並使用【 Offset】指令，將紅色外型向外偏移 0.05 mm，作爲滑動的離隙。

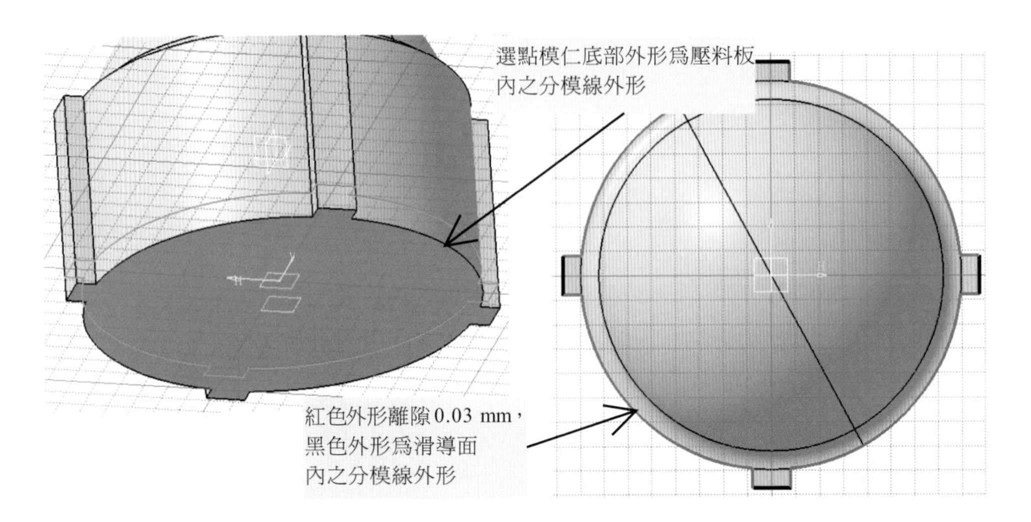

3. 壓料板外型須大於板材大小才能具有壓持力。使用圓形指令【Circle】，繪出直徑 254 mm 壓料板外圍草圖。

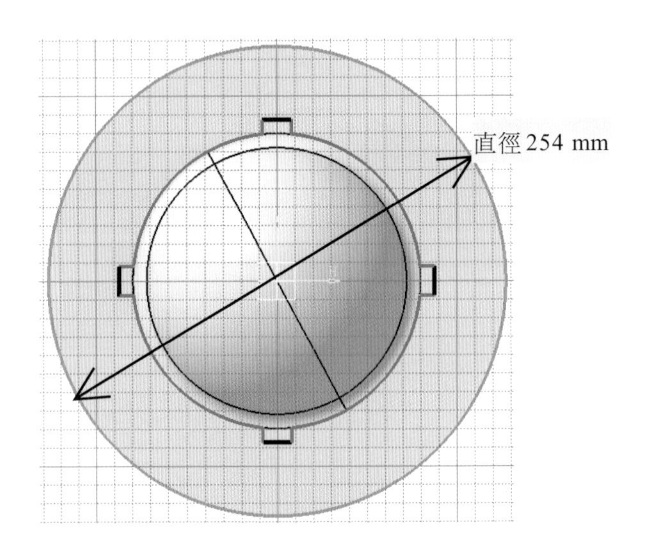

4. 完成草圖繪製後，點選【 Exit workbench】指令離開草圖，使用【 Pad】指令，將草圖投影至引伸模面之曲面（Up to surface）以長出實體，即完成壓料板結構設計。

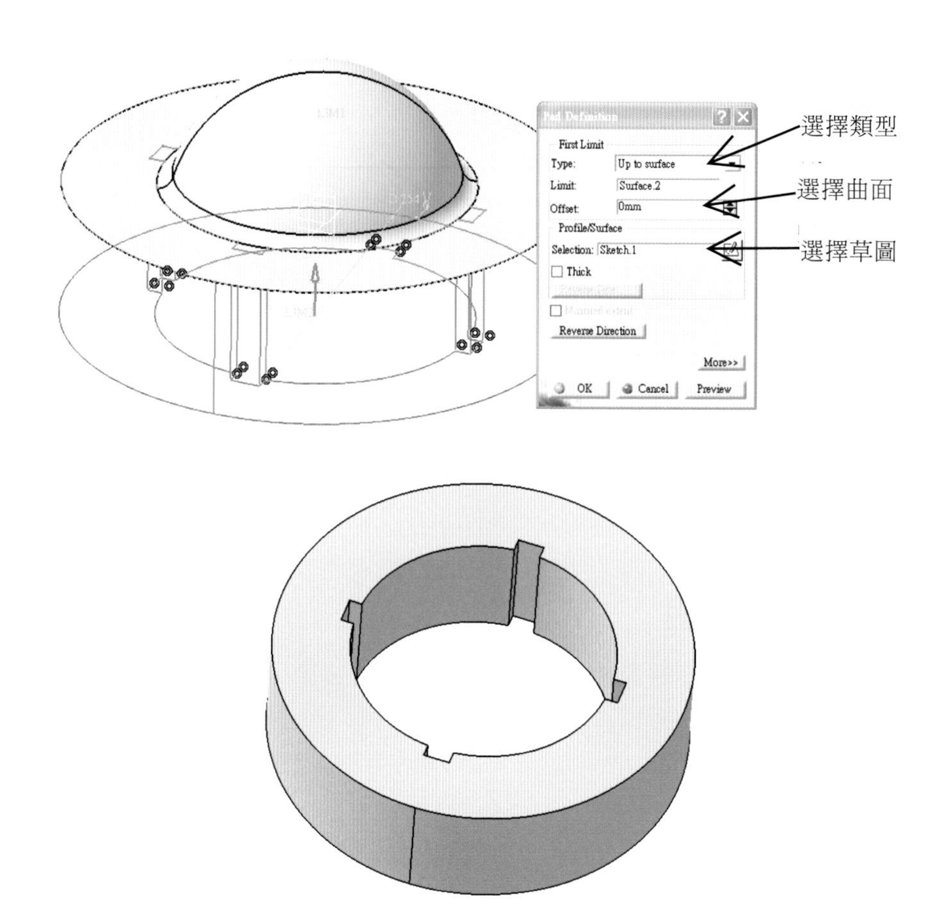

壓料板結構

2.4 引伸模具之上模結構設計

相關設計規範說明

1. 模穴最深凹處距模穴底部（最薄處），應有 20 mm 以上之厚度。

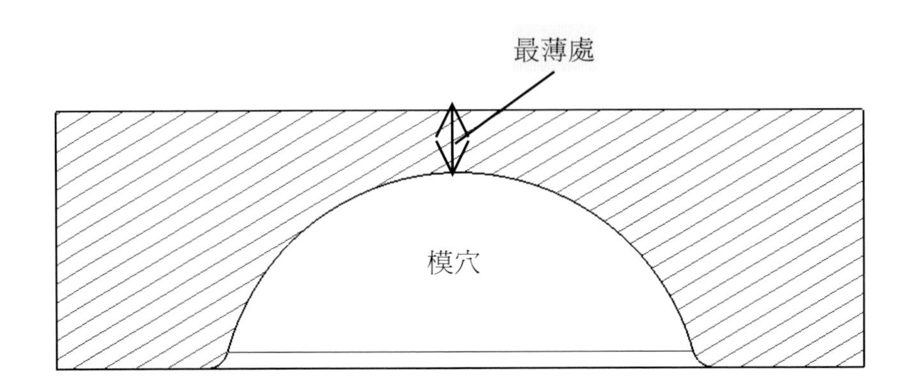

2. 模穴外形尺寸應與壓料板外形尺寸相同。

設計軟體操作說明

1. 以【 Plane】指令點選 XY 平面向上偏移 95 mm 處，建立模穴底部基準面。

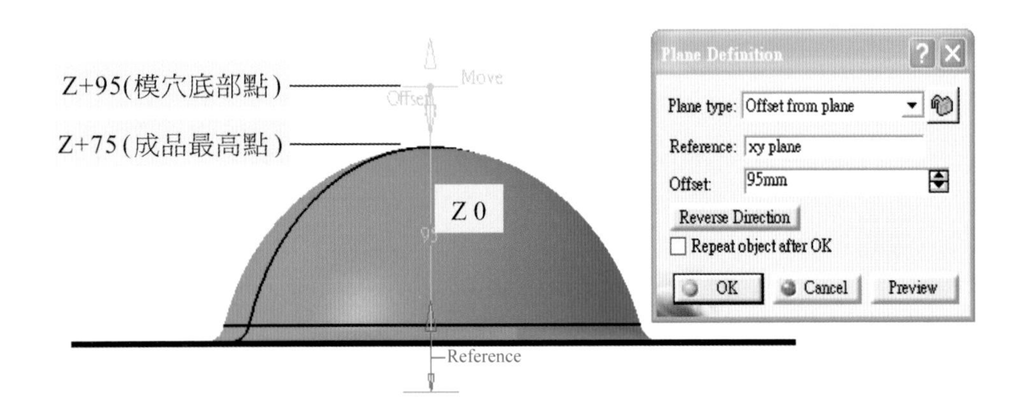

2. 以此平面點選【 Sketch】指令建立草圖；首先使用圓形【 Circle】指令，繪出直徑 254 mm 模穴外圍草圖。

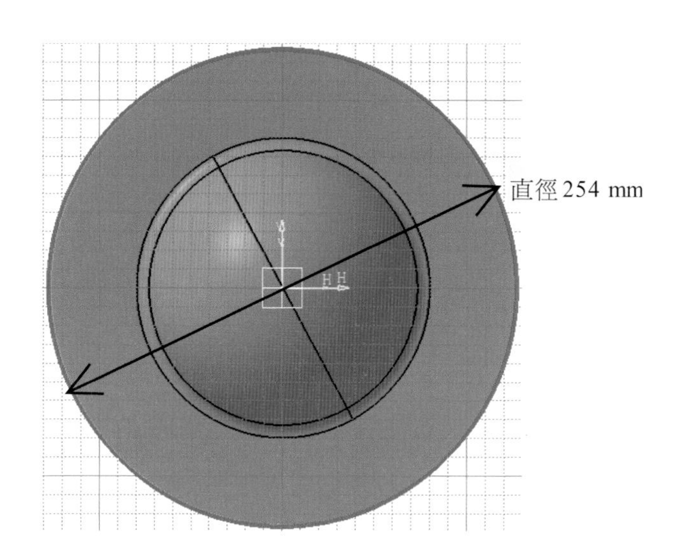

3. 完成草圖繪製後，點選【 Exit workbench】指令離開草圖，使用【 Pad】指令，將投影草圖長出實體（Up to surface），並點選所要延伸到的模面，即完成模穴結構設計。

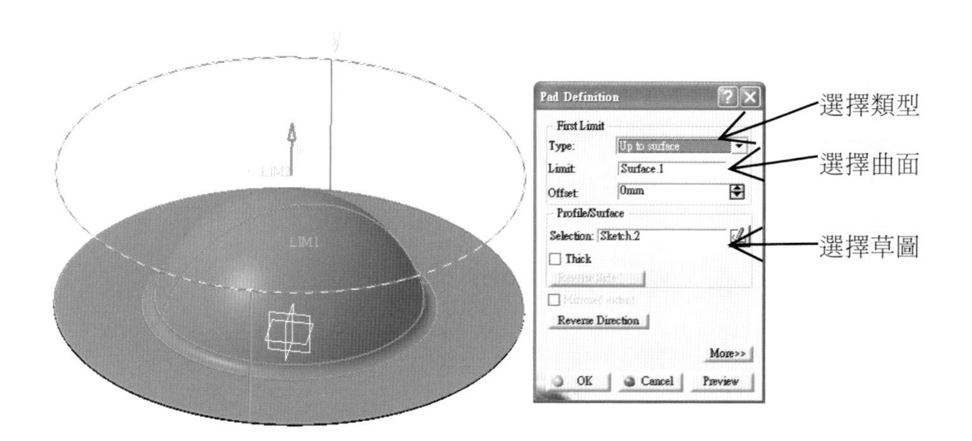

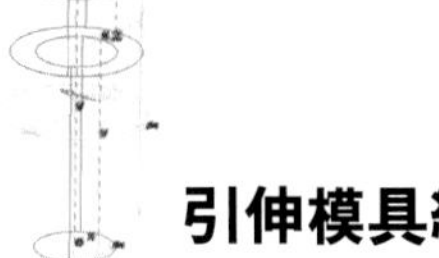

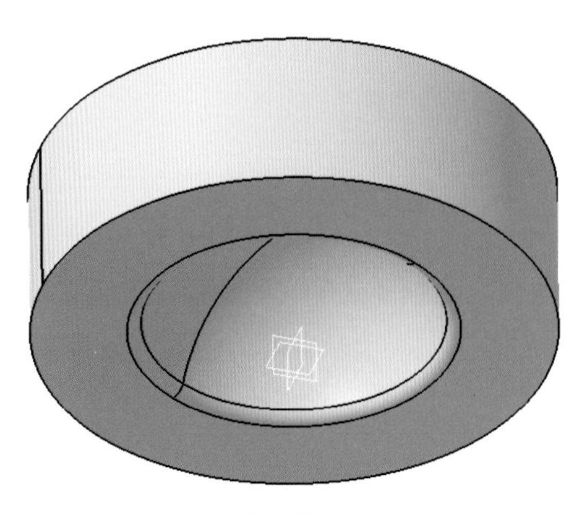

模穴結構

2.5 引伸模具之下模座結構設計

相關設計規範說明

1. 上、下模需以導柱與襯套作爲引導，一般下模座設計導柱，上模座設計襯套。導柱直徑尺寸（D）選定以工作區域（壓料板最大範圍）最長邊尺寸（A）的十分之一左右即可。本範例中工作區域（壓料板最大範圍）最長邊尺寸 A = 254 mm，即導柱直徑尺寸 D = 254/10 = 25.4 mm，依市販導柱標準零件規格有直徑 25 mm、32 mm、38 mm、50 mm 等，故選擇直徑 25 mm 導柱。
2. 下模座長邊尺寸（L）= 工作區域最長邊尺寸（A）+ 4 倍導柱直徑尺寸（D）+ 20 mm。本範例中下模座長邊尺寸 L = 254 + 4 × 25 + 20 = 374（mm）。
3. 下模座短邊尺寸（W）部分，若不考慮下模座於沖床床台夾持範圍，應與加工範圍切齊，也就是 W = B = 254 mm。若考慮下模座於沖床床台夾持範圍，夾持處應預留 30 mm，因此，下模座短邊尺寸 W = B + 2×30 = 254 + 60 = 314（mm）。

4. 下模座厚度 t = 40 mm。

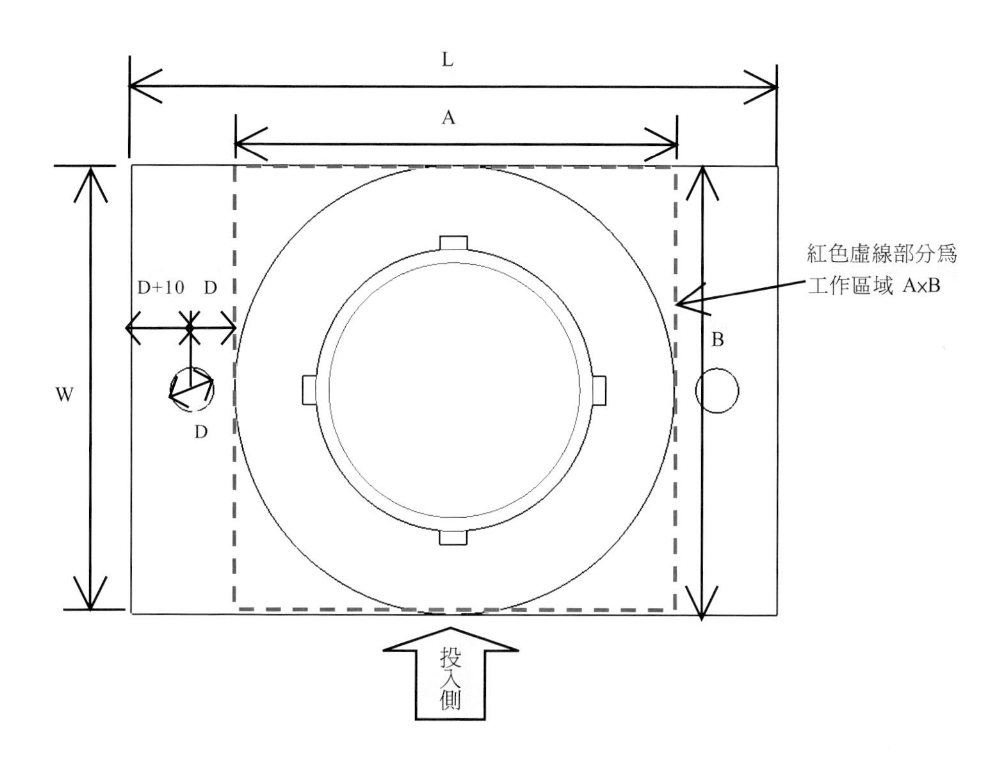

設計軟體操作說明

1. 使用【 Sketch】指令，點選模仁底部平面作爲下模座之草圖平面，使用矩形【 Rectangle】指令繪出下模座外型，其長邊 374 mm，短邊 254 mm。
2. 使用圓形【 Circle】指令繪出直徑 25 mm 導柱孔，其位置爲（152,0）與（−152,0）。

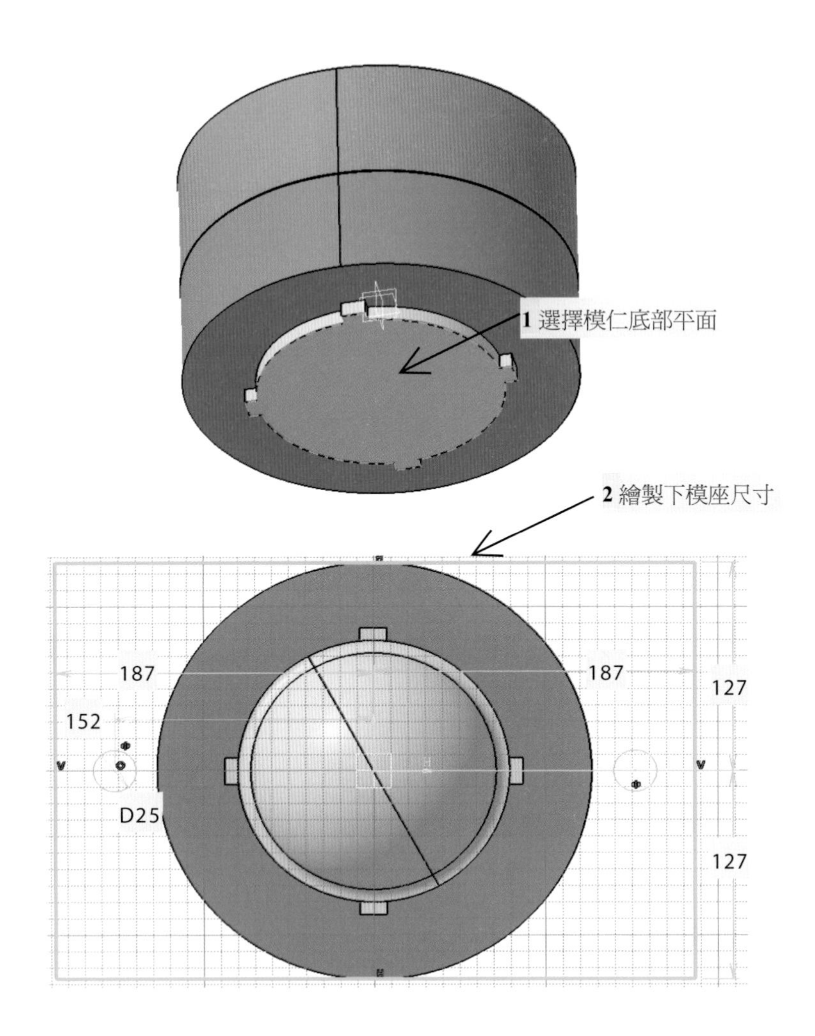

3. 完成草圖繪製後，點選【 Exit workbench】指令離開草圖，使用【 Pad】指令，將草圖向下長出實體結構 40 mm，即完成下模座結構設計。

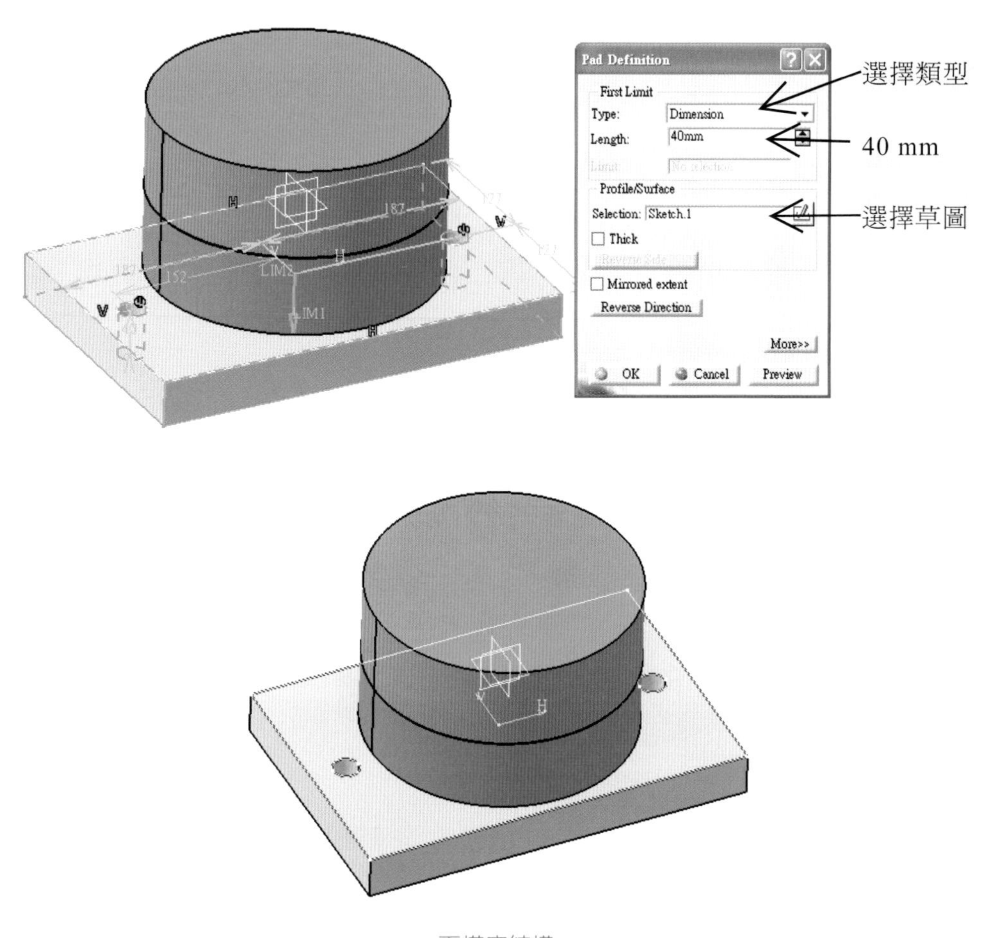

下模座結構

2.6 引伸模具之上模座結構設計

相關設計規範說明

1. 上模座外形尺寸與下模座相同。
2. 上、下模以導柱與襯套作爲引導，上模座襯套之位置需與下模座之導柱相同。
3. 由於上模座之襯套孔會比導柱直徑大些，依據上節下模座結構選用直徑 25 mm 市販導柱，其所搭配之襯套外徑爲直徑 37 mm。

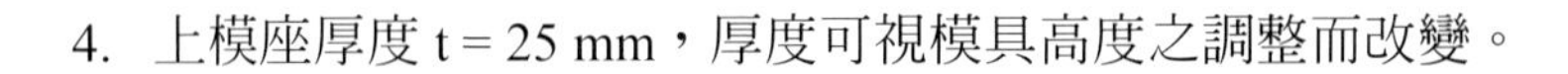

4. 上模座厚度 t = 25 mm，厚度可視模具高度之調整而改變。

設計軟體操作說明

1. 以【 Sketch】指令，點選模仁底部平面作爲下模座之草圖平面，使用矩形【 Rectangle】指令繪出下模座外型，其長邊 374 mm，短邊 254 mm。
2. 使用圓形【 Circle】指令繪出直徑 37 mm 襯套孔，其位置爲（152,0）與（−152,0）。

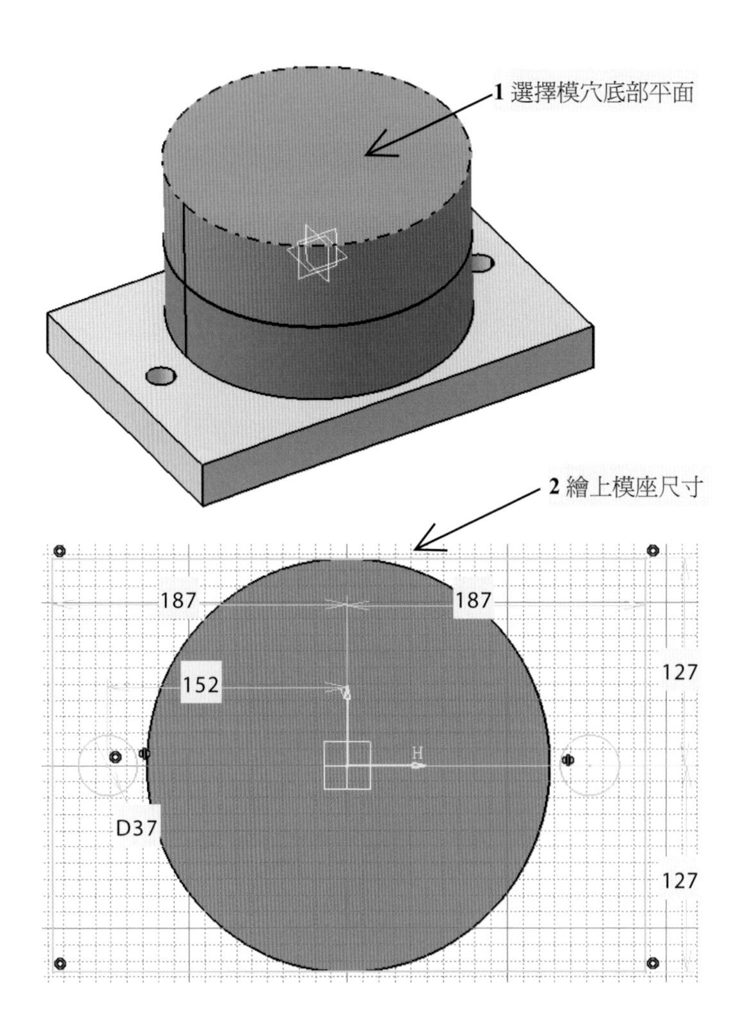

3. 完成草圖繪製後，點選【 Exit workbench】指令離開草圖，使用【 Pad】指令，將草圖向上長出實體結構 25 mm，即完成上模座結構設計。

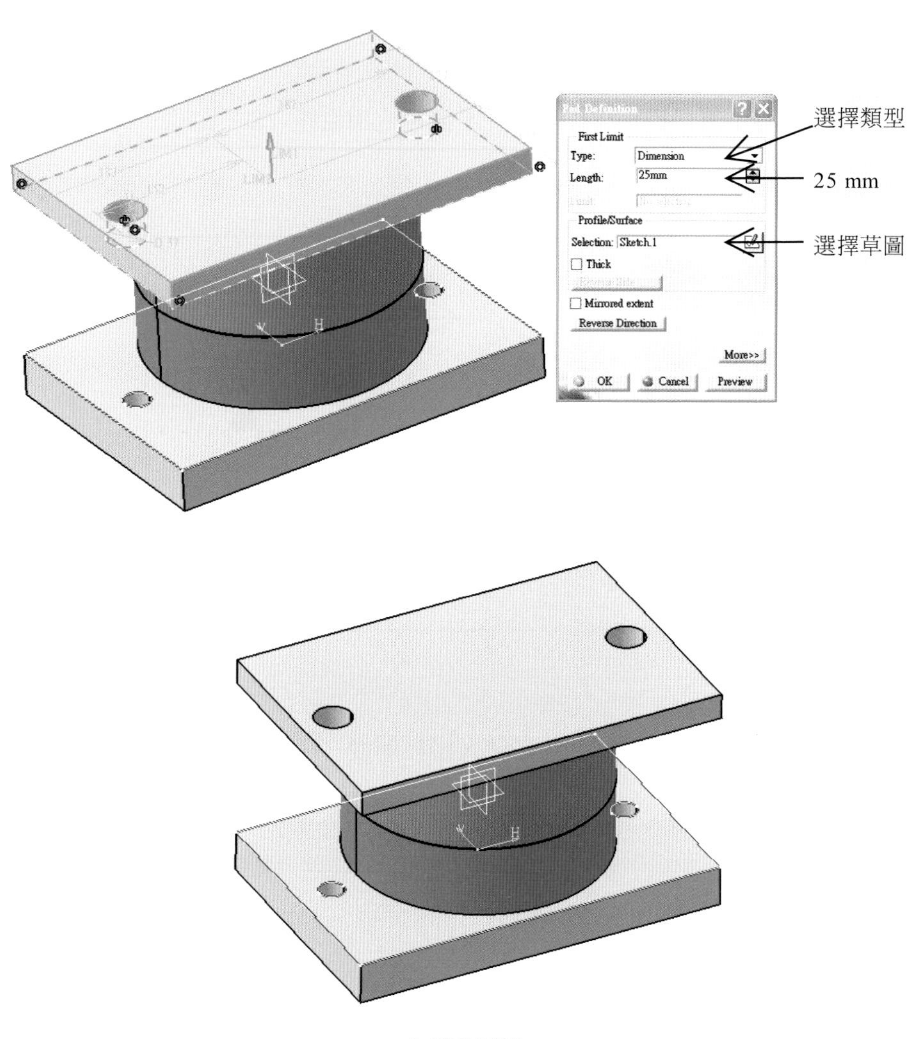

上模座結構

2.7 引伸模具之定位與鎖固孔設計

相關設計規範說明

1. 模具各模板需以定位銷與螺栓進行定位與鎖固。
2. 模板間定位銷孔設計以兩處爲原則，兩處間應分別位於模板中心長軸兩端。其定位孔中心位置爲模板外圍向內 1.5 倍定位銷直徑（D）距離。

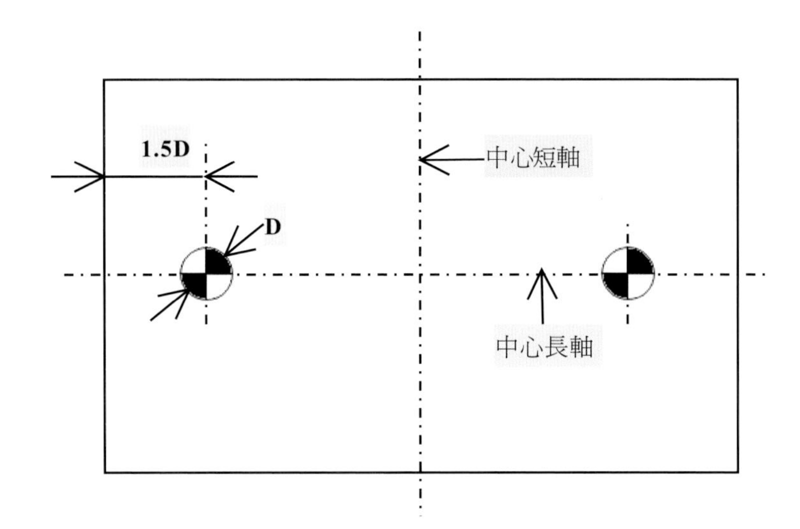

3. 定位銷直徑（D）選用和所定位之最大模板厚度（H）有關，如下表所示。

定位銷孔直徑 D(mm)	適用模板厚度 H(mm)
3	5 以下
5	6～10
8	11～20
10	21～30
12	31～40
16	41 以上

4. 模板之定位銷孔型式：

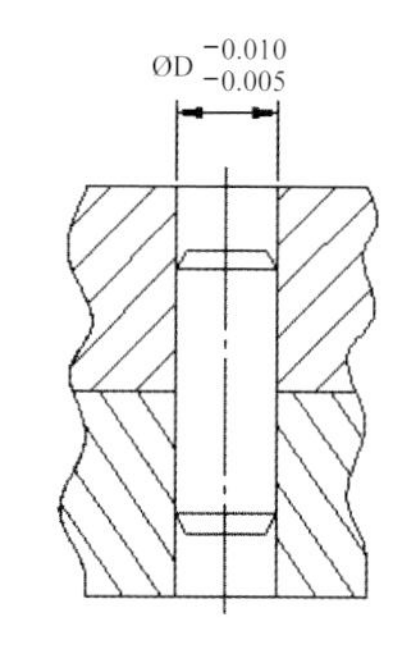

兩件組立之孔公差範圍

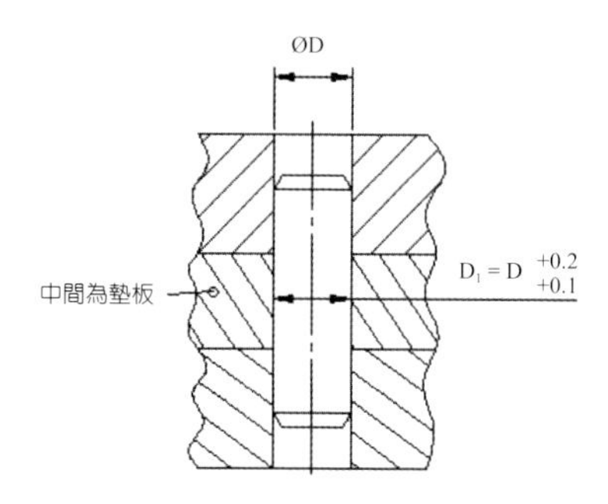

三件以上組立之孔公差範圍

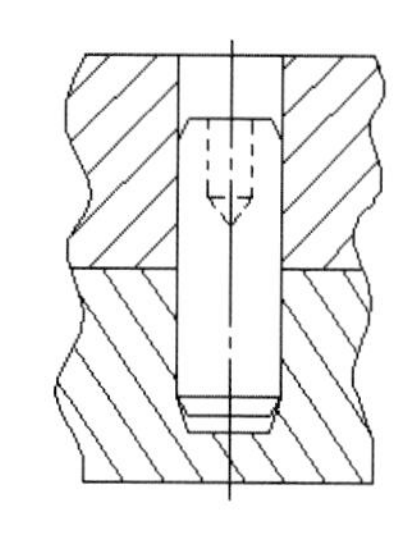

孔為盲孔之定位銷固定法

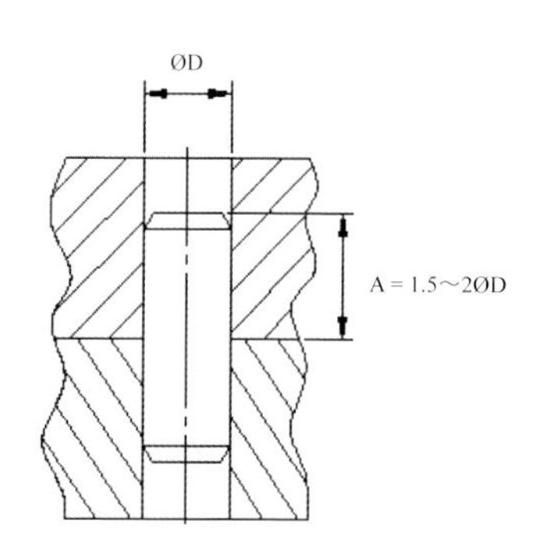

一般定位銷固定法

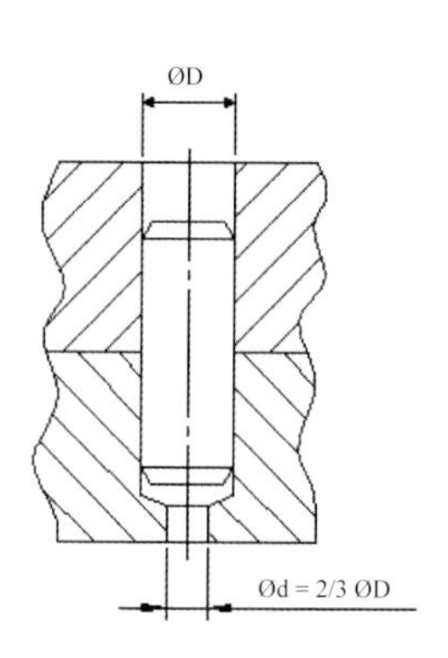

防止脫落之定位銷固定法

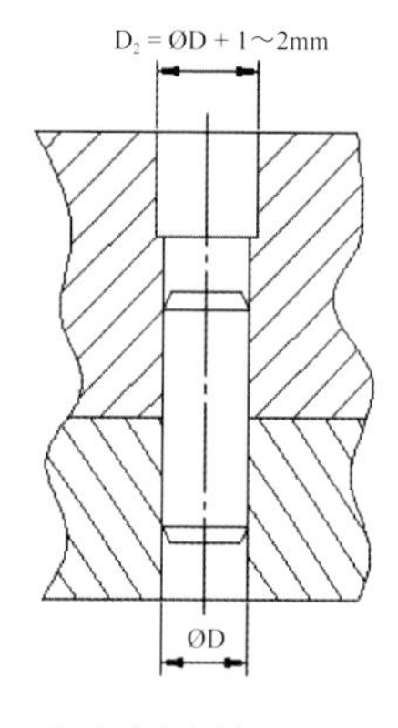

厚板材定位銷固定法

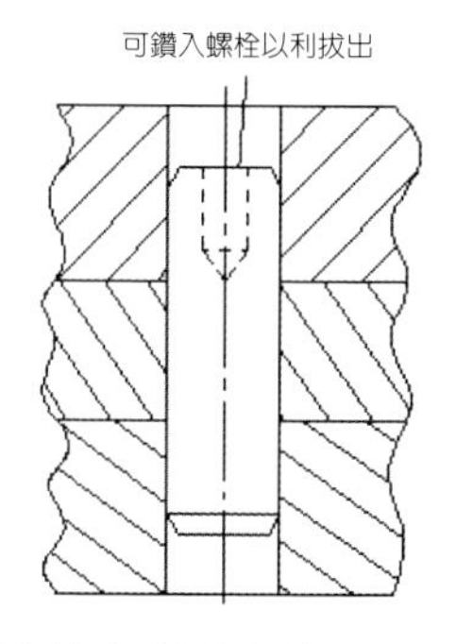

兩片以上板材之定位銷固定法 1

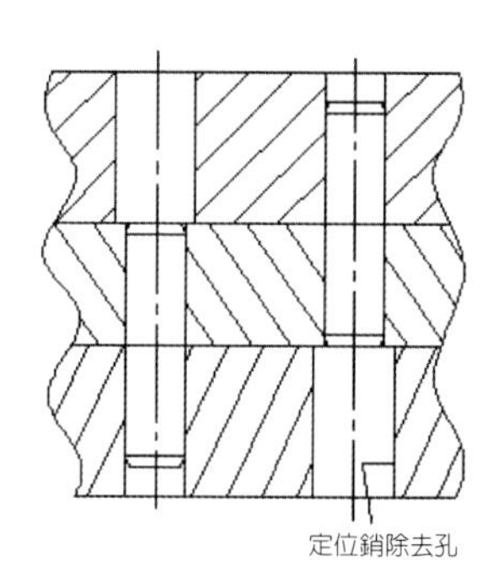

兩片以上板材之定位銷固定法 2

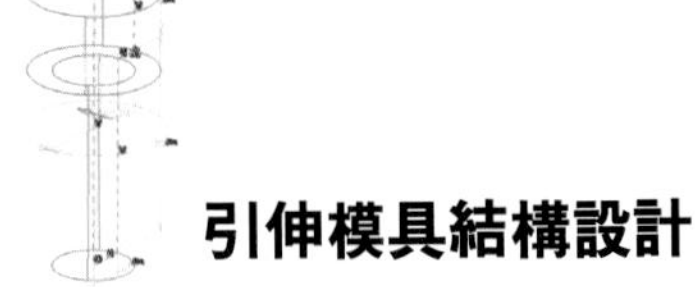

5. 模板鎖固以內六角螺栓爲主。其螺栓孔中心位置爲模板外圍向內 2 倍螺栓公稱直徑（M）距離。

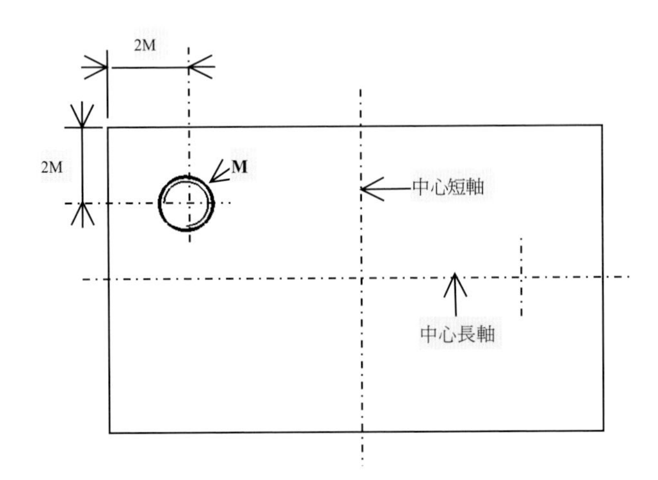

6. 固定模板用之螺栓尺寸選用（M）與螺栓間距（Pmax）如下表：

使用螺栓	適用模板厚度 H（mm）	螺栓間距 Pmax（mm）
M6	15 以下	80
M8	16～20	100
M10	21～30	125
M12	31～40	150
M16	41～50	200
M20	50 以上	250

7. 二塊 A、B 模板鎖固時，A 模板只需鑽 1.05 倍之螺栓公稱直徑（M）離隙孔。B 模板之鎖固螺牙深度（B）需爲 1.5 倍螺栓公稱直徑（M）。若需製作沉頭孔時，A 模板沉頭孔直徑（D）尺寸與深度（H）依不同螺栓規格而有所不同，如表所示。

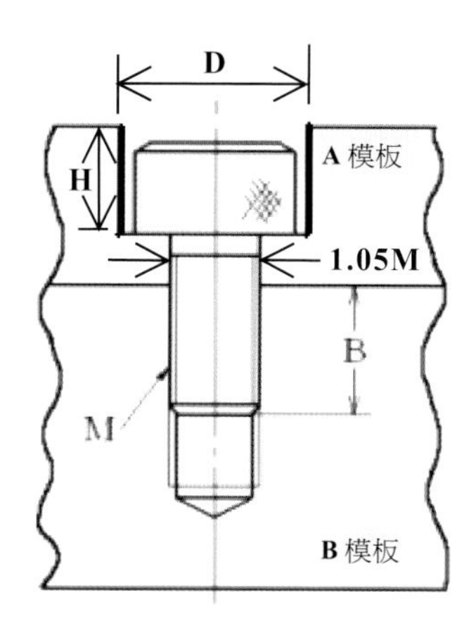

使用螺栓	沉頭孔直徑 D（mm）	沉頭孔深度 H（mm）
M6	11	＞6.5
M8	14	＞8.6
M10	18	＞10.8
M12	20	＞13
M16	26	＞17.5
M20	32	＞21.5

設計軟體操作說明

1. 在產品組立（Product）中，新增上模孔位部品零件檔案。

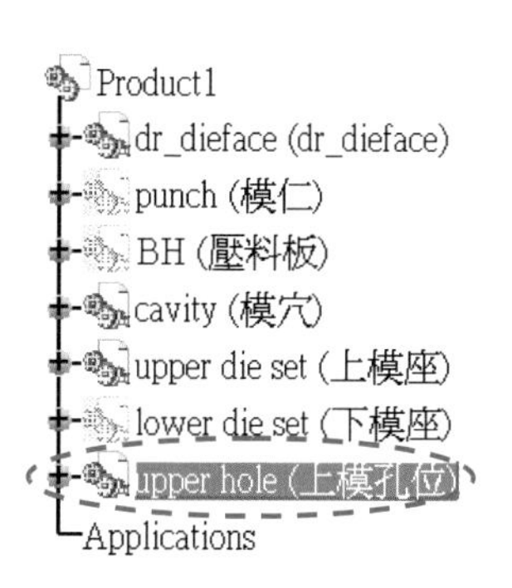

2. 由於模穴為一軸對稱結構，故在上模座與模穴間，選用一處定位銷孔，位於模穴對稱軸，四處鎖固，位於以定位處為中心之 X 與 Y 的正軸與負軸。在上模孔位部品零件中，以上模座底面為基準面，設計上模座與模穴間定位（一處）與鎖固孔（四處）之中心位置。

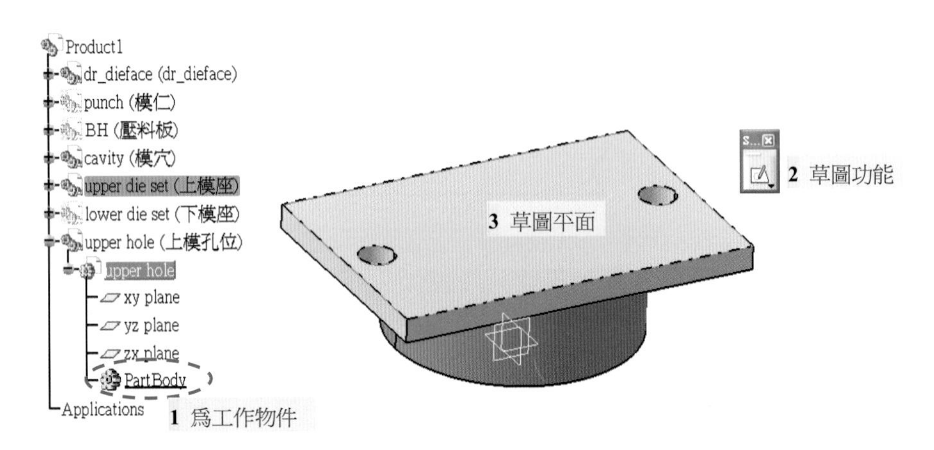

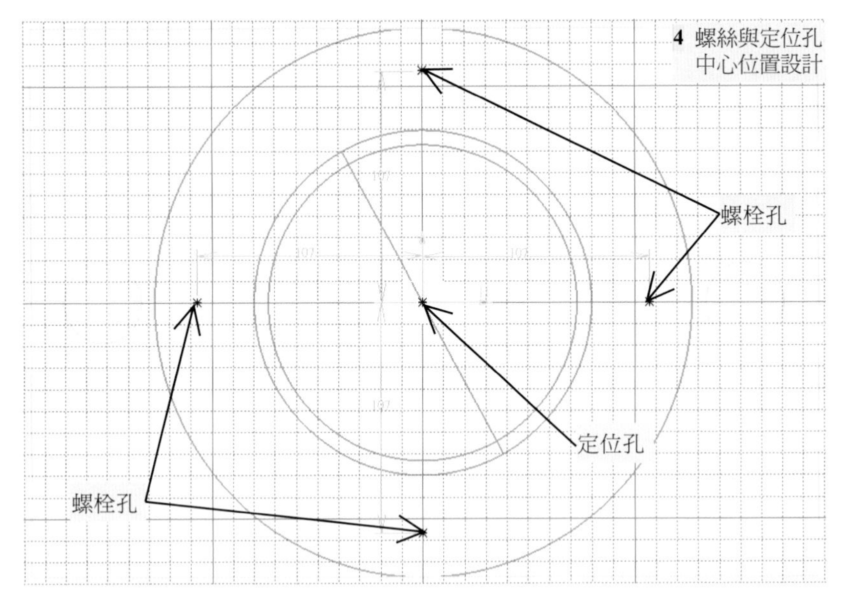

3. 切換至【 Assembly Design】中，以【 Hole】指令進行上模座與模穴定位與鎖固孔挖除。【 Hole】功能雖一次只能選擇一孔，但可同時挖除需鎖固之模板，可確保模板間孔錯位問題，及方便該等孔之設計變更。由於上模座厚度25 mm，本設計依上述設計規範說明選用M10螺栓。在螺牙孔加工時，會先鑽一直徑為 8.3 至 8.6 mm 內孔後，再進行 M10 攻牙，其鑽孔之深度需深於所需螺牙深約 5 mm 以上。其模板上鎖固孔尺寸關係圖，如下所示：

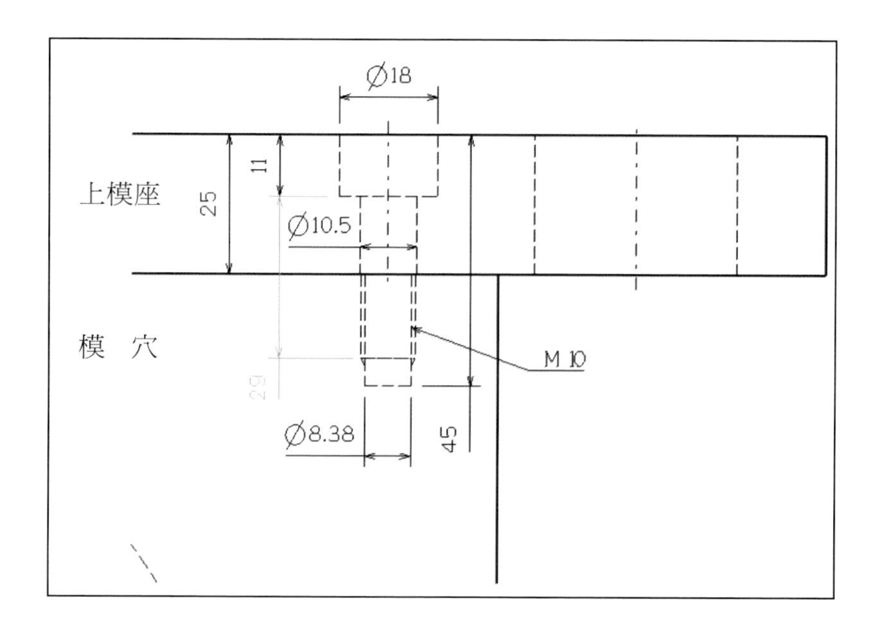

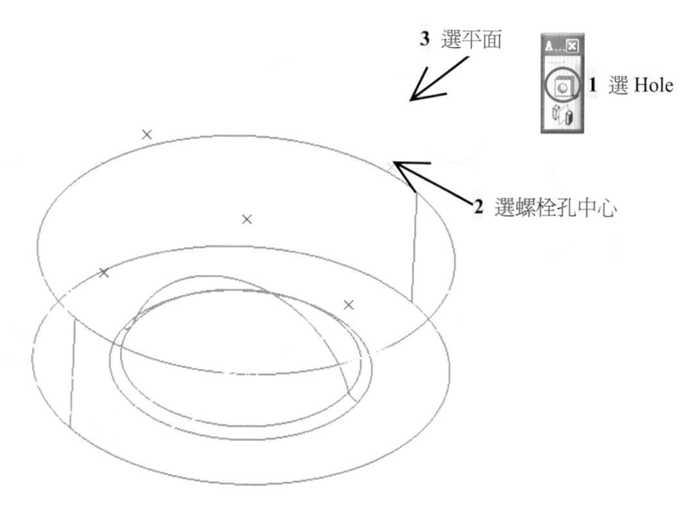

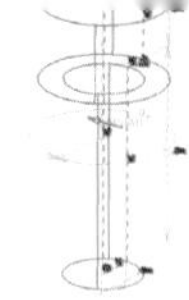

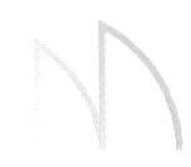

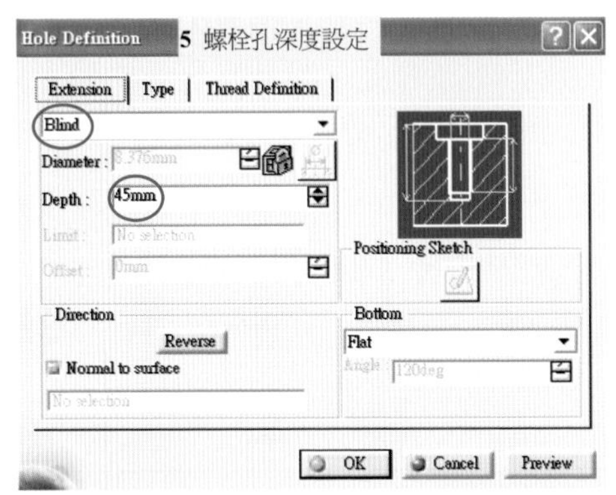

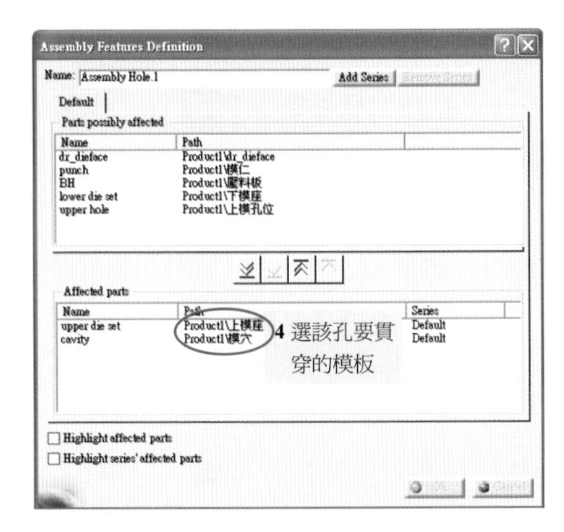

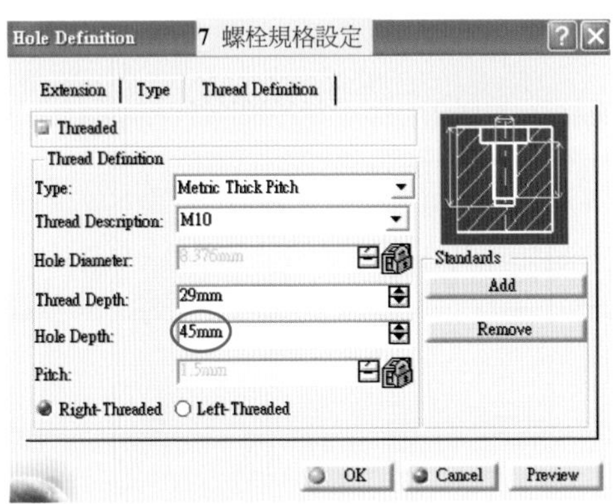

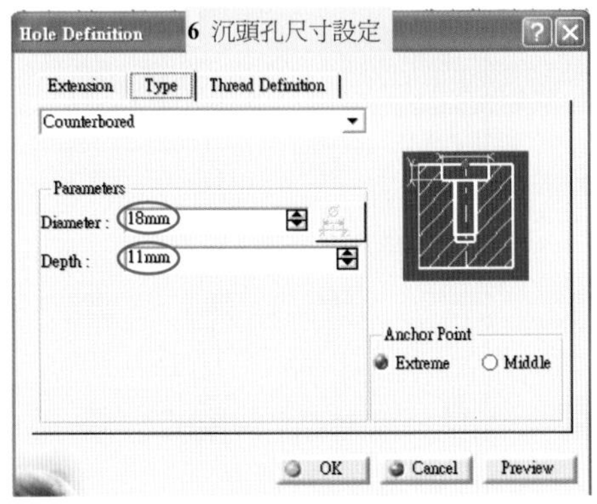

4. 上模座螺栓孔需離隙 1.05 倍螺栓公稱直徑（M），亦即為直徑 10.5 mm，其深度為上模座厚度 25 mm。

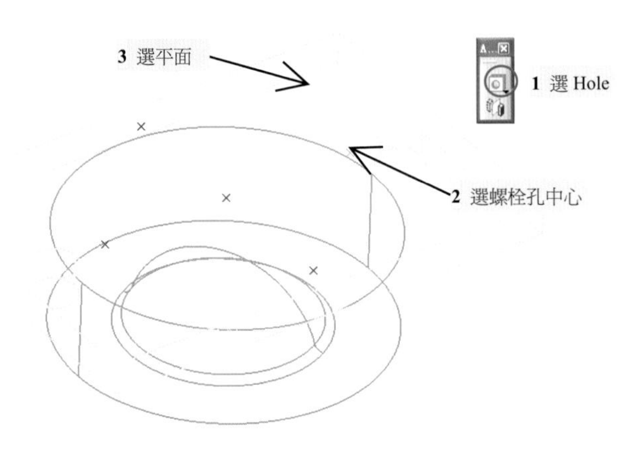

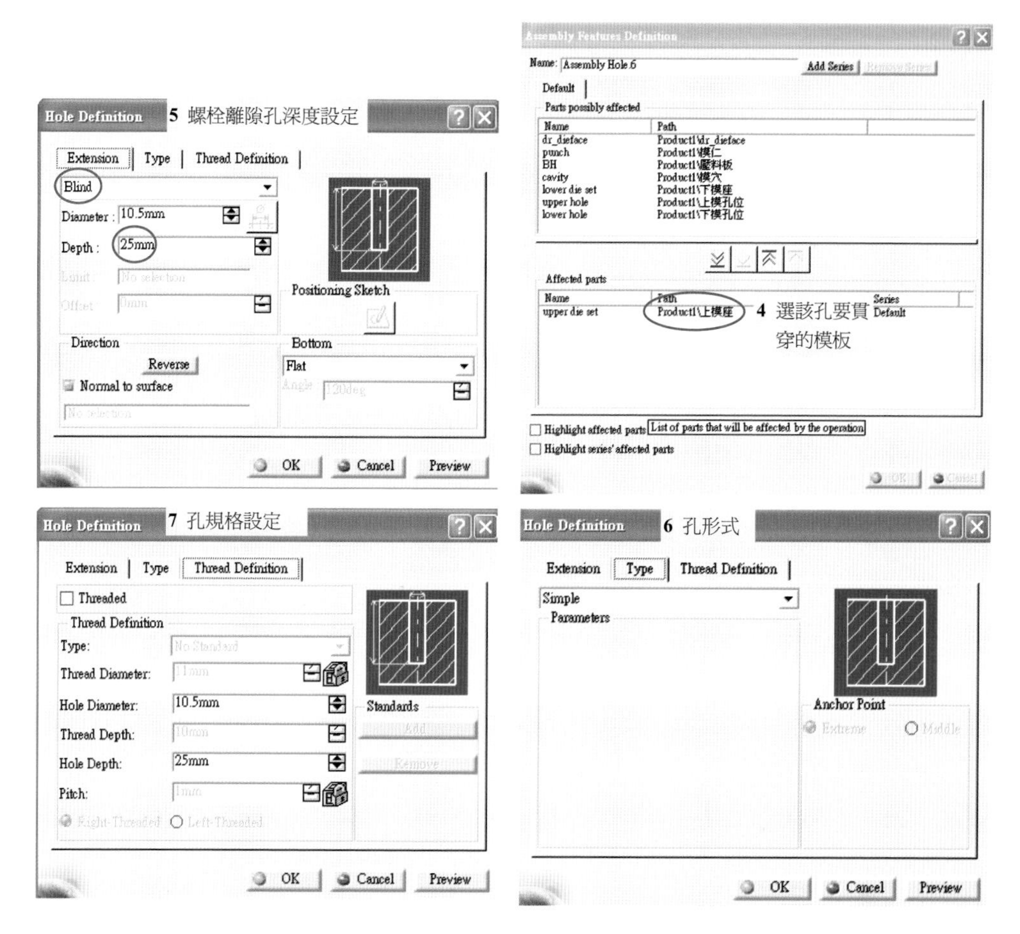

5. 本設計依上述設計規範說明，選用直徑 10 mm 定位銷，其定位孔深度爲 40 mm。其定位與鎖固孔設計結果如下：

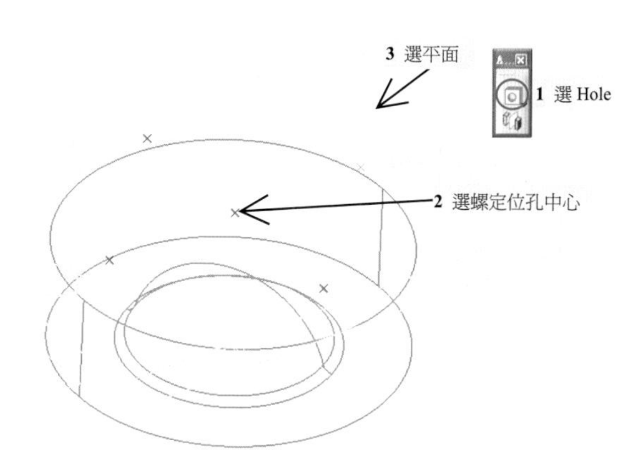

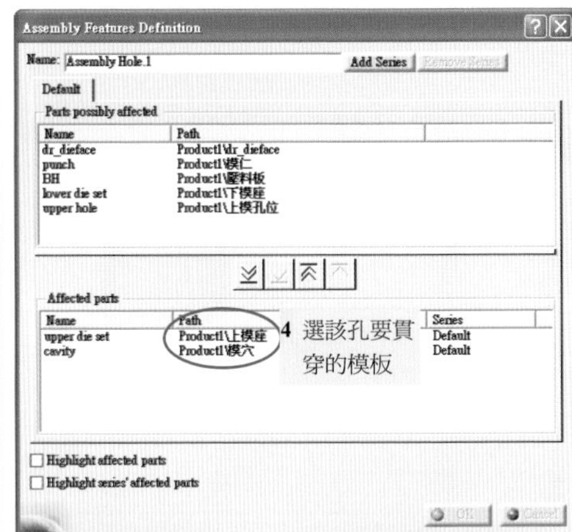

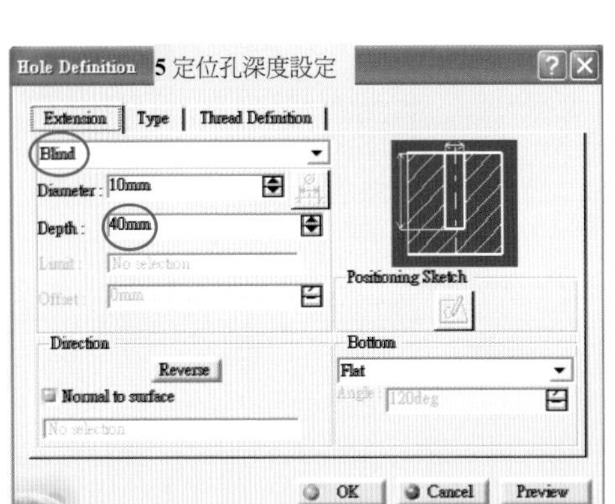

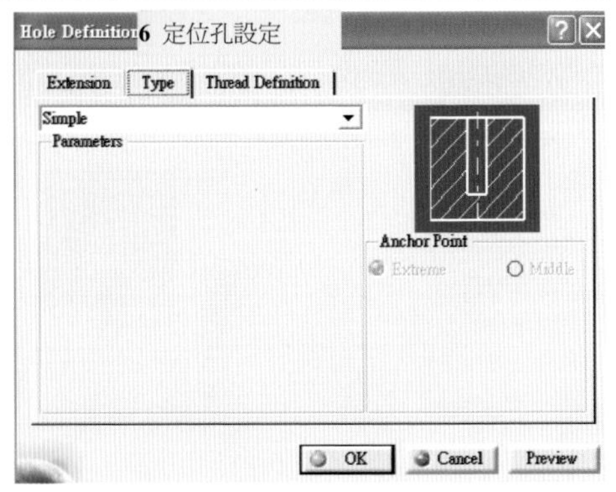

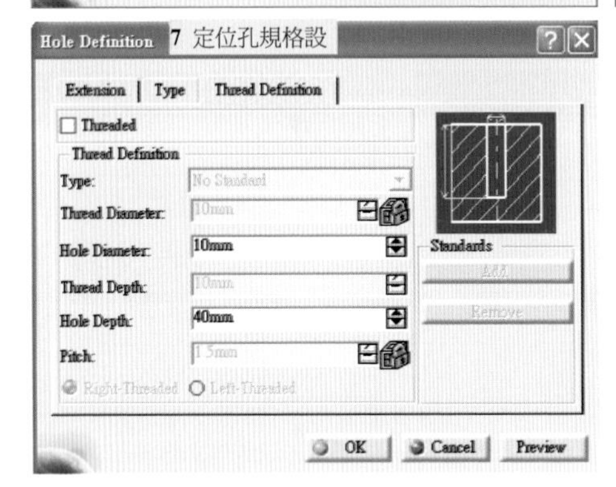

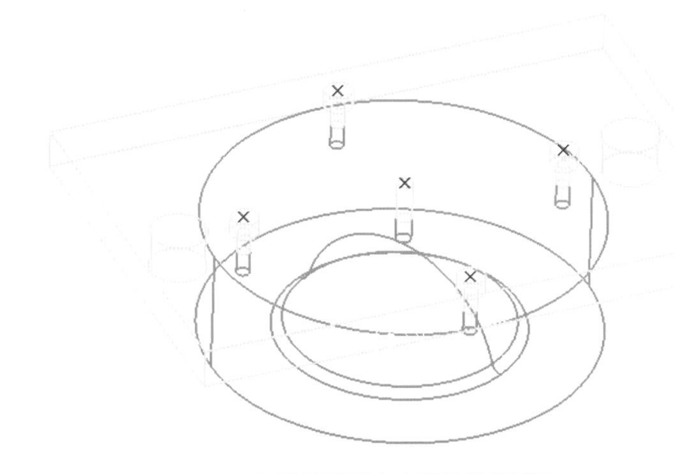

上模座與模穴之定位與鎖固孔

6. 重覆上述 1-5 流程，繪製下模座與模仁定位與鎖固孔。由於下模座厚度 40 mm，依上述設計規範說明選用 M12 螺栓與直徑 12 mm 定位銷。其定位與鎖固孔設計結果如下：

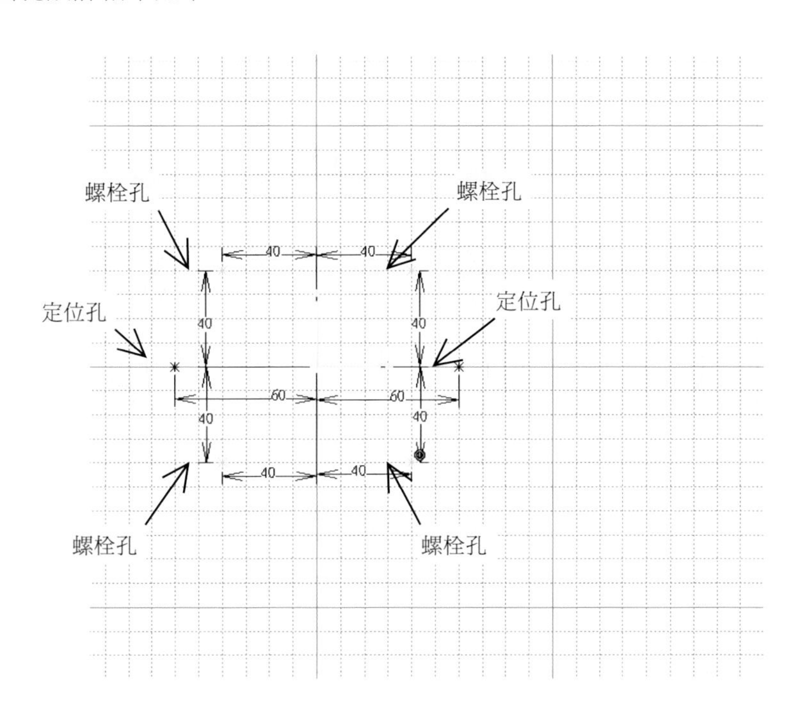

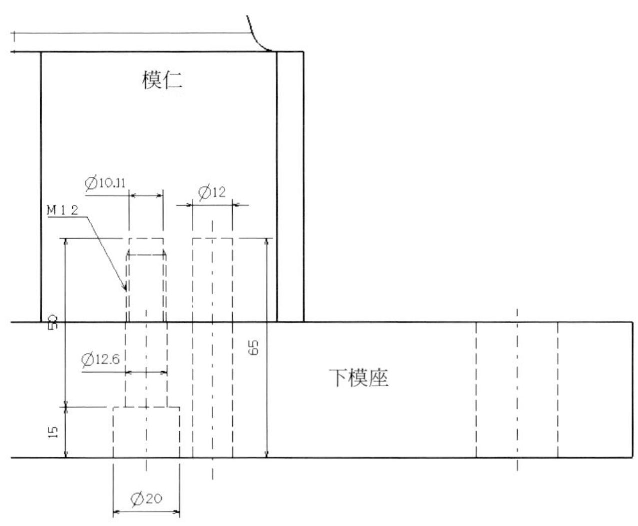

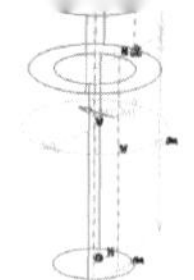

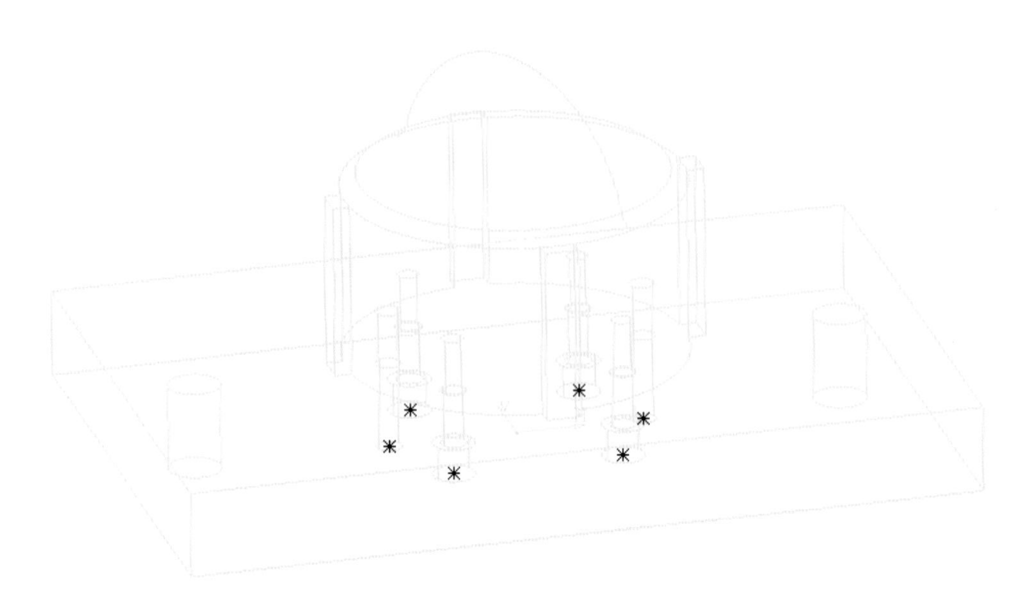

下模座與模仁之定位與鎖固孔

7. 重覆上述 1-5 流程，繪製壓料板與下模座壓力銷孔。

3

剪切模具結構設計

學習重點

- 3.1 剪切模具設計
- 3.2 剪切模具之下切刀模仁結構設計
- 3.3 剪切模具之廢屑刀結構設計
- 3.4 剪切模具之壓料板結構設計
- 3.5 剪切模具之上切刀結構設計
- 3.6 剪切模具之沖頭固定板結構設計
- 3.7 剪切模具之沖頭背板結構設計
- 3.8 剪切模具之下模座結構設計
- 3.9 剪切模具之上模座結構設計
- 3.10 剪切模具之沖孔沖頭結構設計
- 3.11 剪切模具之定位與鎖固孔設計

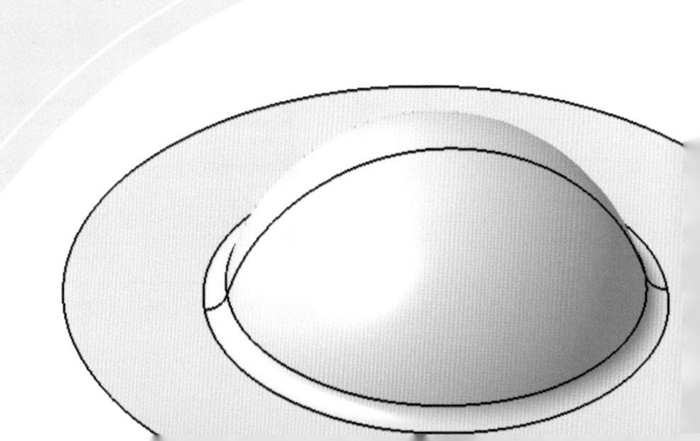

3.1　剪切模具設計

剪切模具主體結構包括：下切刀模仁、廢屑刀、壓料板、上切刀、沖頭、沖頭固定板、沖頭背板、下模座及上模座。

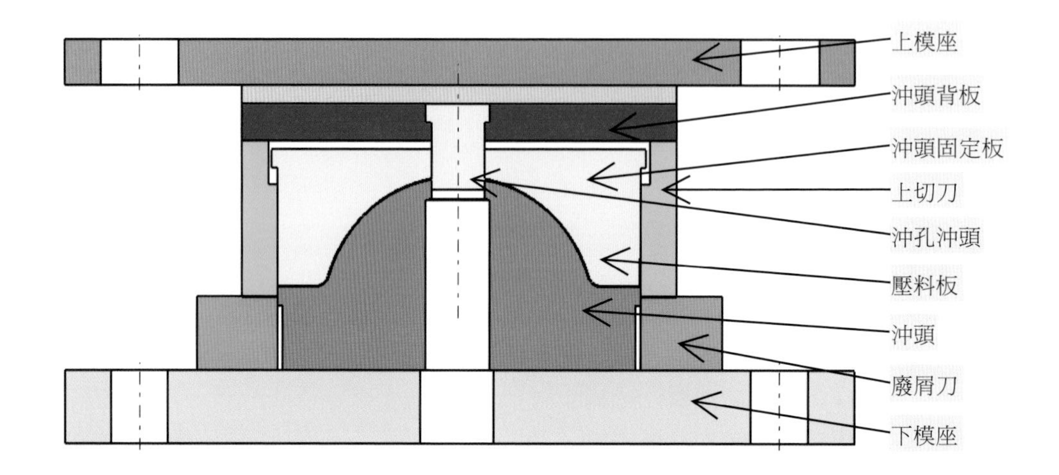

剪切模具主體結構設計依序為：下切刀模仁→廢屑刀→壓料板→沖頭固定板→沖頭→上切刀→沖頭背板→下模座→上模座

剪切模具結構設計圖檔案規劃操作說明

1. 開啓 CATIA，進入【Assembly Design】模組。

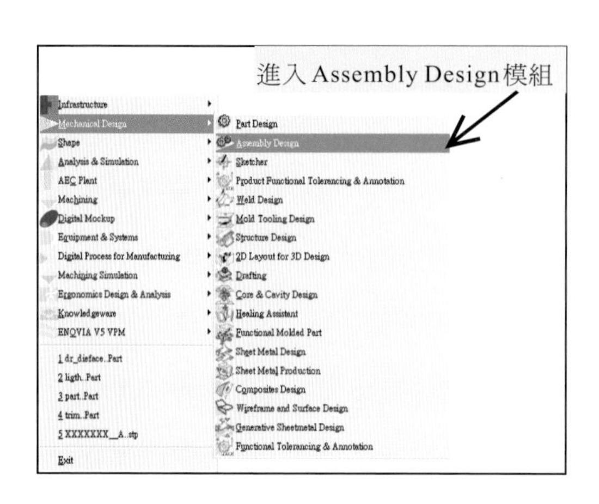

2. 點選【 Existing Component】指令，開啟剪切模面檔案（tr_dieface.prt）。

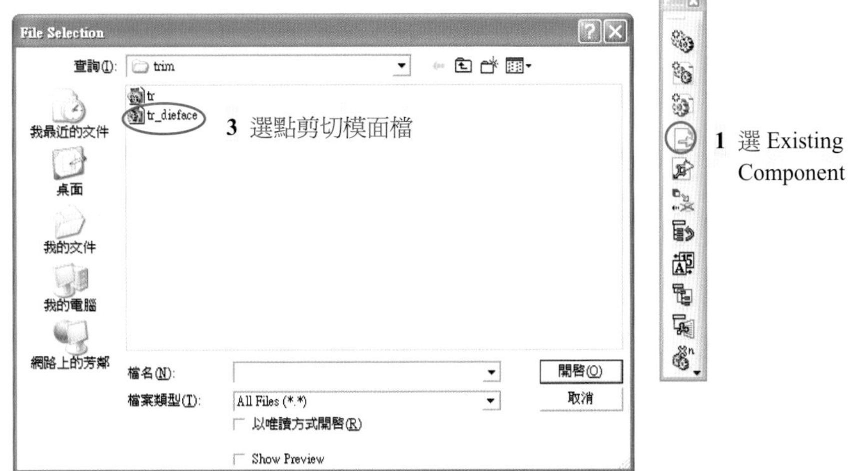

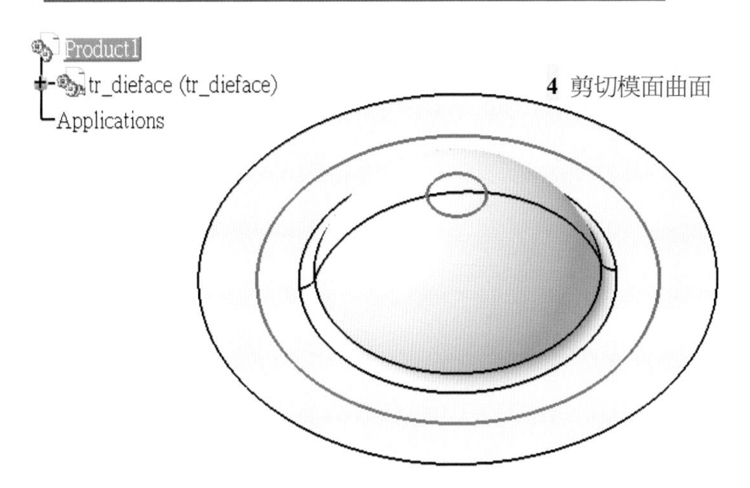

3. 點選【 Part】指令，建立一個新零件檔案，將其命名為部品零件名稱。剪切模其主體結構有：下切刀模仁（Lower Cutter）、廢屑刀（Separate）、壓料板（Pad）、上切刀（Upper Cutter）、沖頭（Punch）、沖頭固定板（Punch Holder Plate）、沖頭背板（Punch Bottom Plate）、下模座（Lower Die Set）、上模座（Upper Die Set）；所有部品皆依據下圖中 1～5 步驟建立新零件檔案，

再進行繪製。

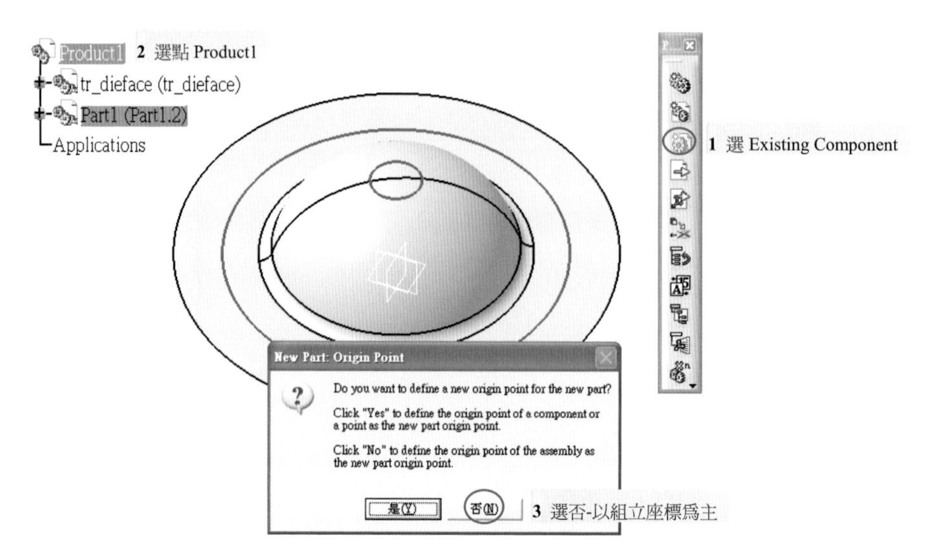
Product1
2 選點 Product1
tr_dieface (tr_dieface)
Part1 (Part1.2)
Applications
1 選 Existing Component
New Part: Origin Point
Do you want to define a new origin point for the new part?
Click "Yes" to define the origin point of a component or a point as the new part origin point.
Click "No" to define the origin point of the assembly as the new part origin point.
是(Y)
否(N)
3 選否-以組立座標為主

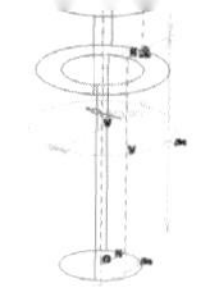

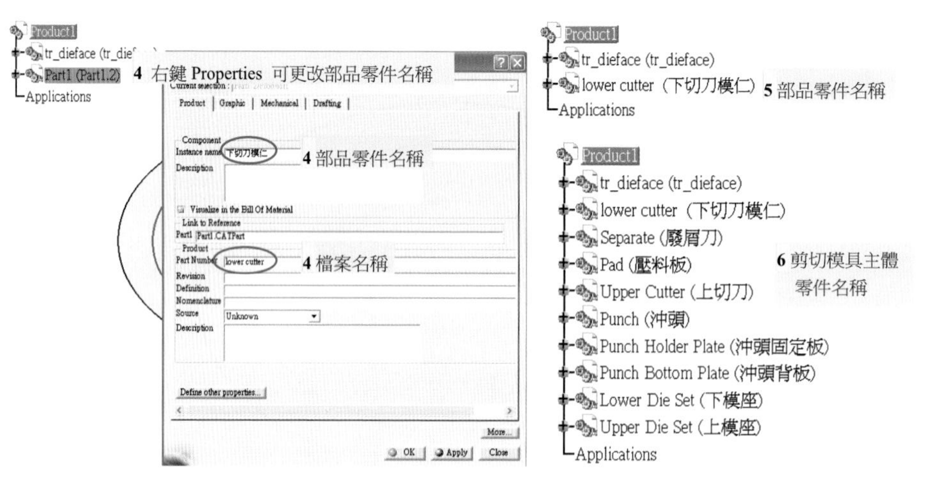
Product1
Part1 (Part1.2)
Applications
4 右鍵 Properties 可更改部品零件名稱
Product
Graphic
Mechanical
Drafting
Component
Instance name
下切刀模仁
4 部品零件名稱
Description
Visualize in the Bill Of Material
Link to Reference
Part1.CATPart
Product
Part Number
lower cutter
4 檔案名稱
Revision
Definition
Nomenclature
Source
Unknown
Description
Define other properties...
More...
OK
Apply
Close
Product1
tr_dieface (tr_dieface)
lower cutter（下切刀模仁）
5 部品零件名稱
Applications
Product1
tr_dieface (tr_dieface)
lower cutter（下切刀模仁）
Separate (廢屑刀)
Pad (壓料板)
Upper Cutter (上切刀)
Punch (沖頭)
Punch Holder Plate (沖頭固定板)
Punch Bottom Plate (沖頭背板)
Lower Die Set (下模座)
Upper Die Set (上模座)
Applications
6 剪切模具主體
零件名稱

4. 進入 Part Design 模組，開始進行各主體零件繪製。

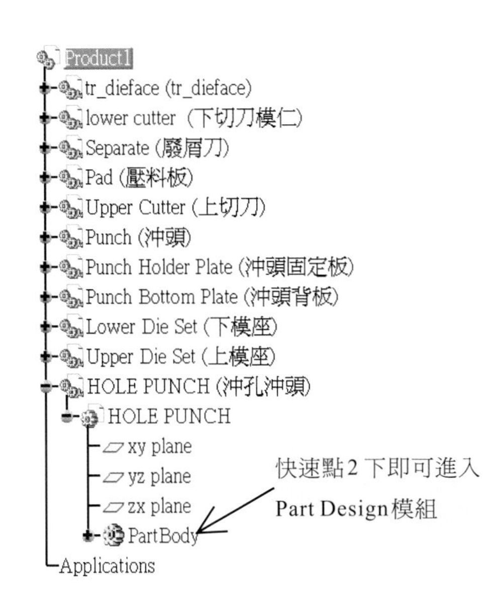

3.2 剪切模具之下切刀模仁結構設計

相關設計規範說明

在剪切模具設計中，下切刀模仁之切刀壁面長度一般為板厚 10 倍（考濾刀口強度），切口離隙 3 mm。如下圖所示：

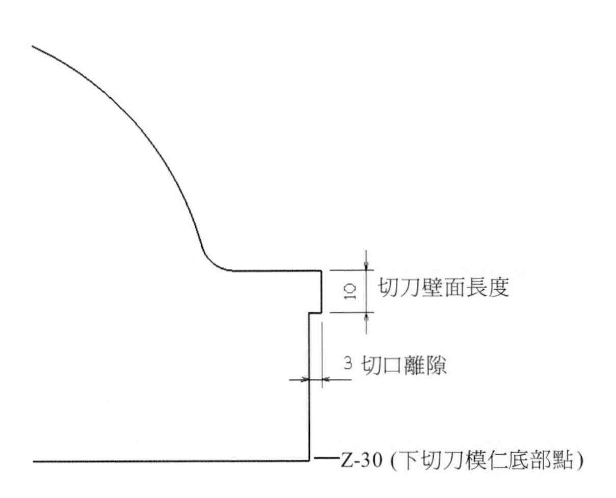

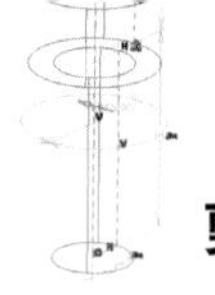

設計軟體操作說明

1. 依上述設計規範 1 說明可知，在設計時，其下切刀模仁底部位置為 Z = −30。使用【 Plane】指令，在 xy 平面向下偏移（Offset from plane）30 mm 處建立一基準面。

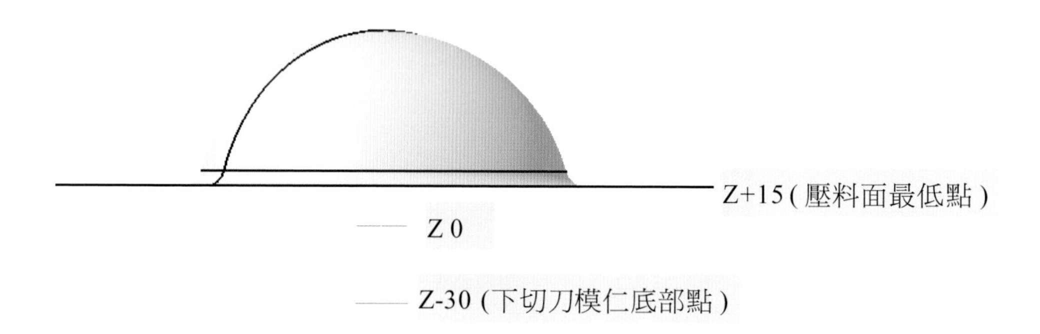

2. 以此平面點選【 Sketch】指令建立草圖。
3. 在草圖中，利用【 Project 3D Elements】指令投影內、外剪切線外形草圖。

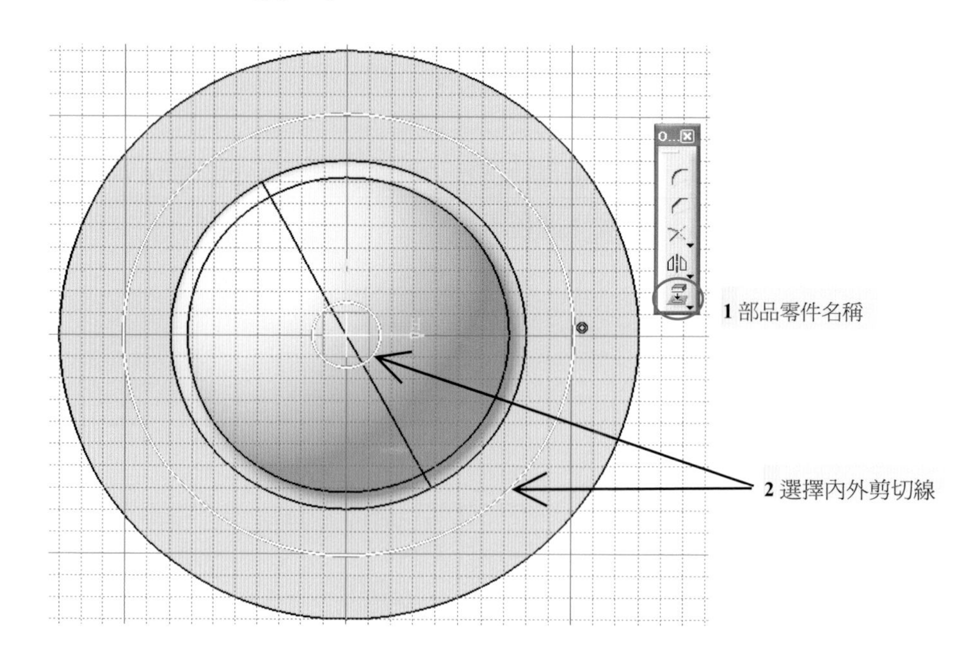

4. 完成草圖繪製後，點選【 Exit workbench】指令離開草圖，使用【 Pad】指令，將草圖投影至剪切模面之曲面（Up to surface）以長出下切刀模仁實體。

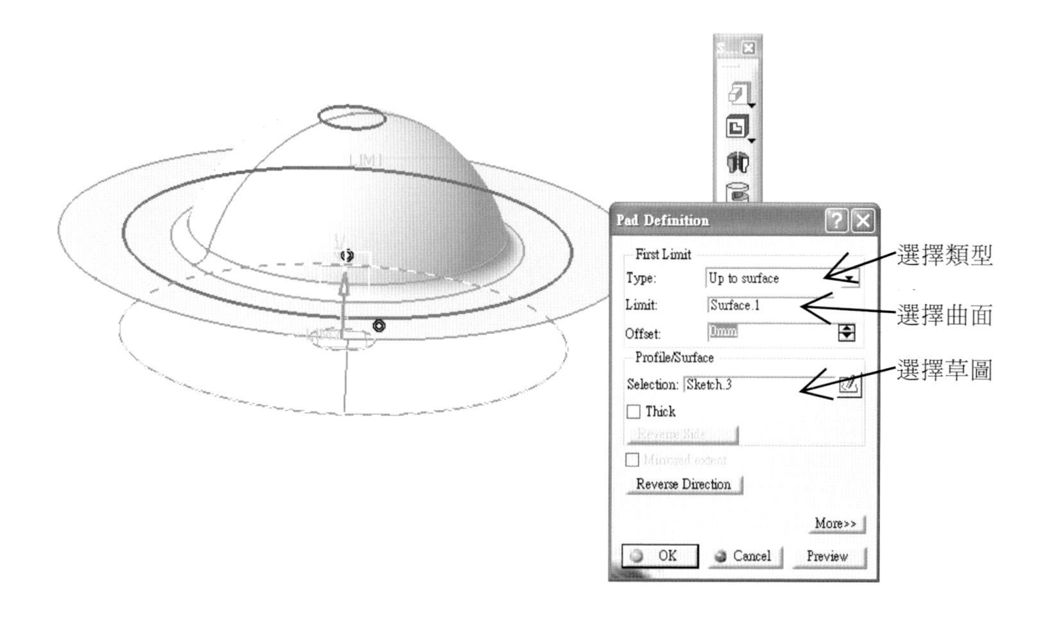

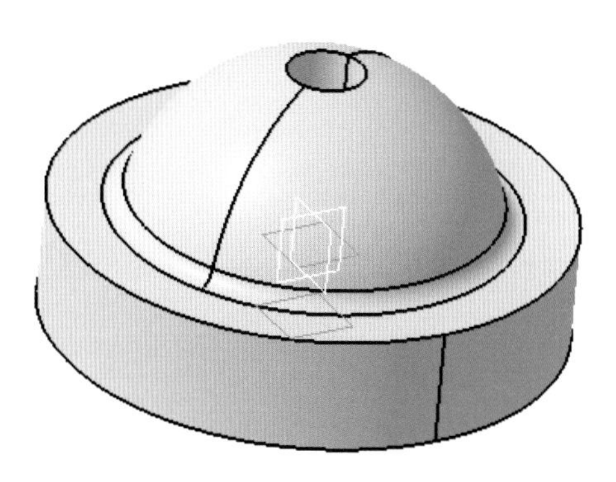

5. 以下切刀模仁實體為草圖平面，利用【 Project 3D Elements】投影外剪切線外形，並以【 Offset】向內縮 3 mm。

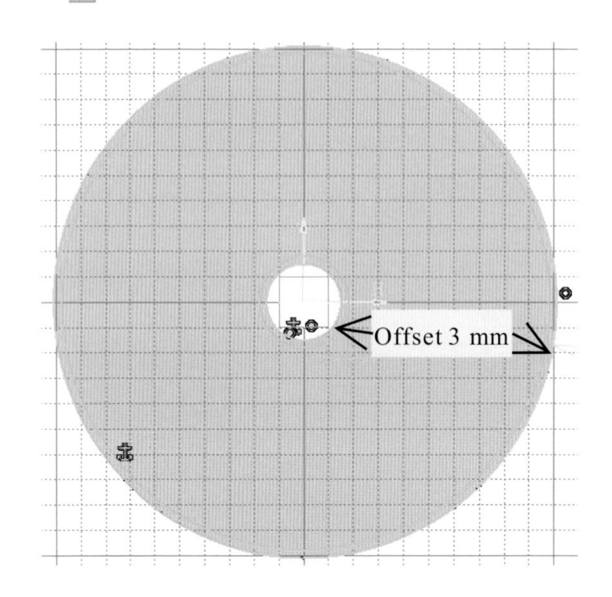

6. 完成草圖繪製後，點選【 Exit workbench】指令離開草圖，使用【 Pocket】指令，將草圖投影至剪切模面之曲面（Up to surface）下 10 mm 以切除下切刀模仁實體之離隙部分，即完成下切刀模仁實體設計。

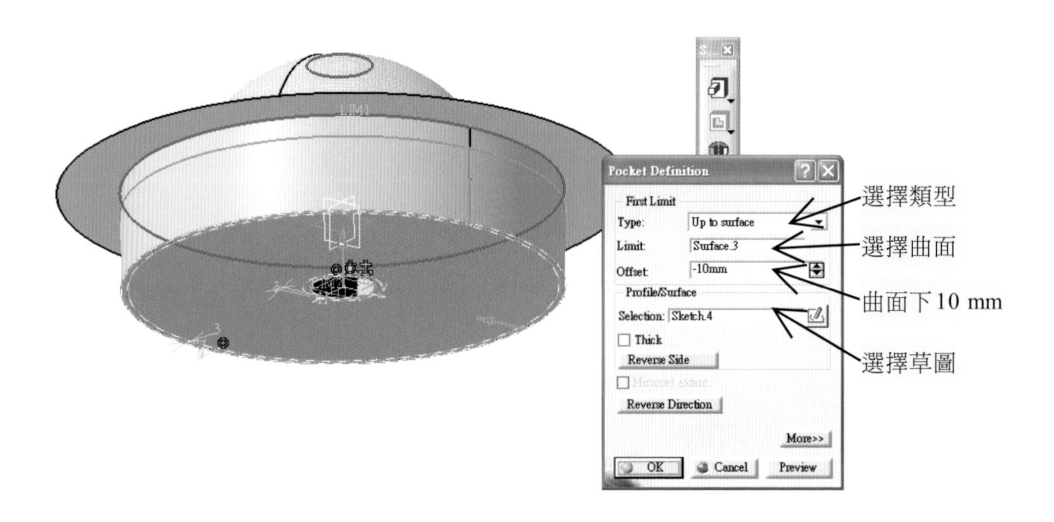

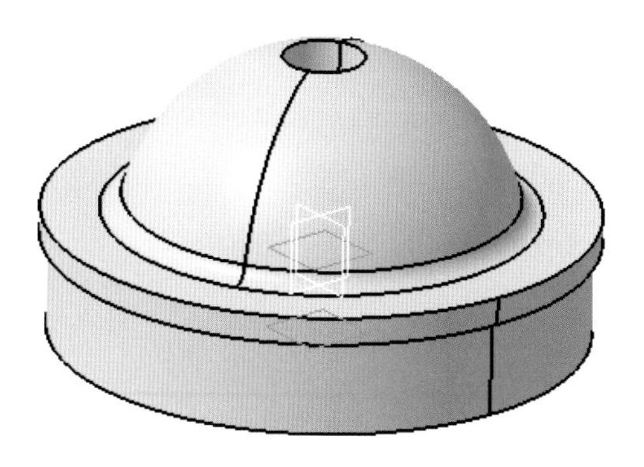

下切刀模仁結構

3.3　剪切模具之廢屑刀結構設計

相關設計規範說明

由於外形切線爲一封閉外形，當板金剪切後，不用的廢料會呈現整圈，並卡於下切刀模仁上的狀態，作業者不易將廢料取出。因此需藉由廢屑刀，將整圈廢料給切開分離。一般廢屑刀剪切方向與外形剪切垂直，整圈廢料經廢屑刀口與上切刀底面刀口剪切，而斷裂成數個片段廢料。如下圖所示：

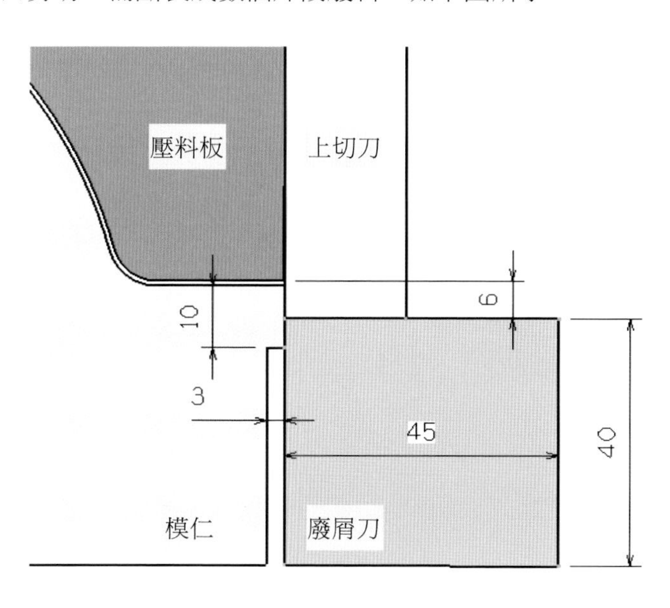

設計軟體操作說明

1. 依上述設計規範 1 說明可知，在設計時，廢屑刀底部與模仁底部高度位置相同。點選【 Sketch】指令以模仁底部建立一草圖基準面。在草圖中，利用【 Rectangle】指令繪製廢屑刀外形草圖。

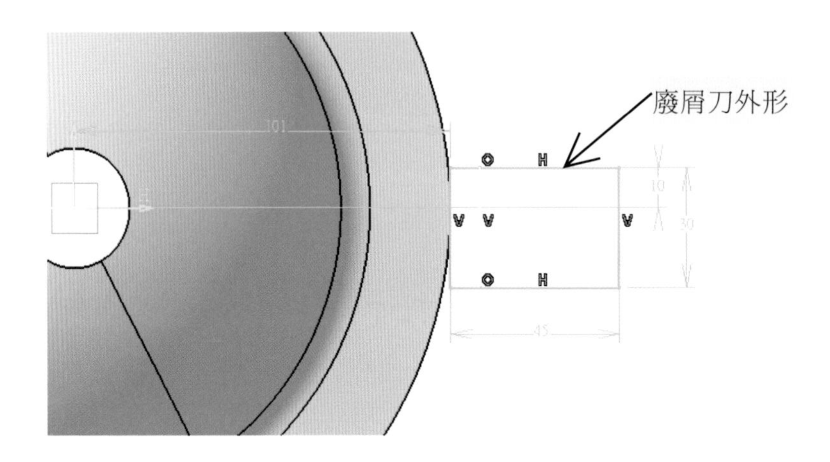

2. 完成草圖繪製後，點選【 Exit workbench】指令離開草圖。使用【 Pad】指令將草圖長出 40 mm 廢屑刀實體。

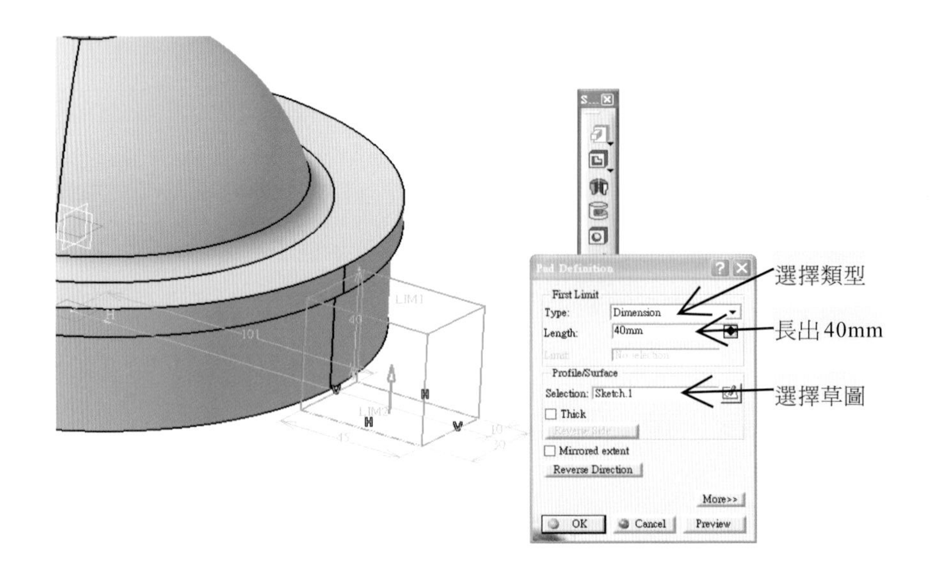

3. 點選【 Sketch】指令以廢屑刀側面為草圖基準面。在草圖中，利用【 Line】指令繪製離隙外形，並以【 Pocket】指令將原廢屑刀實體進行挖除，即完成一個廢屑刀實體設計。

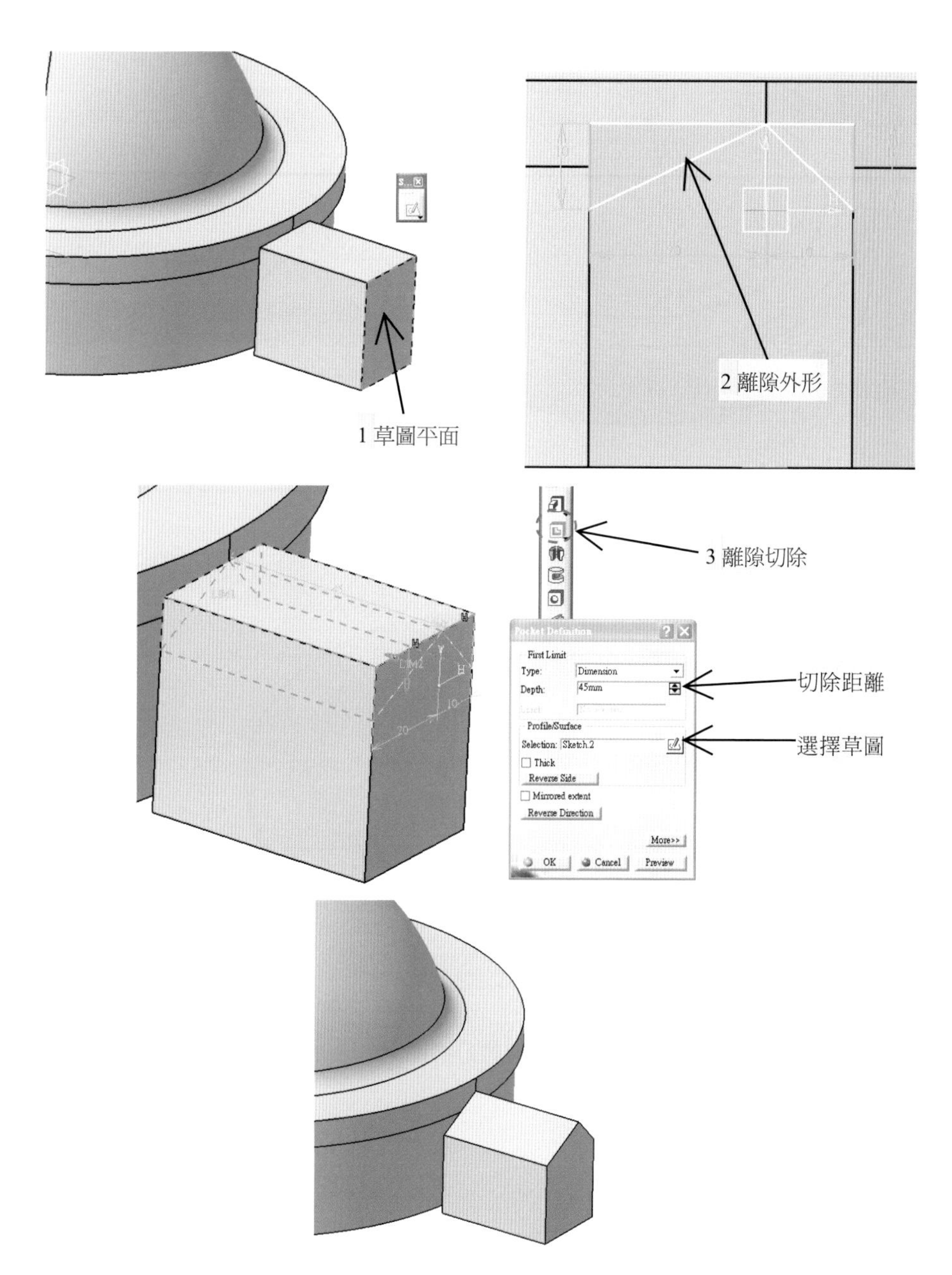

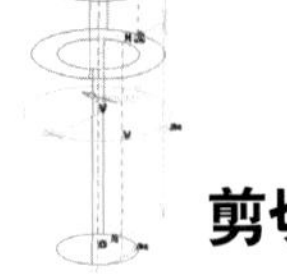

4. 點選【 Mirror】指令，將完成之廢屑刀實體以 YZ 平面鏡向複製另一側之廢屑刀實體。

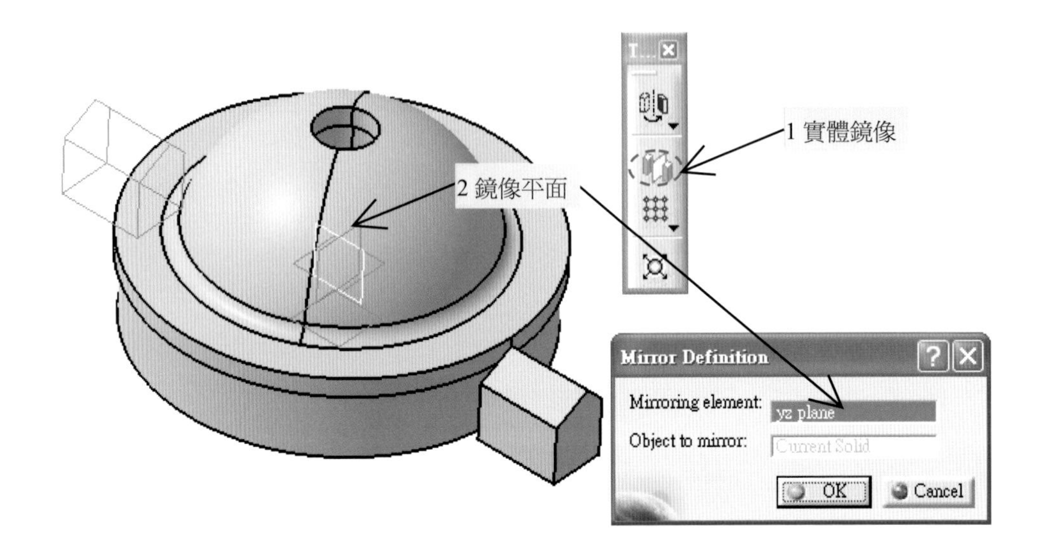

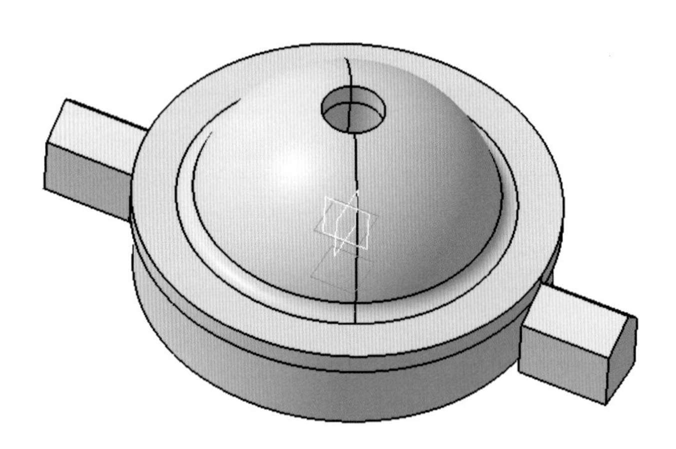

廢屑刀結構

3.4　剪切模具之壓料板結構設計

相關設計規範說明

1. 壓料板最深凹處距底部（最薄處）應有 15 mm 以上之厚度。

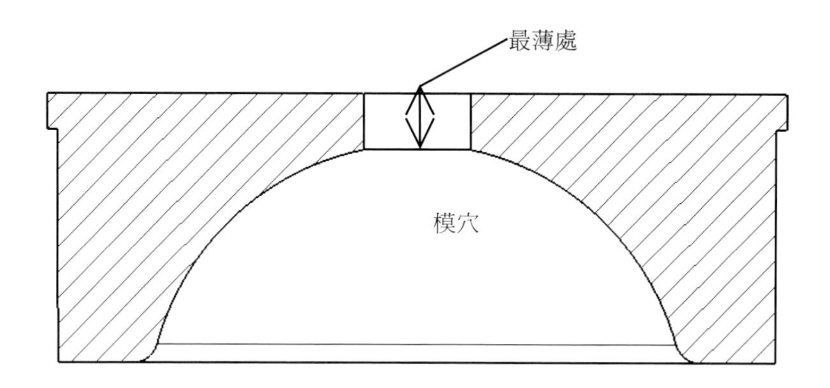

2. 壓料板以其側壁面與上切刀側壁面爲滑動面，爲避免沖頭或切刀因滑動面磨耗而影響剪切，因此，壓料板內孔與沖頭、壓料板外形滑動面之底部至 15 mm 與上切刀，皆需離隙 0.2 mm。

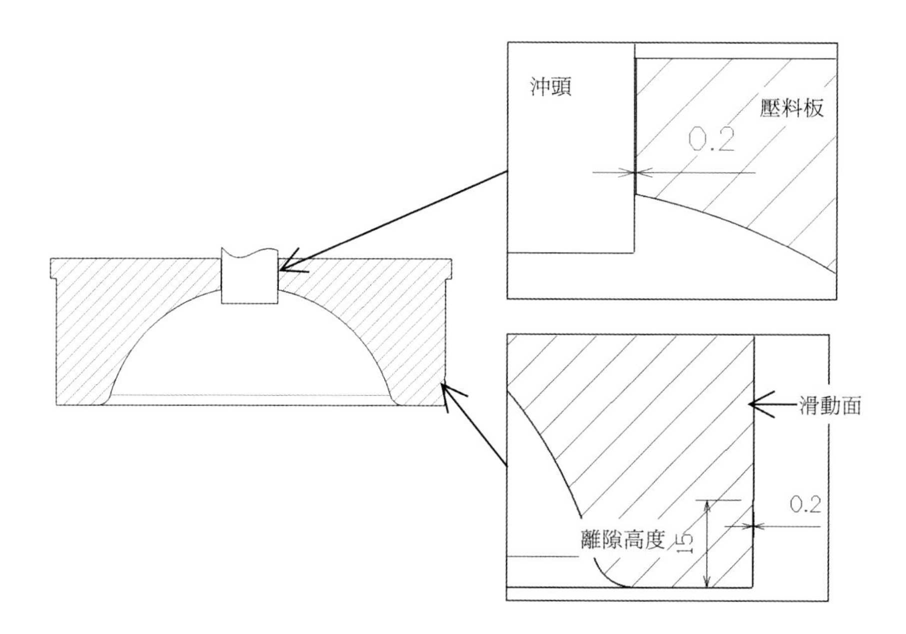

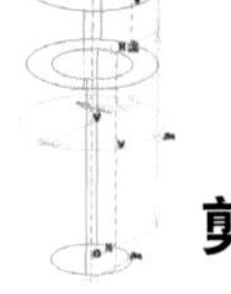

3. 爲防止開模時，壓料板受彈簧推力而造成掉落，所以在壓料板上方設計凸耳，並在上切刀設計凸耳離隙槽。一般凸耳尺寸凸出量 3 mm、高度爲 10 mm。上切刀凸耳離隙槽深度爲 24 mm（壓料板下止點時與沖頭固定板間隙 5 mm+ 凸耳高度 10 mm+ 壓料行程 9 mm）、凸耳離隙槽寬度 5 mm，如下圖所示：

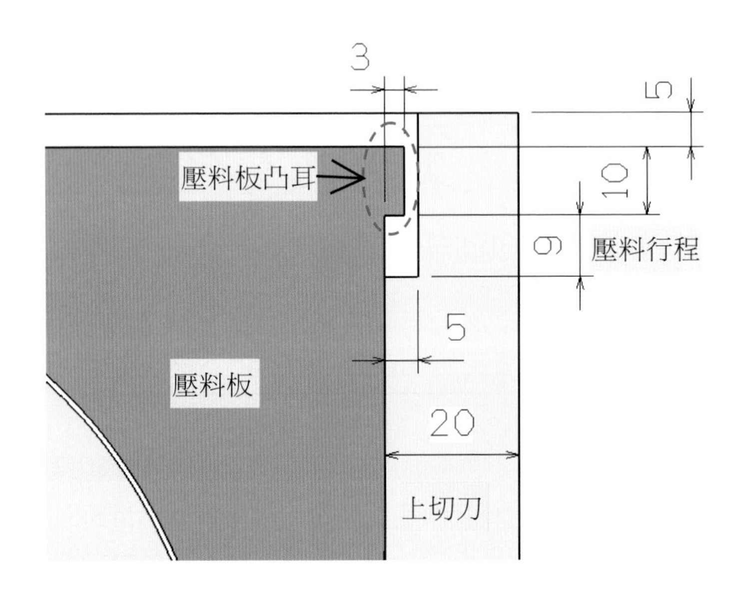

設計軟體操作說明

1. 依上述設計規範 1 說明可知，在設計時，壓料板底部位置爲 Z = 90。使用【Plane】指令，在 xy 平面向下偏移（Offset from plane）90 mm 處建立一基準面。以此平面點選【Sketch】建立草圖。

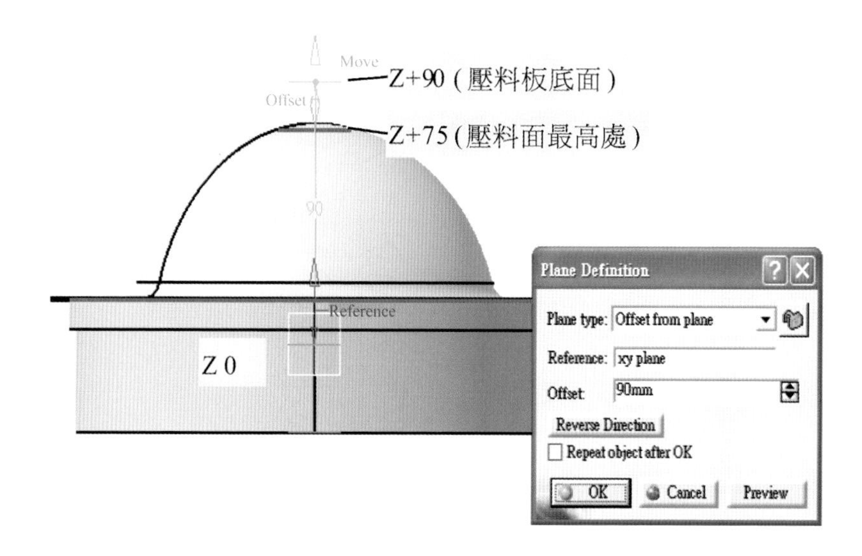

2. 在草圖中，利用【Project 3D Elements】指令投影內、外切線外形草圖。

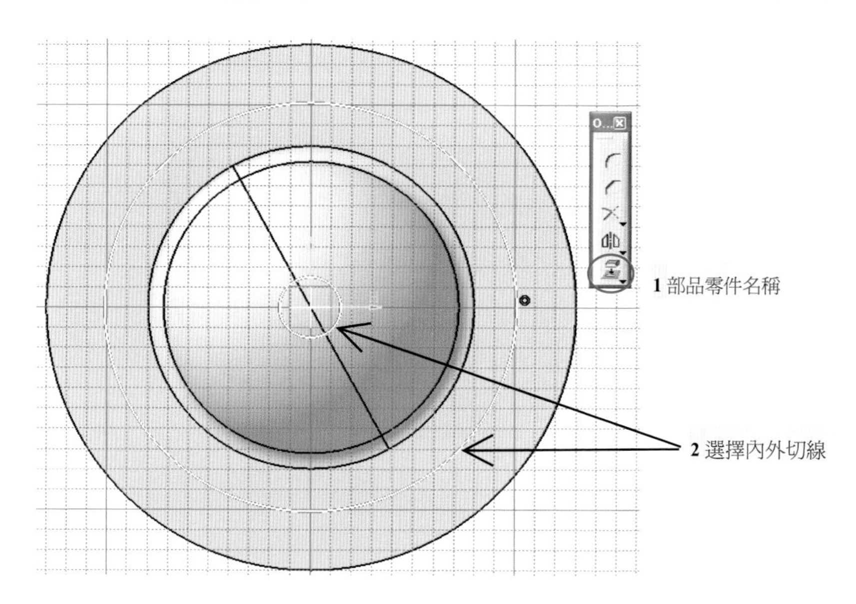

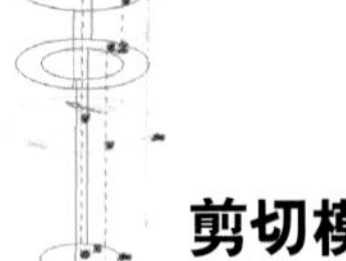

3. 完成草圖繪製後，點選【 Exit workbench】指令離開草圖，使用【 Pad】指令，將草圖投影至剪切模面之曲面（Up to surface）以長出壓料板實體。

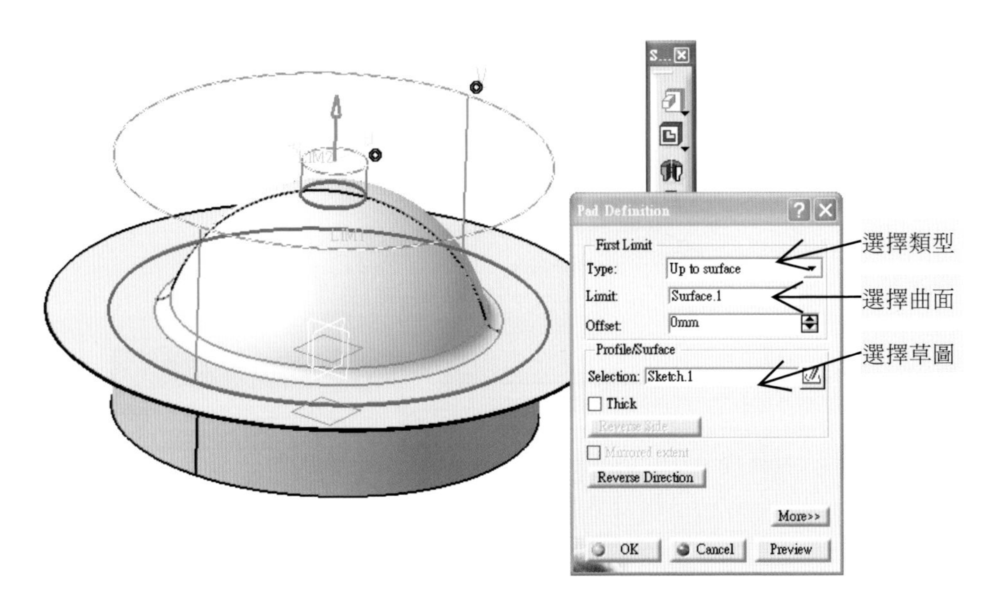

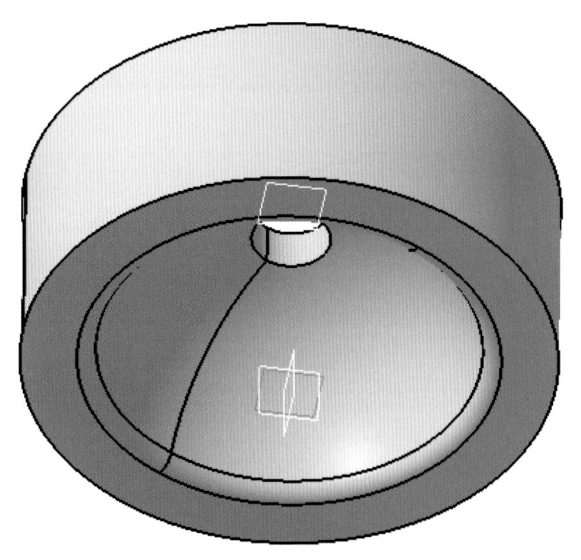

4. 在壓料板凸耳結構繪製，以壓料板底部爲基準面，點選【 Sketch】指令建立草圖。在草圖中，利用【 Project 3D Elements】指令投影外切線外形，再以【 Offset】指令，將投影外切線外形向外擴 3 mm，以完成凸耳外形草圖。

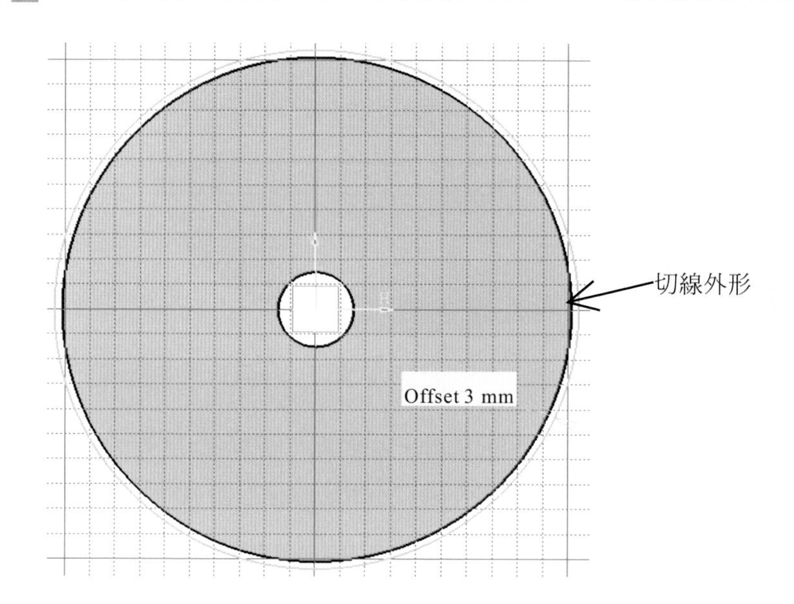

5. 完成草圖繪製後，點選【 Exit workbench】指令離開草圖，使用【 Pad】指令將草圖長出 10 mm 壓料板凸耳實體。

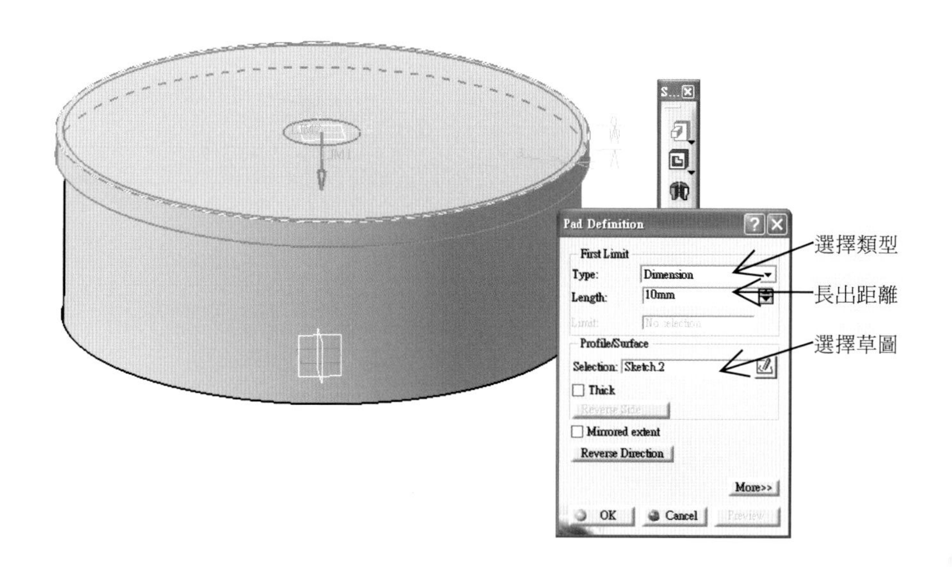

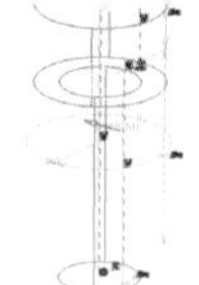

壓料板凸耳結構

6. 在壓料板繪製其與上切刀滑動面離隙，以壓料平面點選【 Sketch】指令建立草圖。在草圖中，利用【 Project 3D Elements】指令投影外切線外形後，再以【 Offset】指令將投影外切線向內縮 0.2 mm，完成滑動面離隙外形草圖。

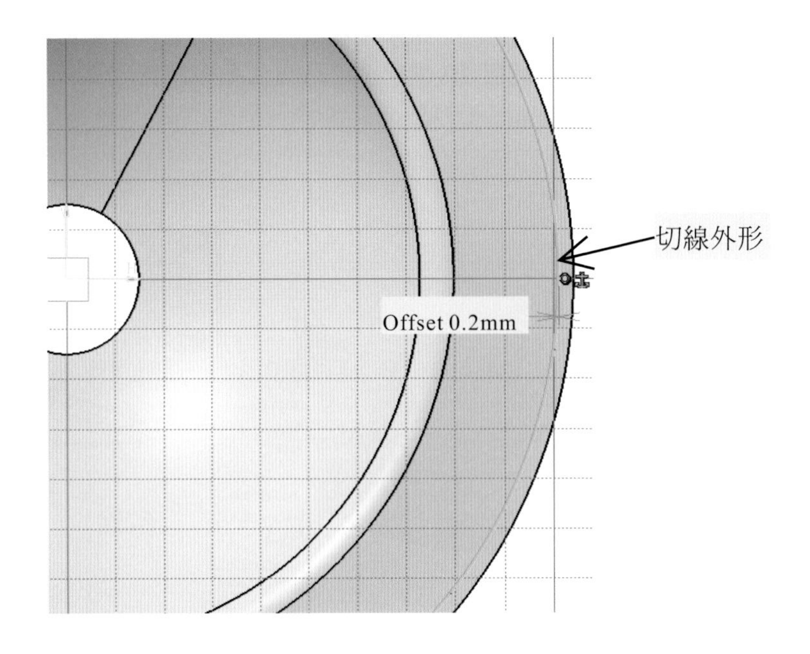

7. 完成草圖繪製後，點選【 Exit workbench】指令離開草圖，使用【 Pocket】指令將草圖切出滑動面離隙，高度 15 mm，即完成壓料板結構設計。

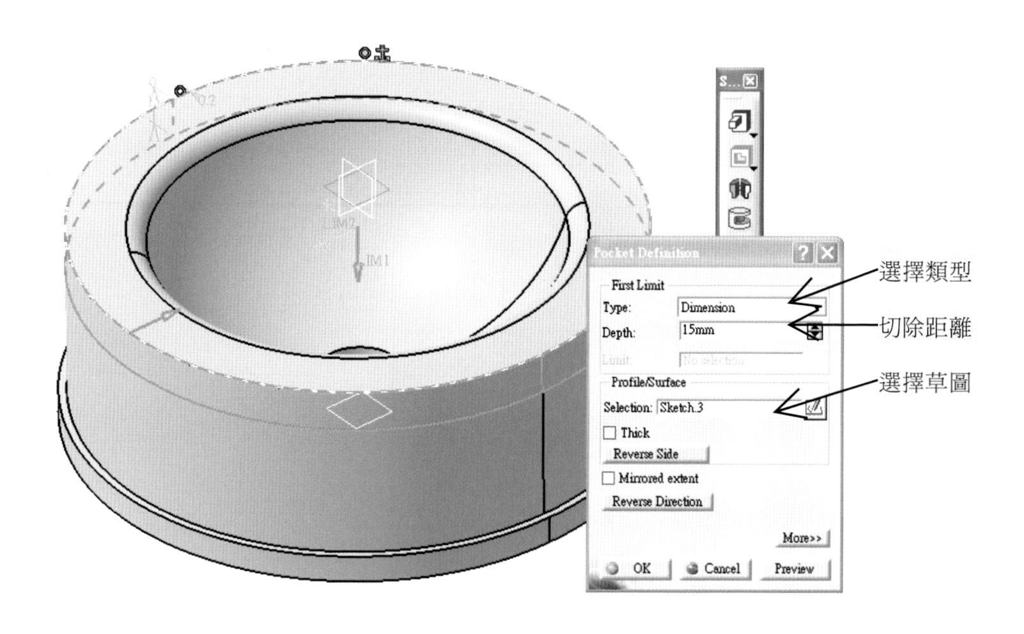

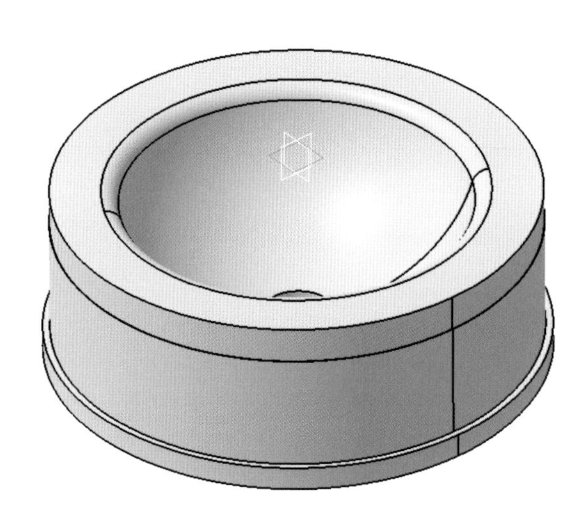

壓料板結構

3.5 剪切模具之上切刀結構設計

相關設計規範說明

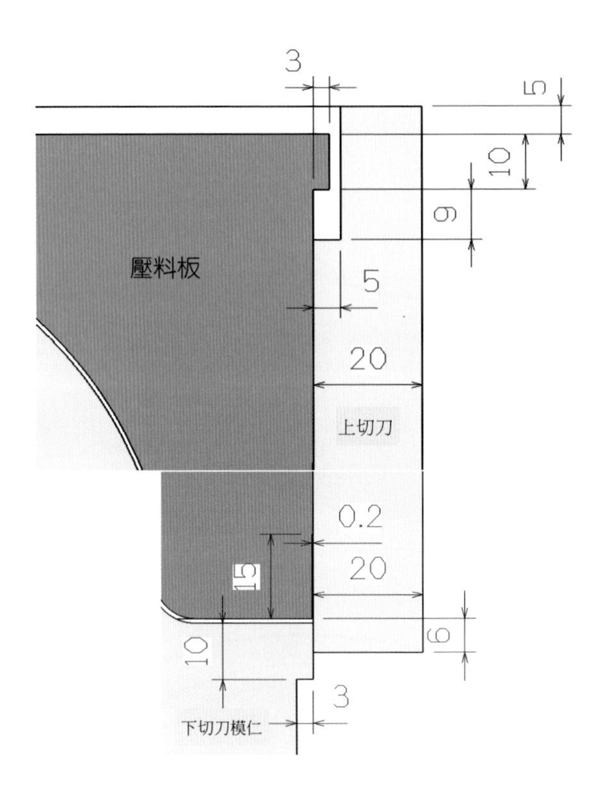

設計軟體操作說明

1. 依上述設計規範 1 說明可知，在設計時，上切刀底部位置爲 Z = 95。使用【Plane】指令，在 xy 平面向下偏移（Offset from plane）95 mm 處建立一基準面。

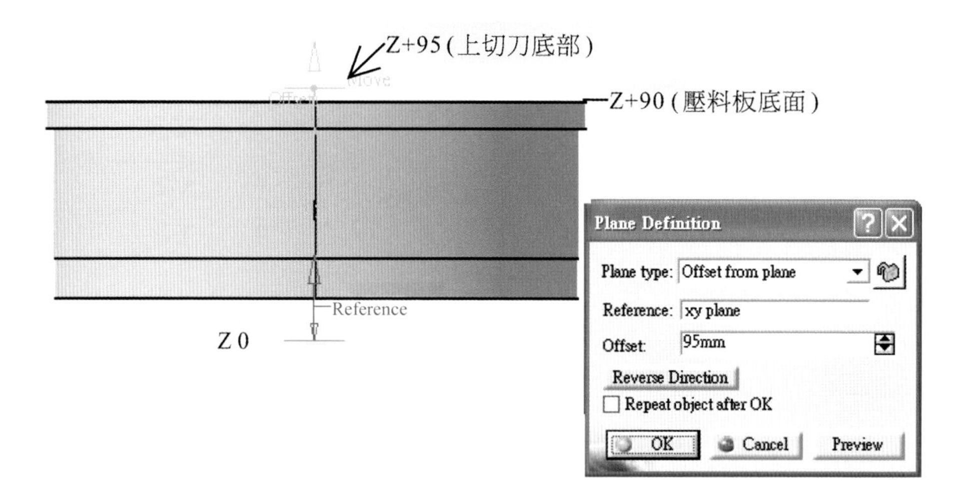

2. 以此平面點選【Sketch】指令建立草圖，利用【Project 3D Elements】指令投影外切線後，再以【Offset】指令將投影外切線向外擴 20 mm 形成上切刀外形草圖。

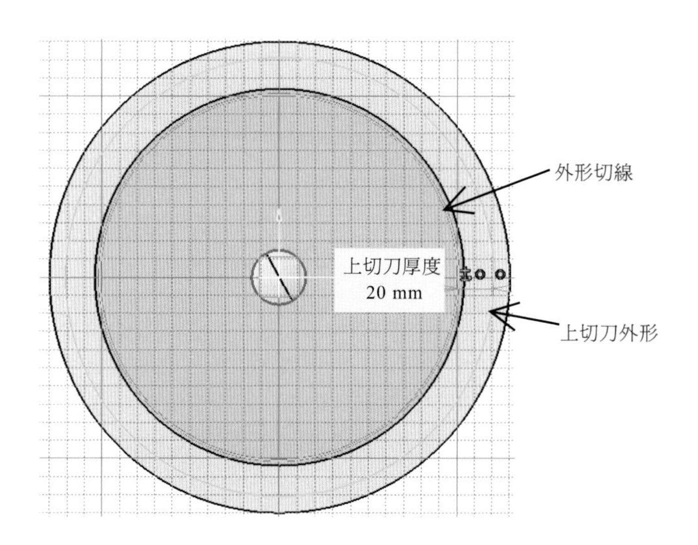

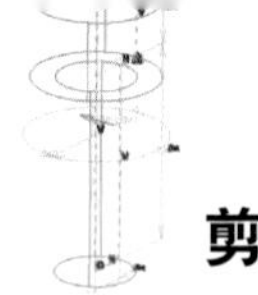

3. 完成草圖繪製後，點選【 Exit workbench】指令離開草圖，使用【 Pad】指令，將草圖投影至剪切模面之曲面（Up to surface）下面 6 mm 以長出上切刀實體。

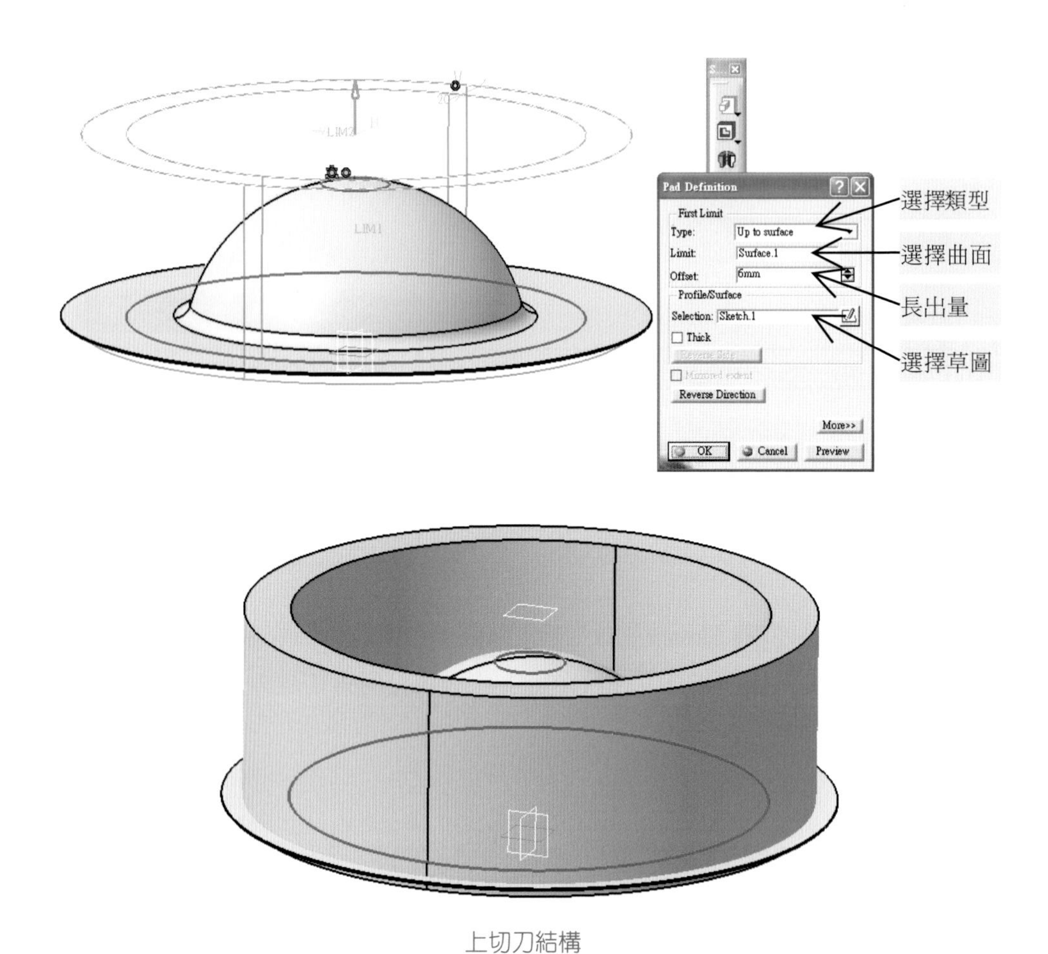

上切刀結構

4. 在上切刀繪製其與壓料板凸耳離隙，以上切刀上方底部爲平面，點選【 Sketch】指令建立草圖。在草圖中，以【 Project 3D Elements】指令投影外切線外形後，再以【 Offset】指令將投影外切線向外擴 5 mm，完成凸耳離隙槽外形草圖。

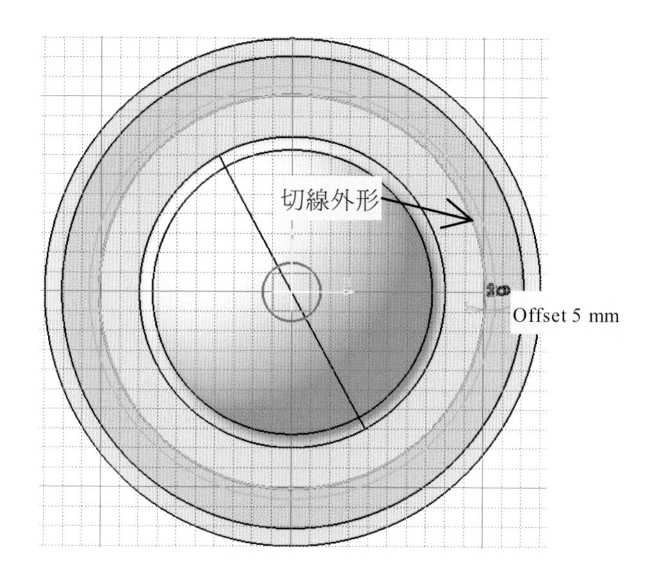

5. 完成草圖繪製後，點選【 Exit workbench】指令離開草圖，使用【 Pocket】指令以草圖切出凸耳離隙槽，深度 24 mm。

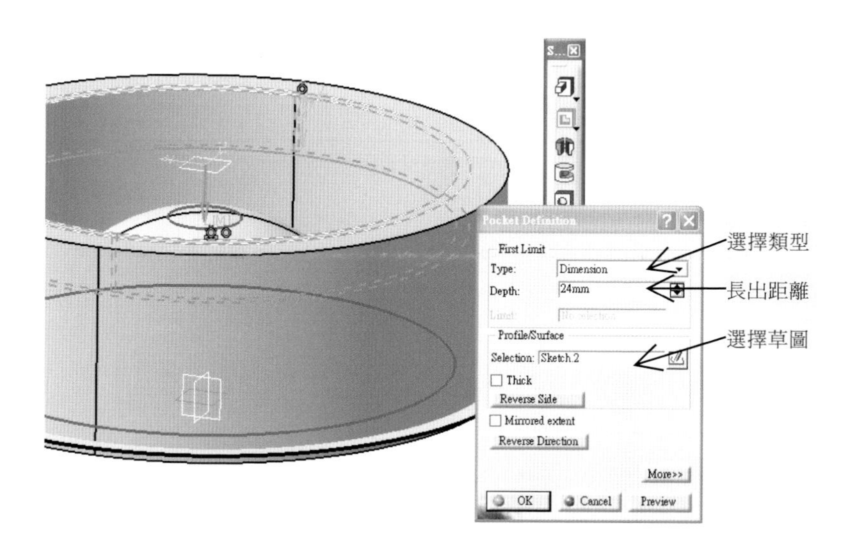

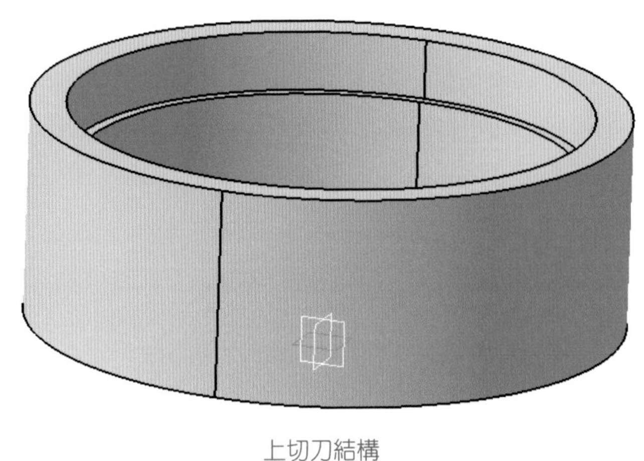

上切刀結構

3.6　剪切模具之沖頭固定板結構設計

相關設計規範說明

剪切模具沖頭固定板結構相關尺寸設計值，如下圖所示：

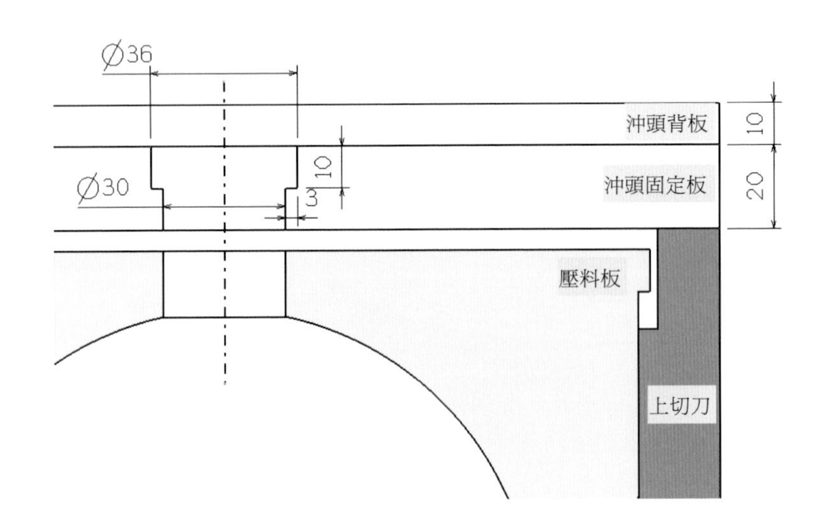

設計軟體操作說明

1. 依上述設計規範說明，以上切刀頂平面為沖頭固定板草圖基準面。點選【Sketch】指令建立草圖，利用【Project 3D Elements】指令投影外切刀外形與內孔切線外形，即完成沖頭固定板外形草圖。

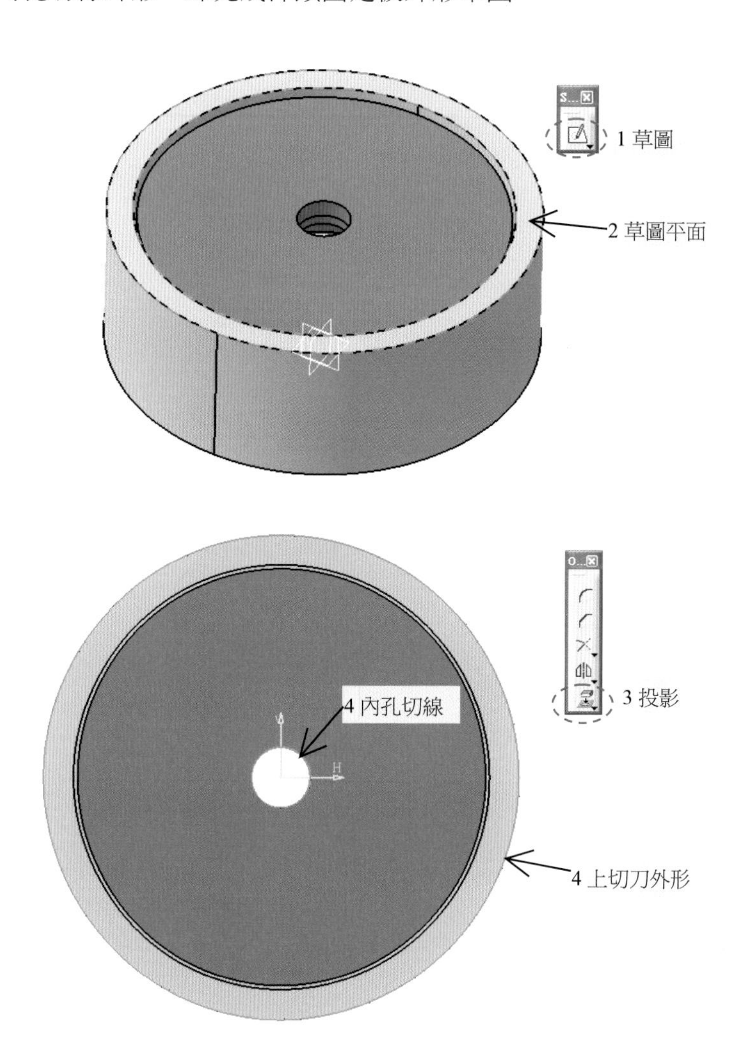

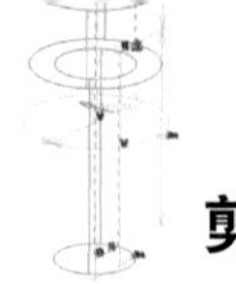

2. 完成草圖繪製後，點選【 Exit workbench】指令離開草圖，使用【 Pad】指令將草圖向上長 20 mm 成為沖頭固定板實體。

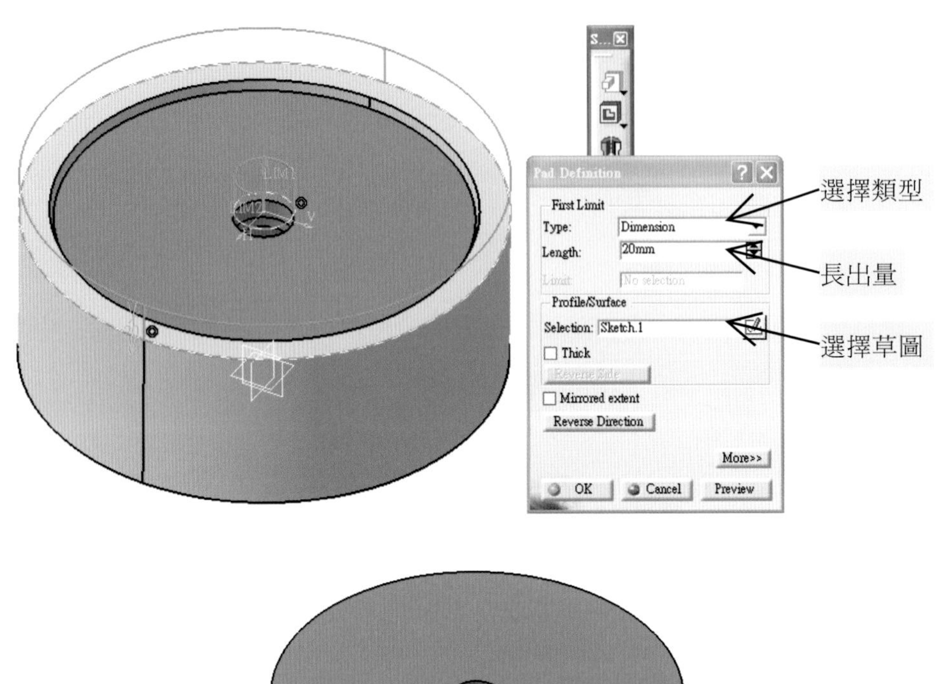

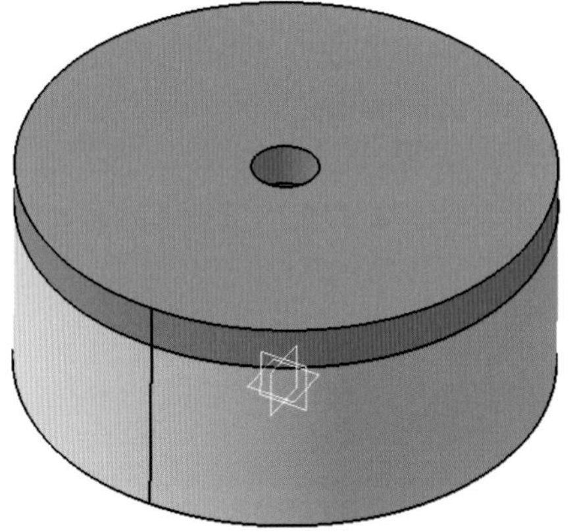

沖頭固定板結構

3. 在沖頭沉頭孔繪製，以沖頭固定板頂部為基準面，點選【 Sketch】指令建立草圖。在草圖中，以【 Project 3D Elements】指令投影內孔切線外形後再以【 Offset】指令將投影外切線向外擴 3 mm，完成沖頭沉頭孔外形草圖。

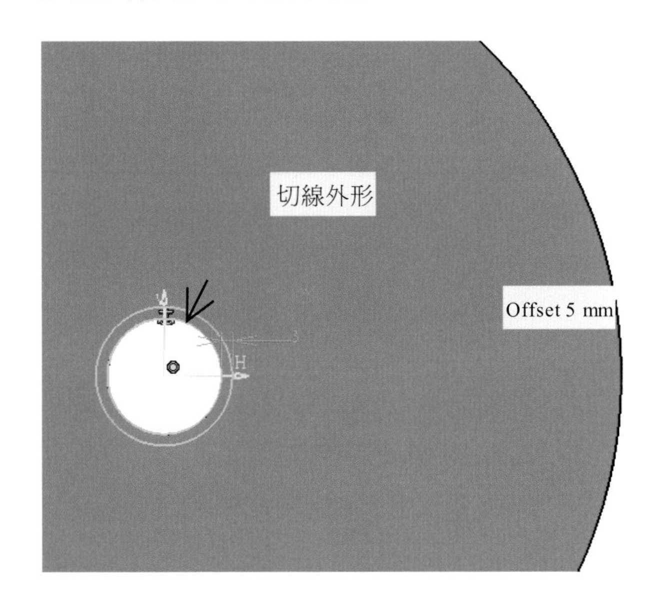

4. 完成草圖繪製後，點選【 Exit workbench】指令離開草圖，使用【 Pocket】指令以草圖切除，深度 10 mm。

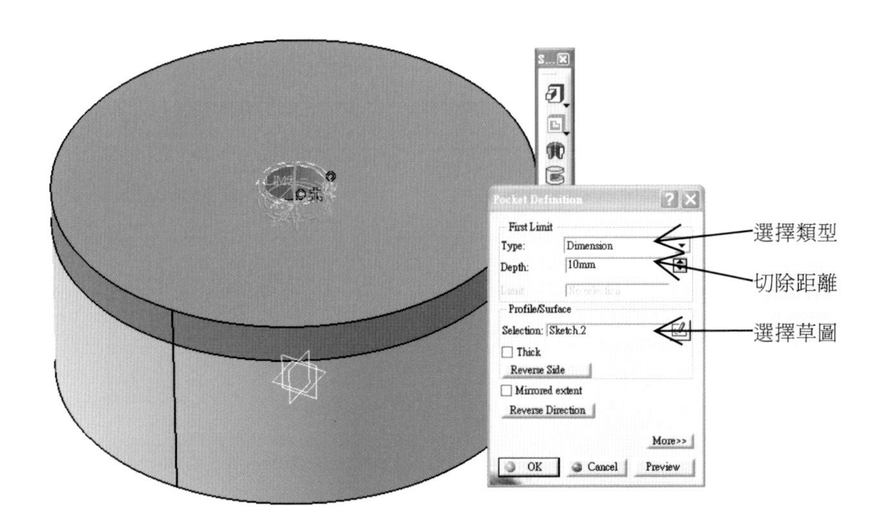

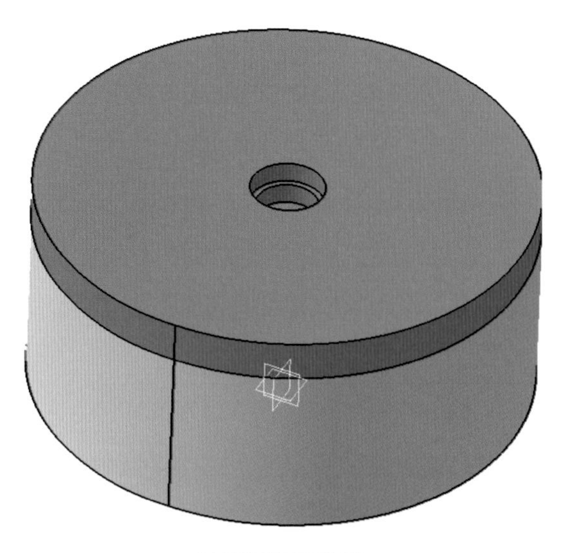

沖頭固定板結構

3.7 剪切模具之沖頭背板結構設計

相關設計規範說明

剪切模具沖頭背板結構相關尺寸設計值，如下圖所示：

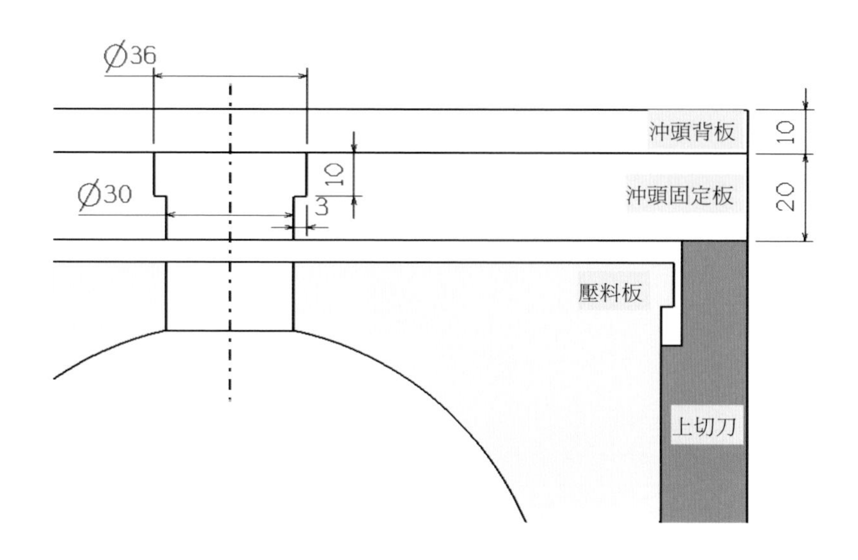

設計軟體操作說明

1. 依上述設計規範說明，以沖頭固定板頂部平面為沖頭背板草圖基準面。點選【Sketch】指令建立草圖，利用【Project 3D Elements】指令投影沖頭固定板外形，即完成沖頭背板外形草圖。

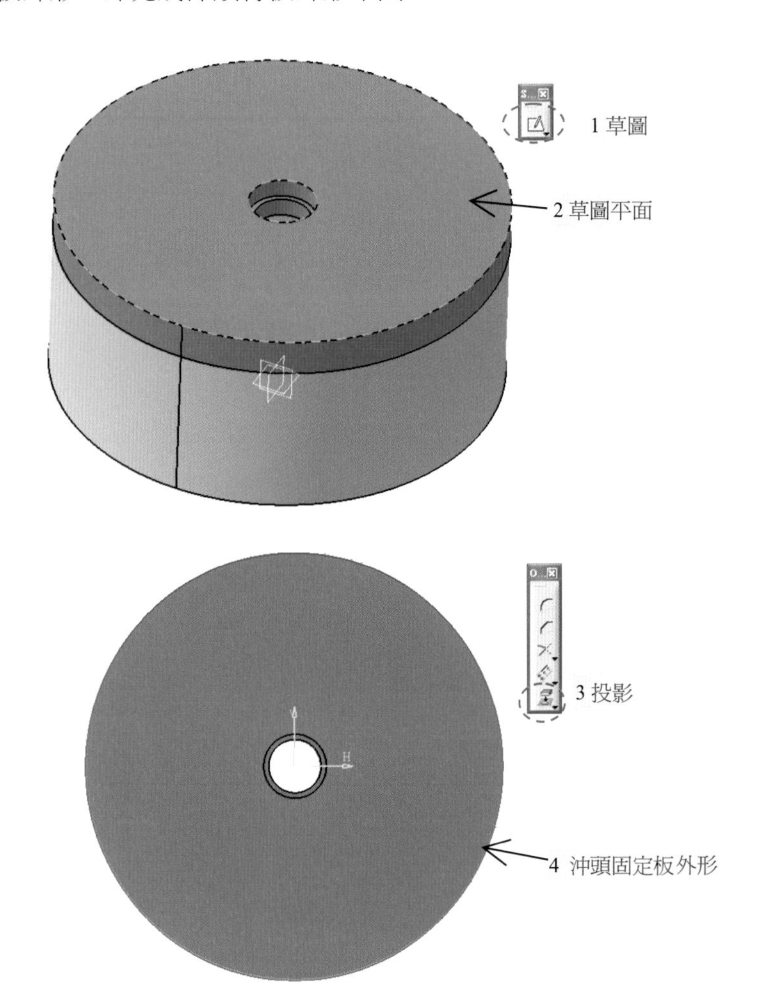

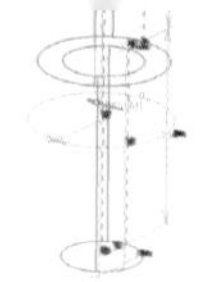

2. 完成草圖繪製後，點選【 Exit workbench】指令離開草圖，使用【 Pad】指令，將草圖向上長 10 mm 成爲沖頭背板實體。

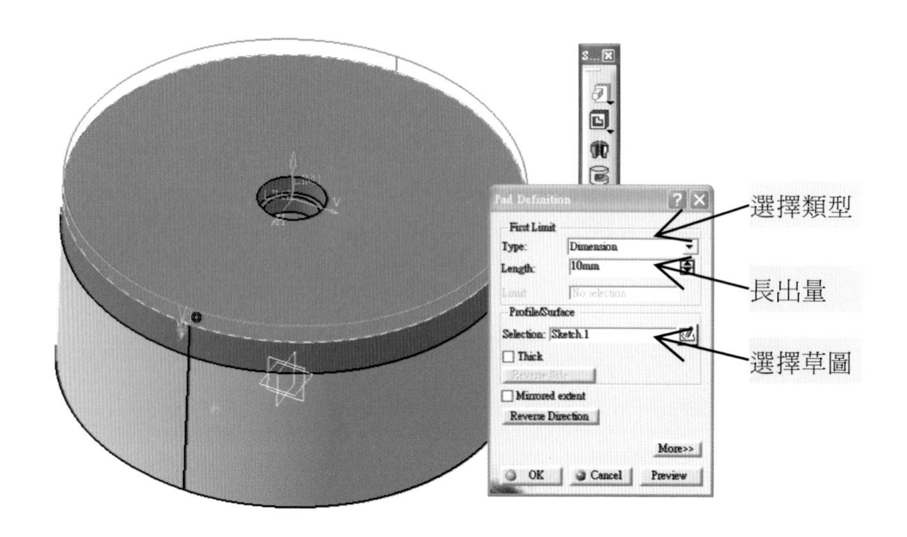

沖頭背板結構

3.8 剪切模具之下模座結構設計

相關設計規範說明

1. 上、下模需以導柱與襯套作爲引導，一般下模座設計導柱，上模座設計襯套。導柱直徑尺寸 (D) 選定以工作區域（廢屑刀最大範圍）最長邊尺寸 (A) 的十分之一左右即可。本範例中，工作區域（廢屑刀最大範圍）最長邊尺寸 A = 292 mm，即導柱直徑尺寸 D = 292/10 = 29.2 mm，依市販導柱標準零件規格有直徑 25 mm、32 mm、38 mm、50 mm 等，故選擇直徑 32 mm 導柱。
2. 下模座長邊尺寸 (L) = 工作區域最長邊尺寸 (A) + 4 倍導柱直徑尺寸 (D) + 20mm。本範例中，下模座長邊尺寸 L = 292 + 4×32 + 20 = 440（mm）。
3. 下模座短邊尺寸（W）部分，若不考慮下模座於沖床床台夾持範圍，應與加工範圍切齊，也就是 W = B = 242 mm。若考慮下模座於沖床床台夾持範圍，夾持處應預留 30 mm，因此，下模座短邊尺寸 W = B + 2×32 = 242 + 60 = 302（mm）。
4. 下模座厚度 t = 40 mm。

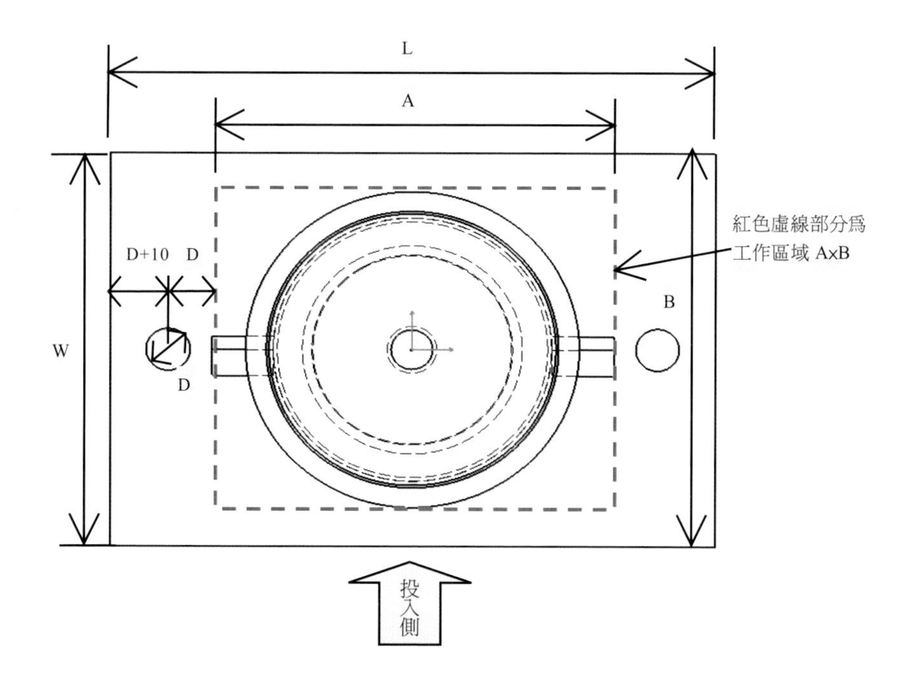

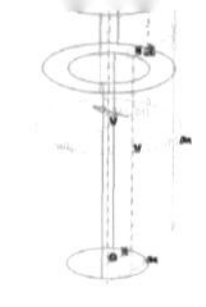

設計軟體操作說明

1. 使用【 Sketch】指令點選模仁底部平面作爲下模座之草圖基準面，使用矩形【 Rectangle】指令繪出下模座外型，其長邊 440 mm，短邊 302 mm。
2. 使用圓形【 Circle】指令，繪出直徑 32 mm 導柱孔，其位置爲（178,0）與（−178,0）。

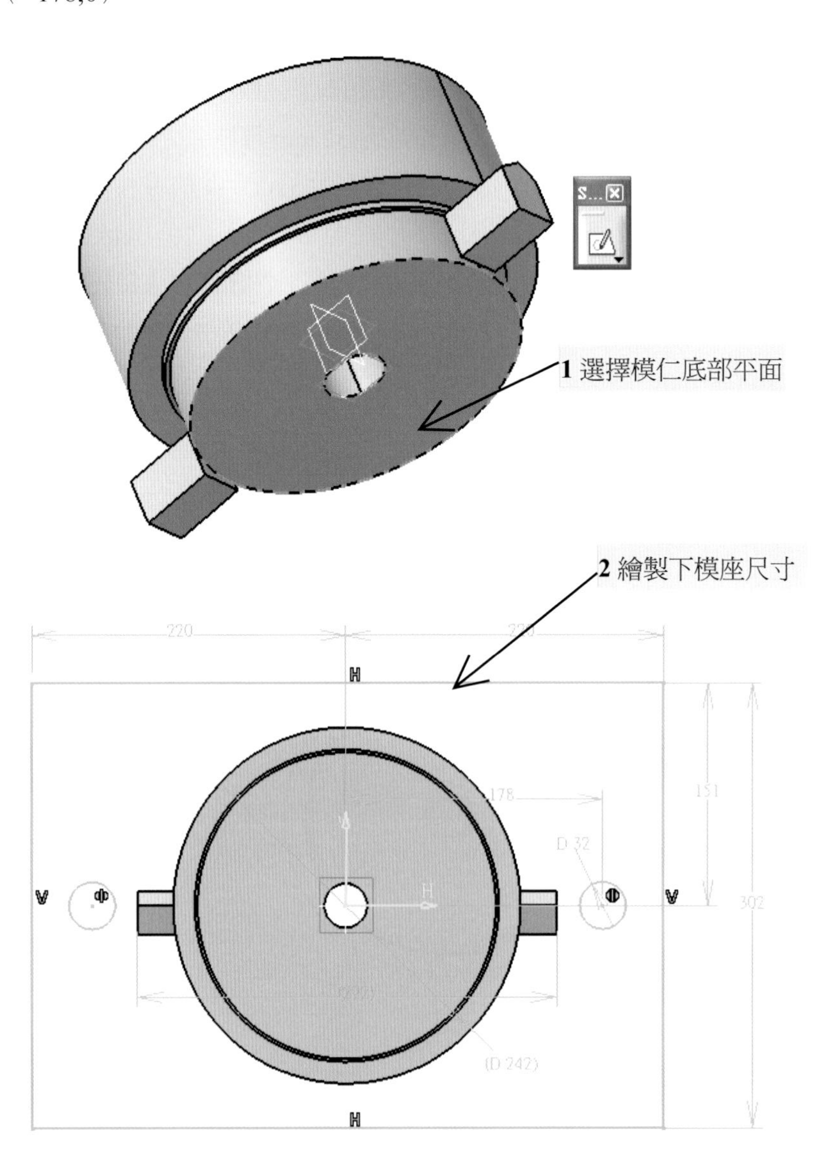

3. 完成草圖繪製後，點選【 Exit workbench】指令離開草圖，使用【 Pad】指令將草圖向下長出實體結構 40 mm。

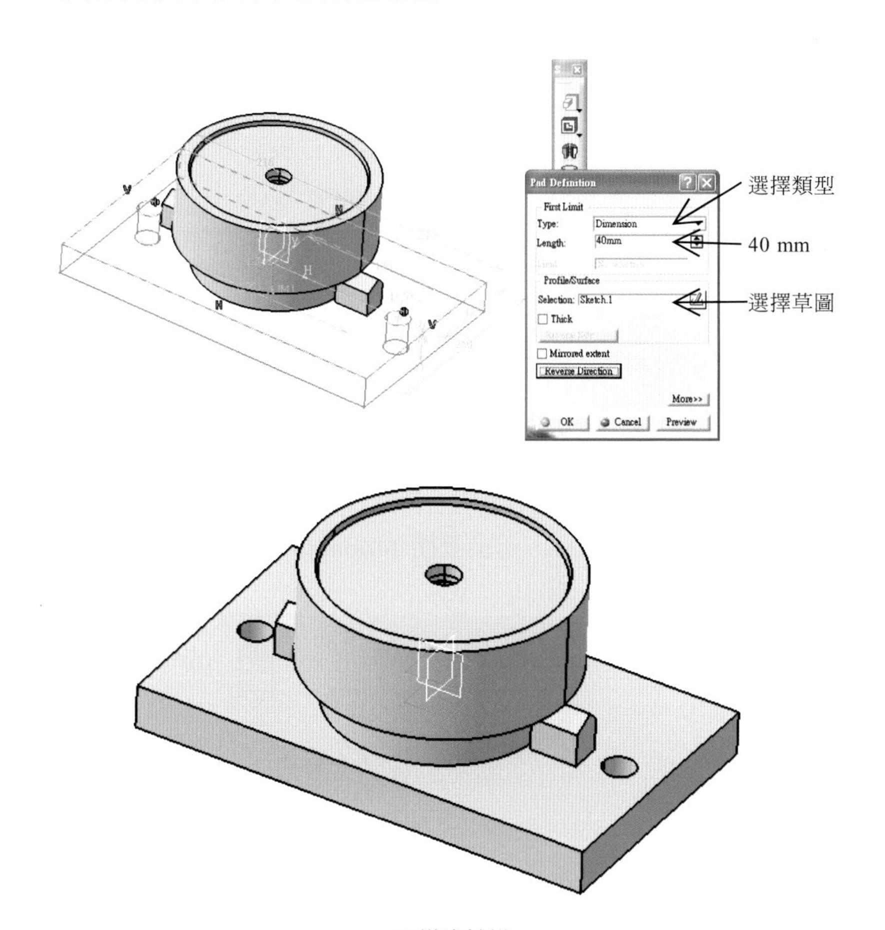

下模座結構

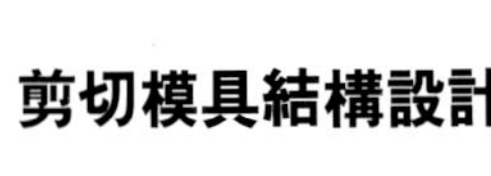

3.9 剪切模具之上模座結構設計

相關設計規範說明

1. 上模座外形尺寸與下模座相同。
2. 上、下模以導柱與襯套作爲引導，上模座襯套之位置需與下模座之導柱相同。
3. 由於上模座之襯套孔會比導柱直徑大些，本範例中以直徑 32 mm 市販導柱爲設計，其所搭配之襯套外徑爲直徑 44 mm。
4. 上模座厚度 t = 25 mm。

設計軟體操作說明

1. 以【 Sketch】指令點選沖頭背板平面作爲上模座之草圖平面，使用矩形指令【 Rectangle】繪出下模座外型，其長邊 440 mm，短邊 302 mm。
2. 使用圓形【 Circle】指令，繪出直徑 44 mm 襯套孔，其位置爲（178,0）與（−178,0）。

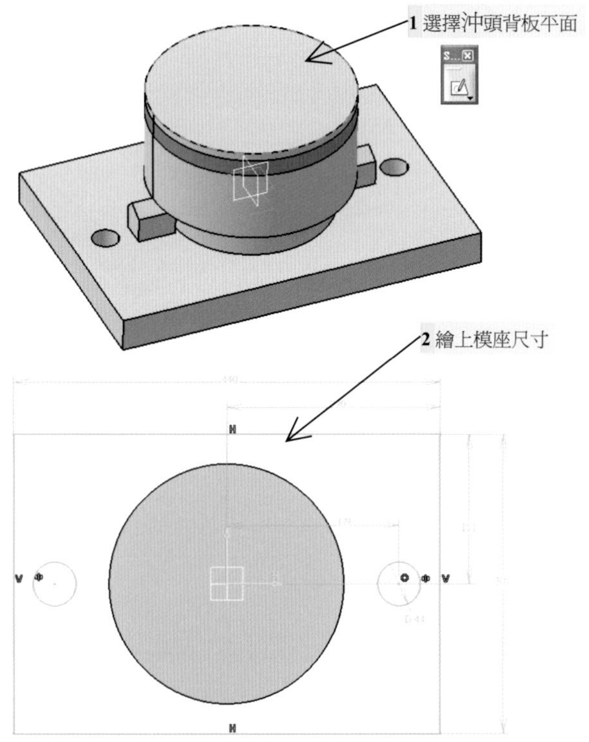

3. 完成草圖繪製後，點選【 Exit workbench】指令離開草圖，使用【 Pad】指令將草圖向上長出實體結構 25 mm，該厚度可視模高之調整而改變，即完成上模座結構設計。

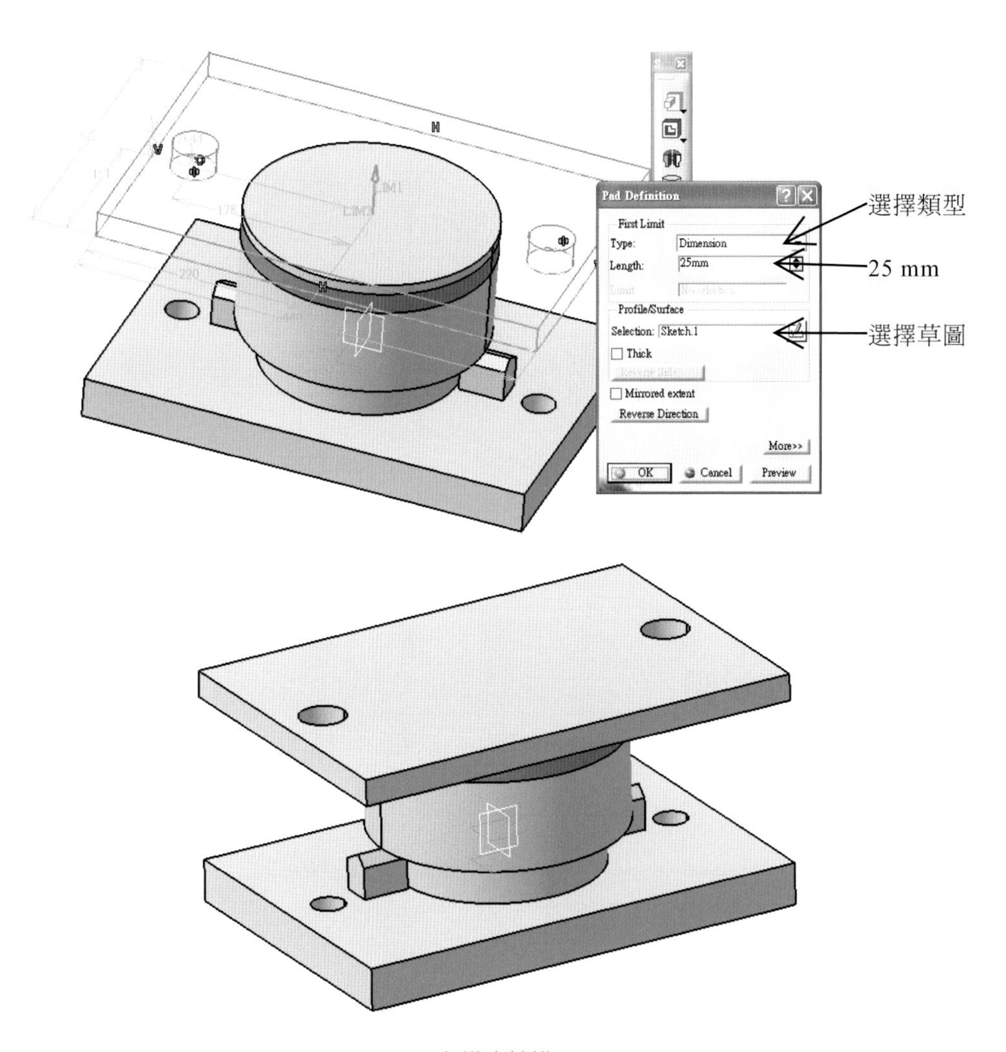

上模座結構

3.10 剪切模具之沖孔沖頭結構設計

相關設計規範說明

剪切模具沖孔沖頭結構相關尺寸設計值，如下圖所示：

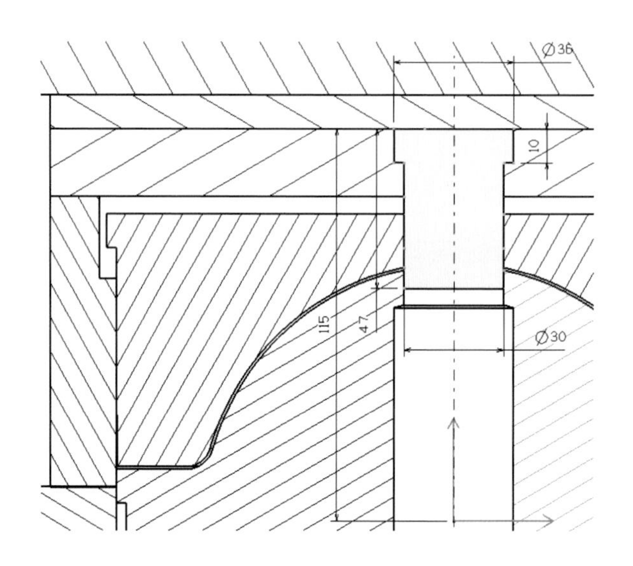

設計軟體操作說明

1. 以【 Sketch】指令點選 ZX 平面作爲沖孔沖頭之草圖平面，使用矩形【 Profile】指令繪出沖孔沖頭對稱於其對稱軸之造型。

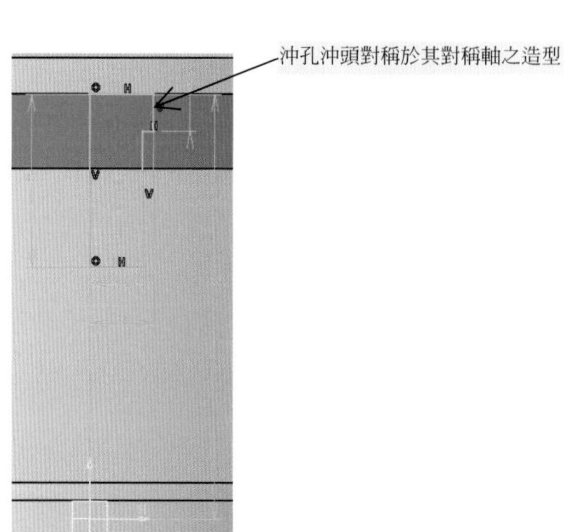

2. 完成草圖繪製後，點選【 Exit workbench】指令離開草圖，使用【 Shaft】指令旋轉出沖頭實體結構，即完成沖孔沖頭結構設計。

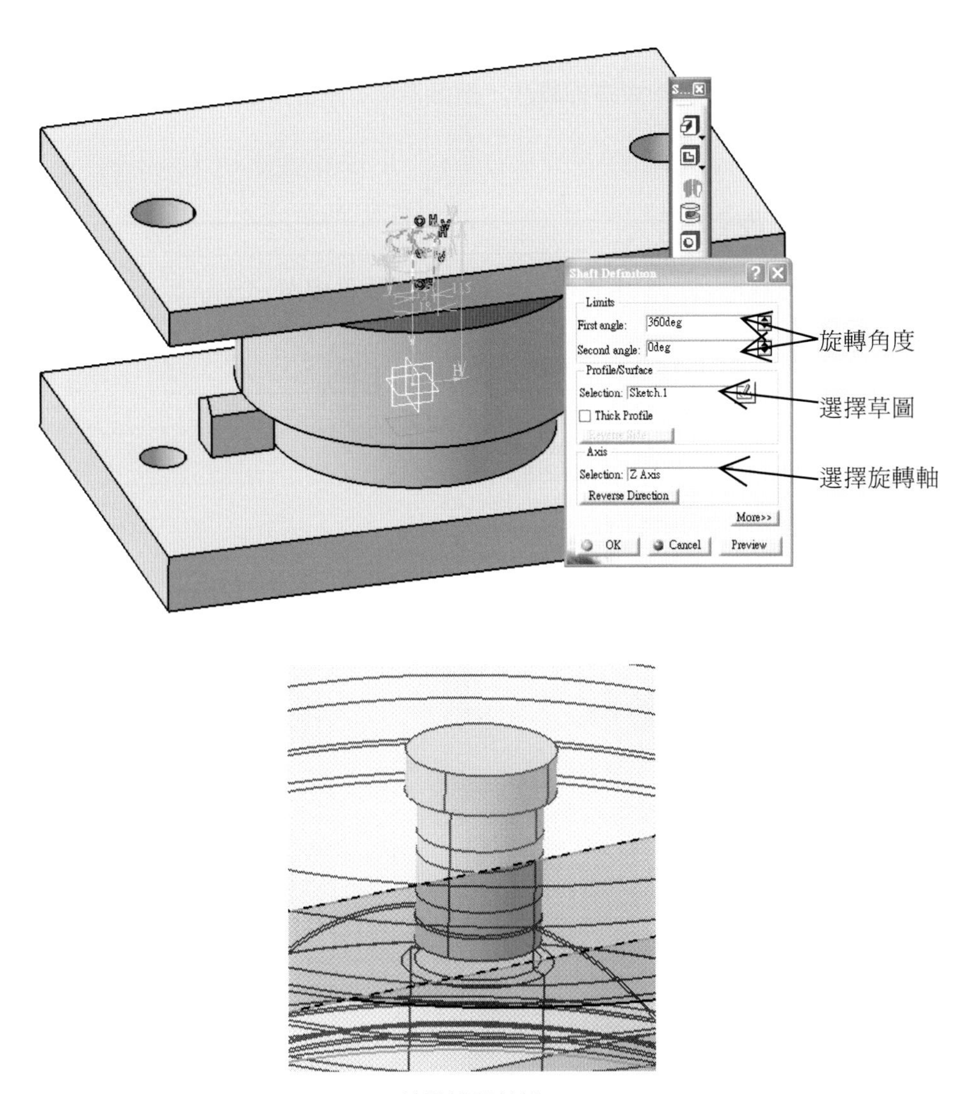

沖孔沖頭結構

3.11 剪切模具之定位與鎖固孔設計

相關設計規範說明

模具各模板之定位銷與螺栓設計，請參考 2.7 節引伸模具之定位與鎖固孔相關設計規範說明。

設計軟體操作說明

1. 在產品組立（Product）中新增上模孔位部品零件檔案。

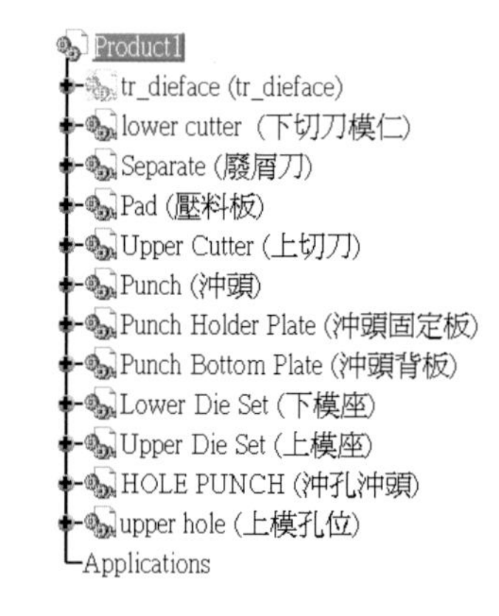

2. 在上模孔位部品零件中，以上模座頂面爲草圖基準面，在草圖基準面設計上模座、沖頭背板與沖頭固定板之定位孔（二處）與鎖固孔（四處）中心位置。

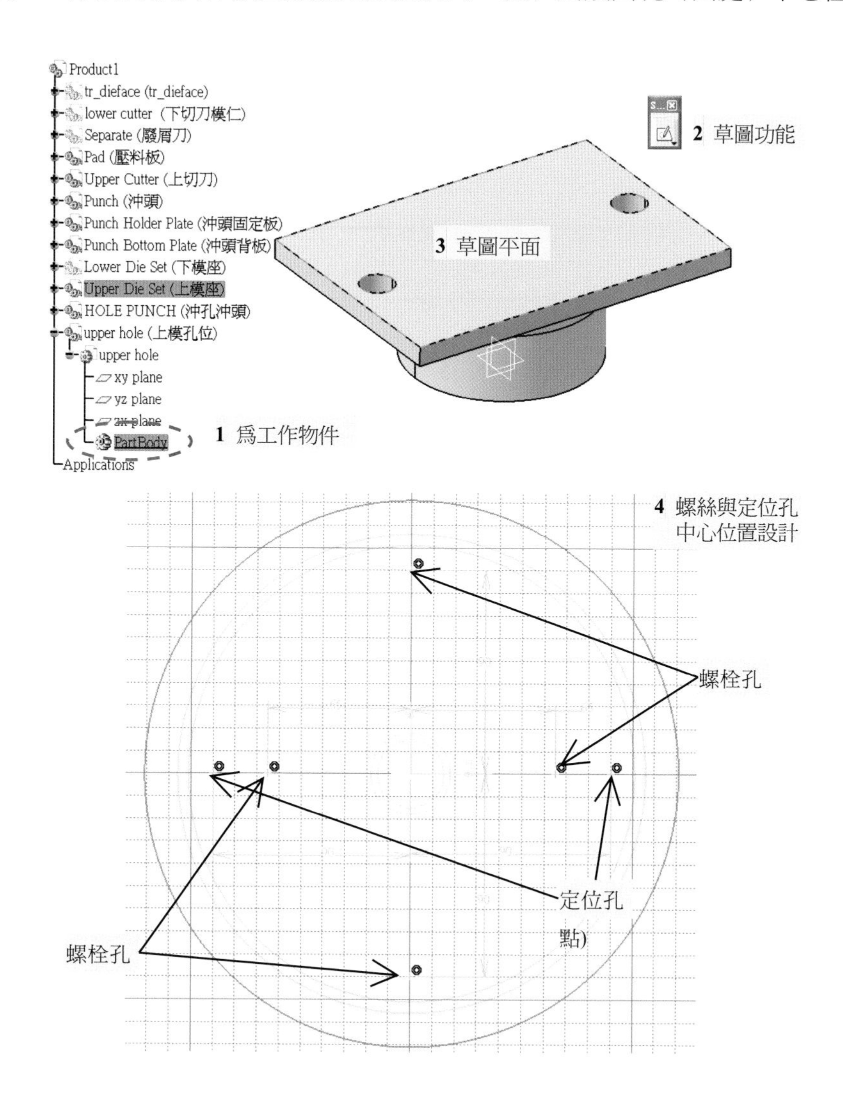

3. 切換至【 Assembly Design】模組，以【 Hole】指令進行上模座、沖頭背板與沖頭固定板之鎖固孔挖除。【 Hole】指令雖一次只能選擇一孔，但可同時挖除需鎖固之模板，可確保模板間孔錯位問題及方便孔之設計變更。由於上模座厚 25 mm，依上述設計規範說明，本設計選用 M10 螺栓。在上模座為沉頭孔與螺絲離隙孔，沖頭背板為螺絲離隙孔，沖頭固定板為貫穿 M10 螺牙孔。在螺牙孔加工時，會先鑽一直徑為 8.3 至 8.6 mm 內孔後，再進行 M10 攻牙。其各模板上鎖固孔尺寸關係圖，如下所示：

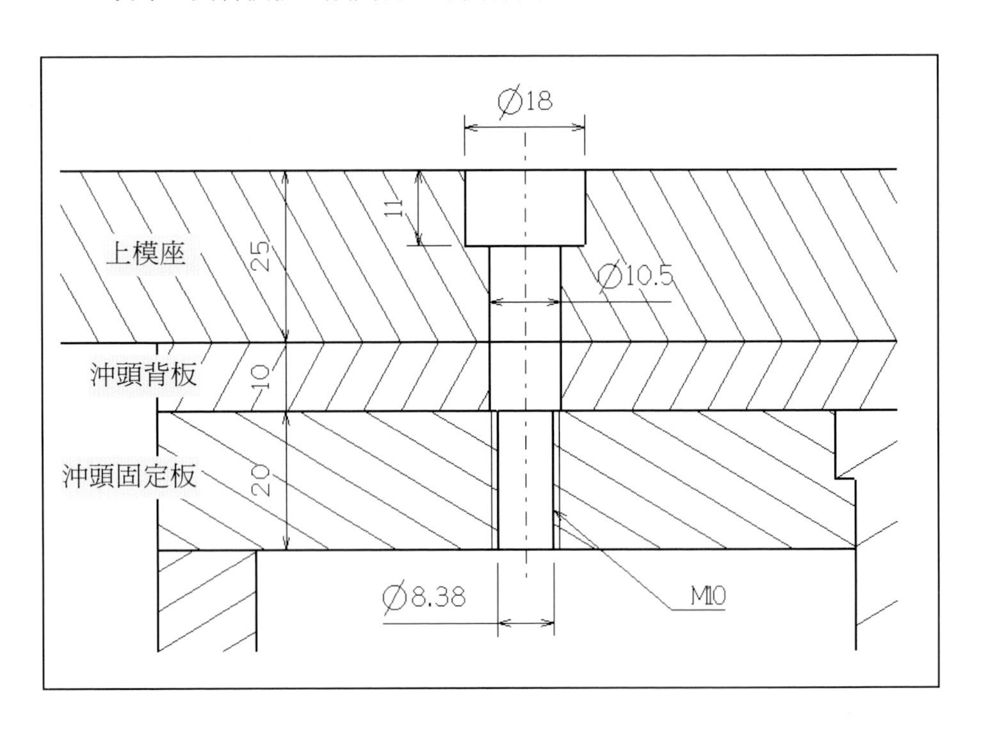

4. 首先，以【 Hole】指令進行上模座、沖頭背板與沖頭固定板之螺牙孔挖除。由於上模座厚 25 mm，沖頭背板厚 10 mm，沖頭固定板厚 20 mm，所以總螺牙長為 55 mm。其螺牙孔操作說明，如下所示，並依序完成四個螺絲孔：

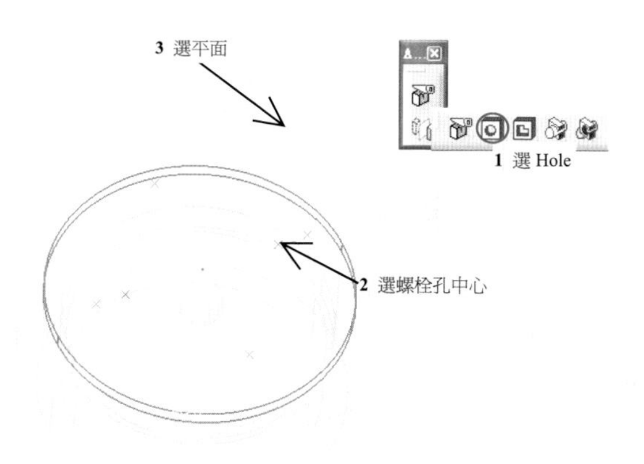

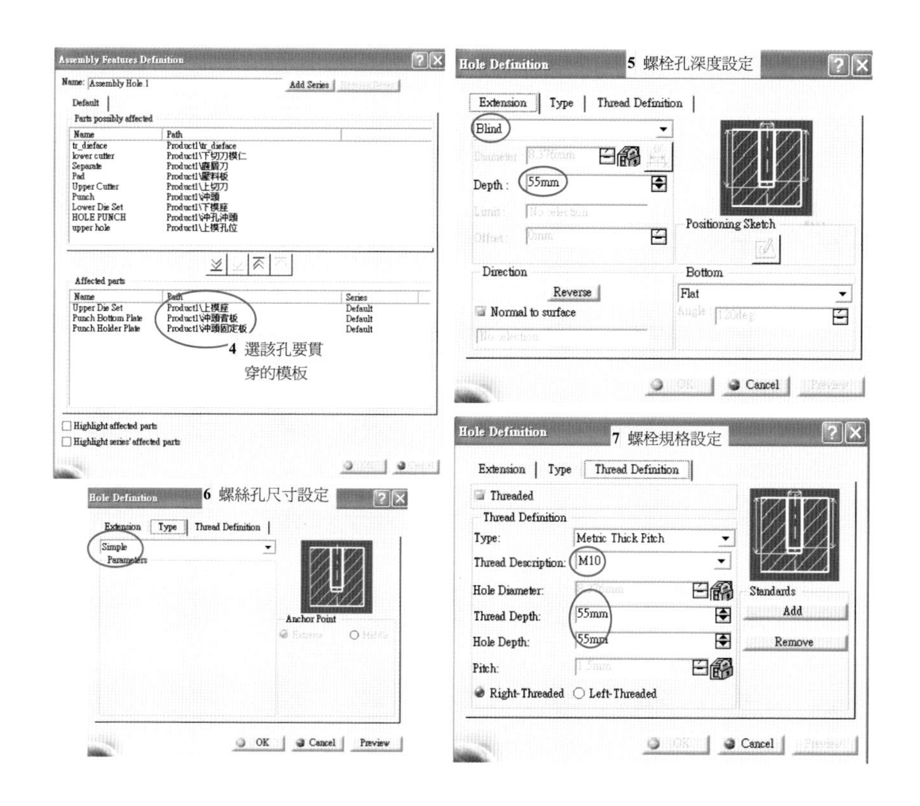

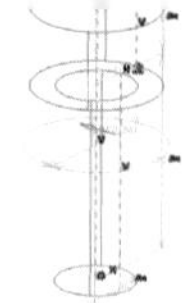

5. 接下來製作上模座之沉頭孔與螺栓離隙孔，沖頭背板之螺絲離隙孔。螺栓離隙孔尺寸為 1.05 倍螺栓公稱直徑（M），亦即為直徑 10.5 mm，其深度為上模座與沖頭背板總厚度 35 mm。其螺栓離隙孔繪製說明，如下所示，並依序完成四個螺栓離隙孔：

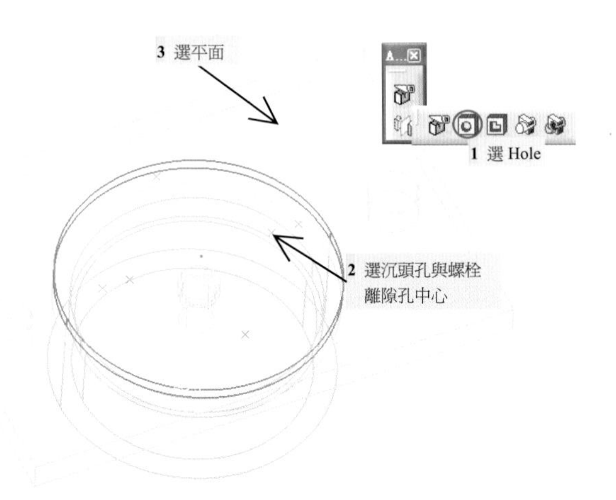

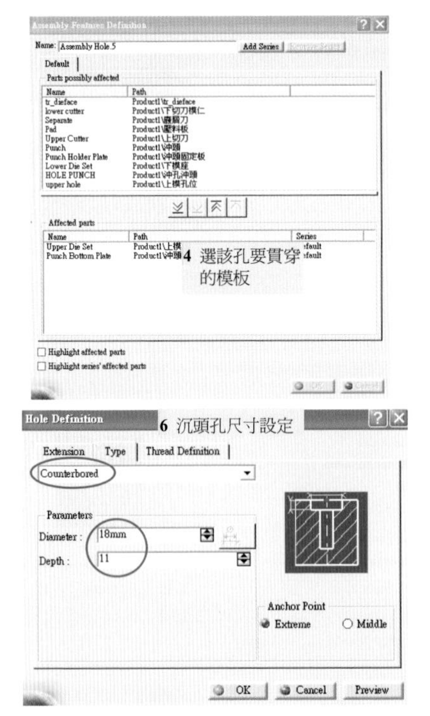

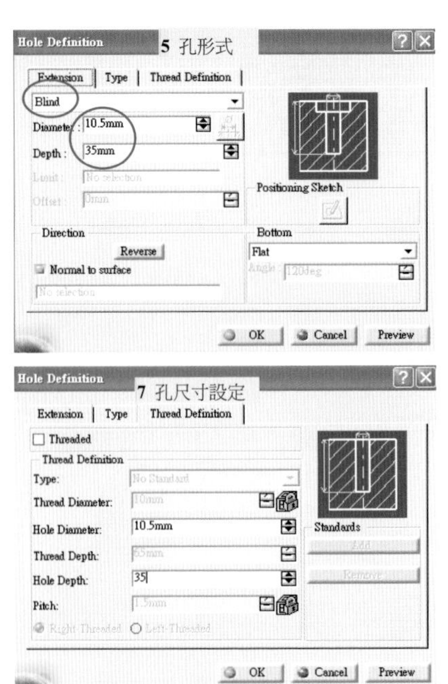

6. 依上述設計規範說明，本設計選用直徑 10 mm 定位銷，本定位銷主要定位上模座、沖頭背板與沖頭固定板，所以定位孔總深度爲 55 mm，其定位孔繪製說明，如下所示，並依序完成兩個定位孔。

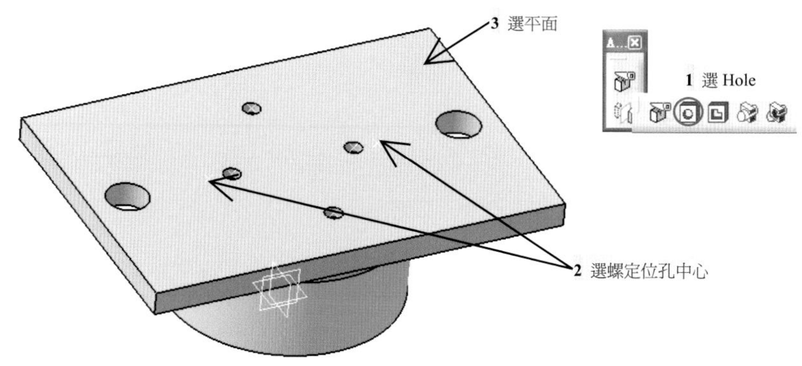

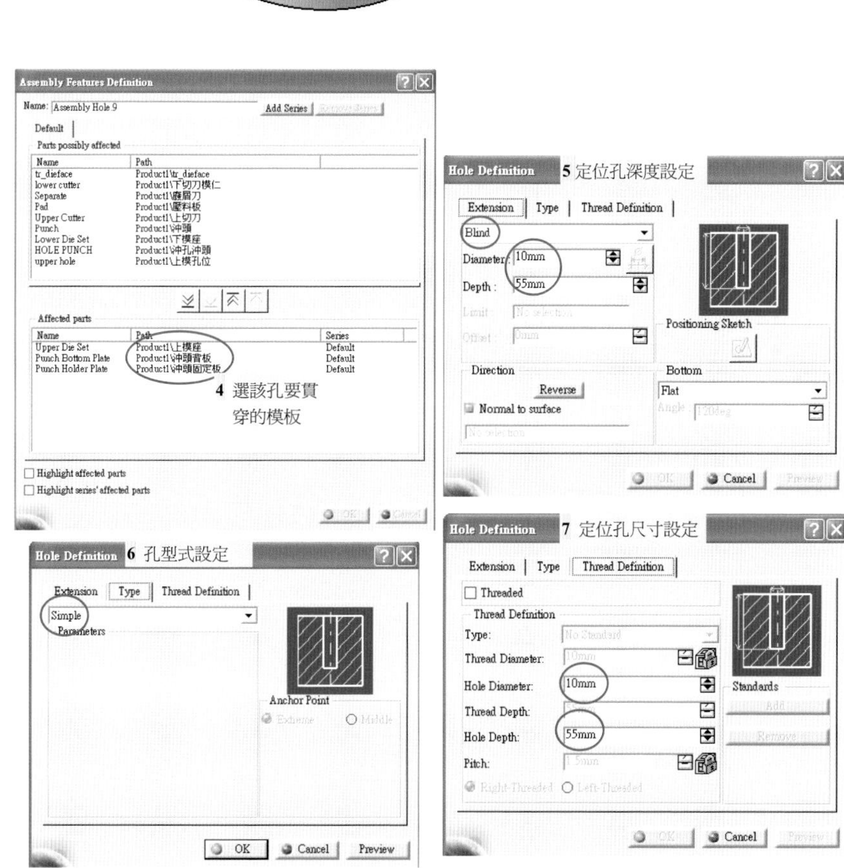

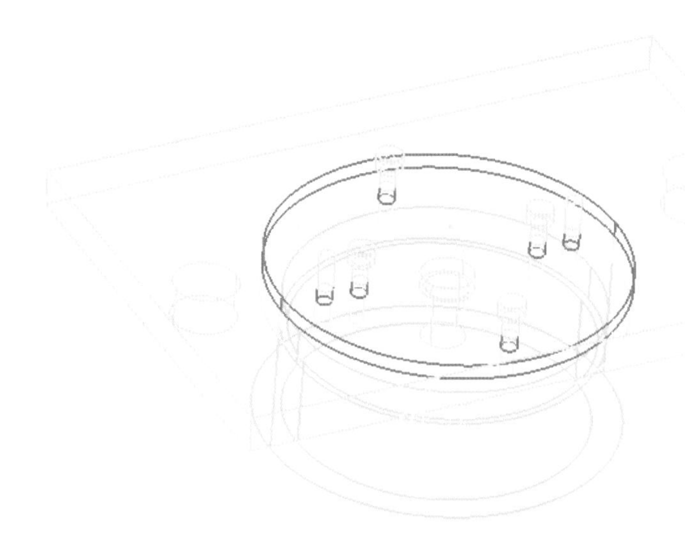

上模座與模穴定位與鎖固孔

7. 重覆上述 1-5 流程，繪製上切刀與沖頭固定板之定位與鎖固孔。由於沖頭固定板厚爲下模座厚 30 mm，依上述設計規範說明，選用 M10 螺栓與直徑 10 mm 定位銷。其定位與鎖固孔設計結果如下：

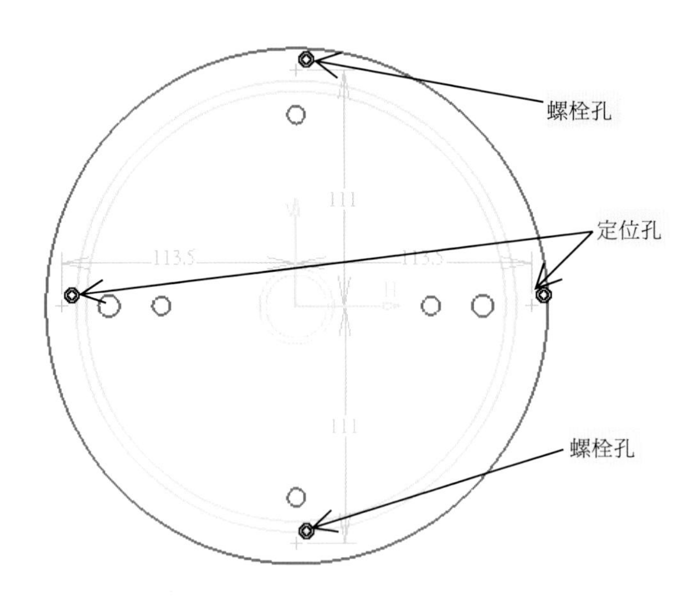

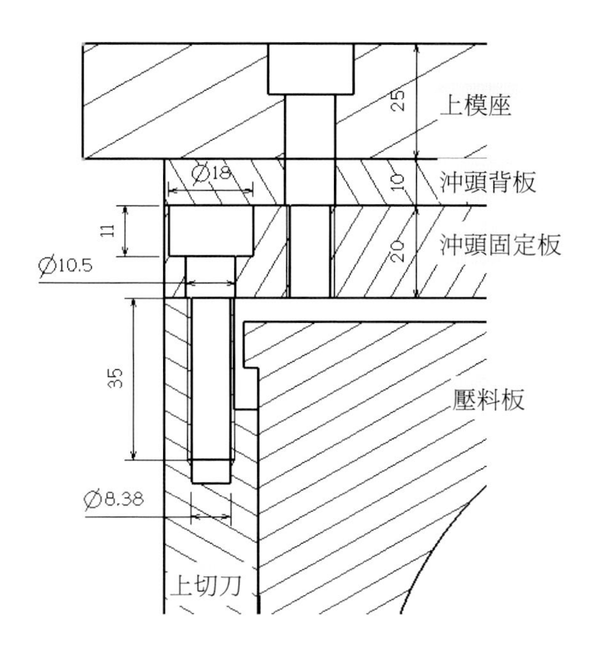

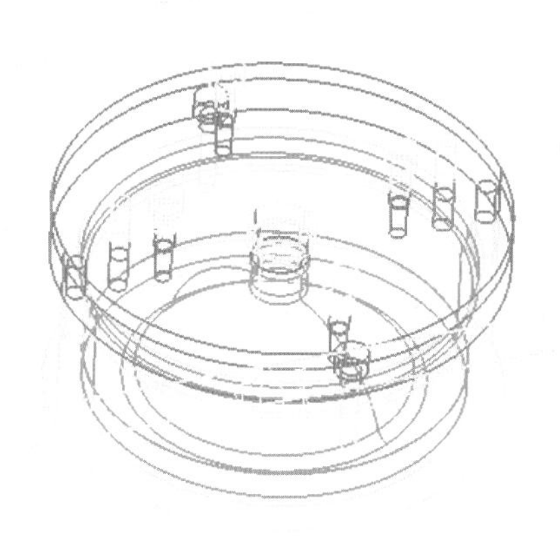

上模座、沖頭背板、沖頭固定板與上切刀定位與鎖固孔

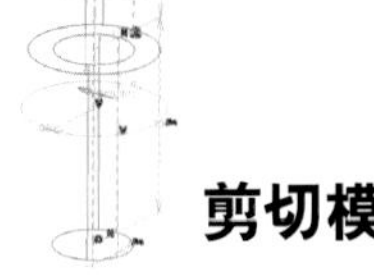

8. 重覆上述 1-5 流程，繪製下模座與下切刀模仁之定位與鎖固孔。由於下模座厚 40 mm，依上述設計規範說明，選用 M12 螺栓與直徑 12 mm 定位銷。其定位及鎖固孔設計結果如下：

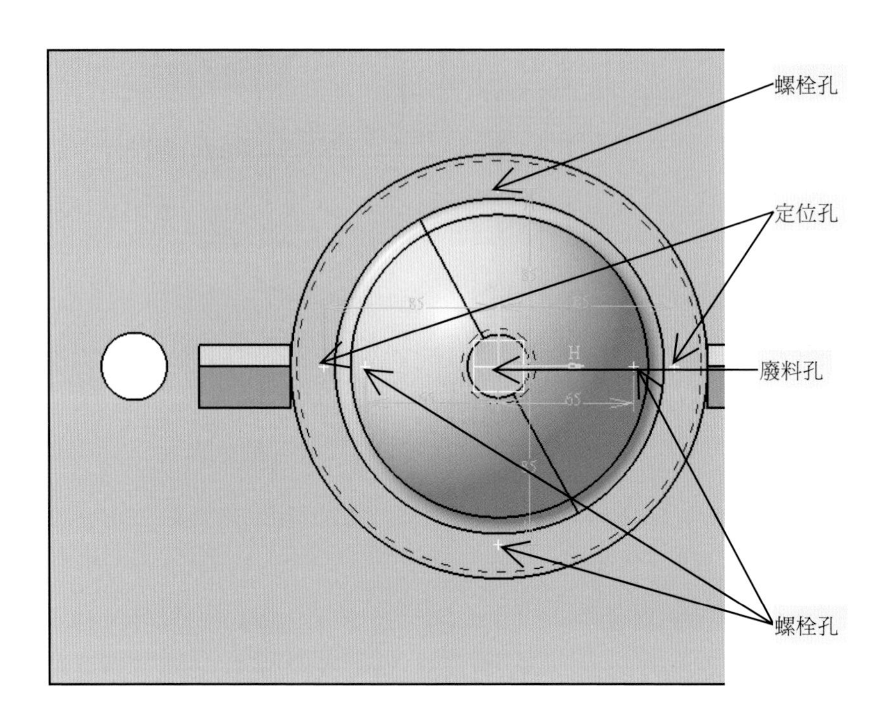

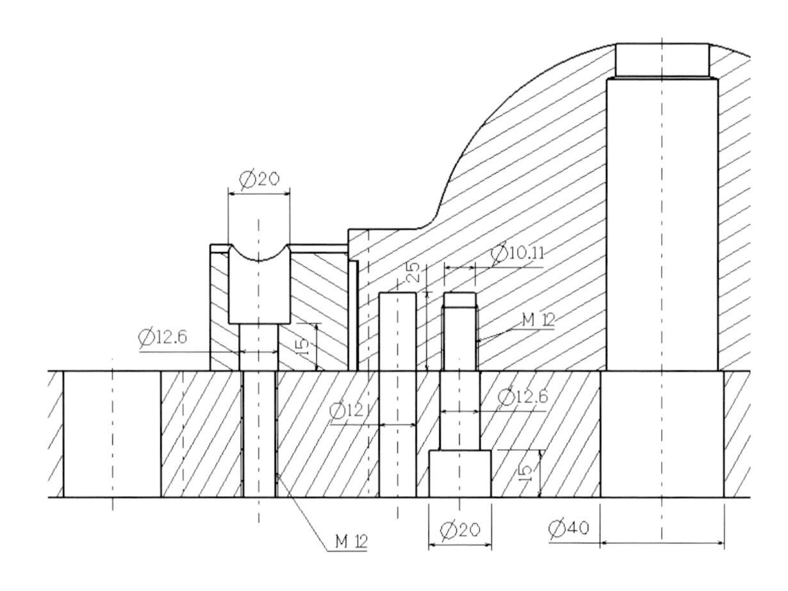

9. 重覆上述 1-5 流程，繪製下模座與廢屑刀鎖固孔。由於下模座厚 40 mm，依上述設計規範說明，選用 M12 螺栓與直徑 12 mm 定位銷。其定位與鎖固孔設計結果如下：

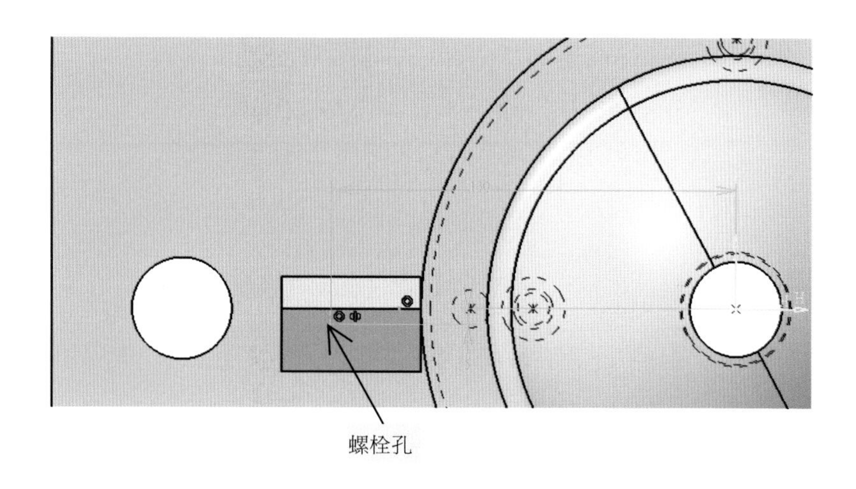

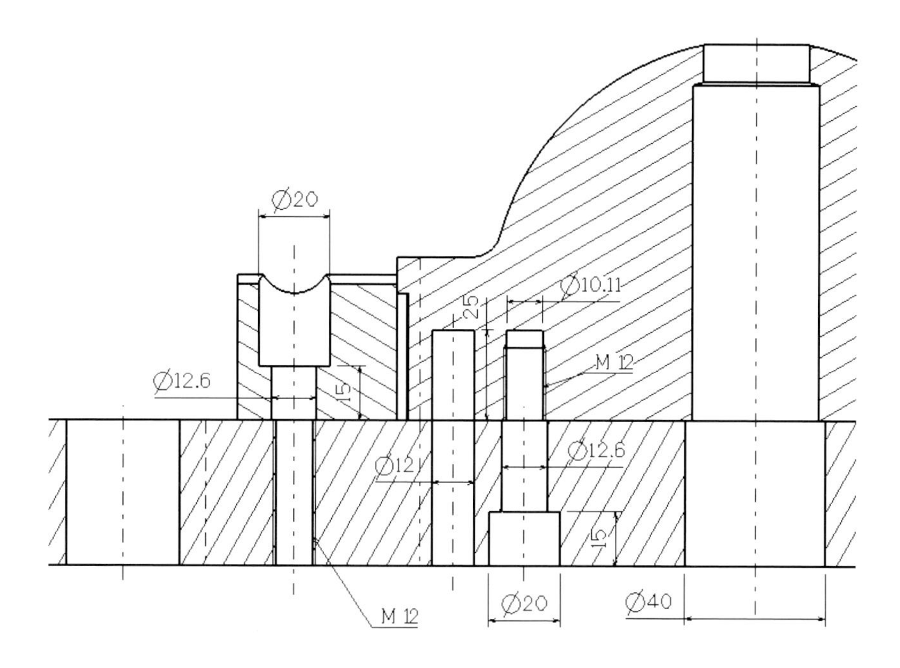

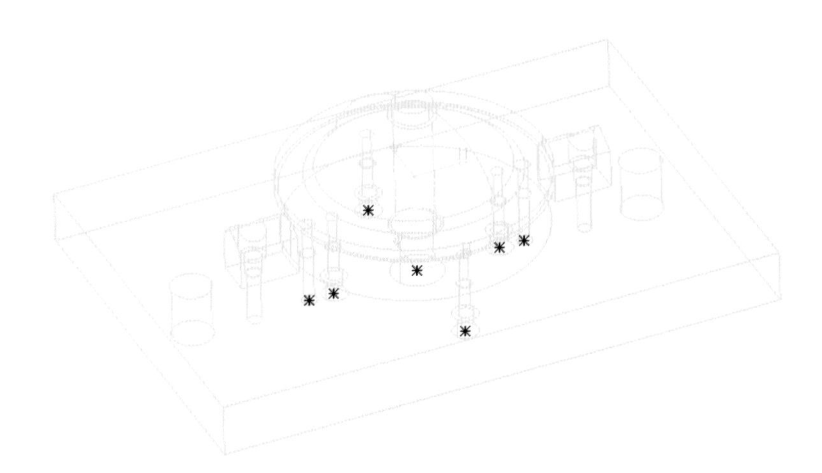

下模座、下切刀模仁與廢屑刀定位與鎖固孔

4

彎形模具結構設計

- 4.1　彎形模具設計
- 4.2　彎形模具之壓料板結構設計
- 4.3　彎形模具之外彎刀結構設計
- 4.4　彎形模具之沖頭固定板結構設計
- 4.5　彎形模具之內彎刀結構設計
- 4.6　彎形模具之沖頭背板結構設計
- 4.7　彎形模具之模穴結構設計
- 4.8　彎形模具之下模座結構設計
- 4.9　彎形模具之上模座結構設計
- 4.10　彎形模具之定位與鎖固孔設計

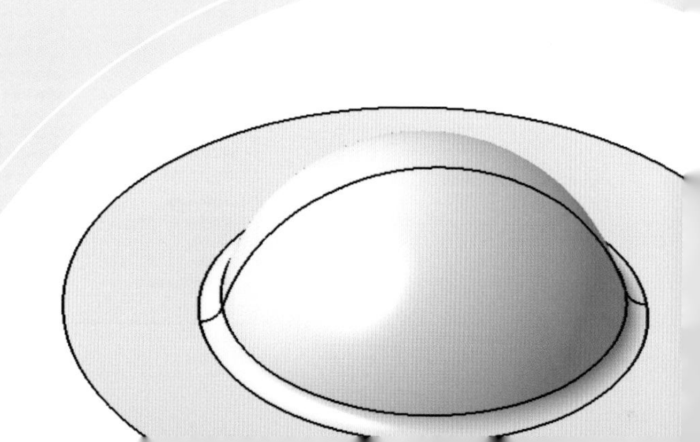

4.1 彎形模具設計

彎形模具主體結構包括：彎形模仁、壓料板、外彎刀、內彎刀沖頭、沖頭固定板、沖頭背板、下模座及上模座。

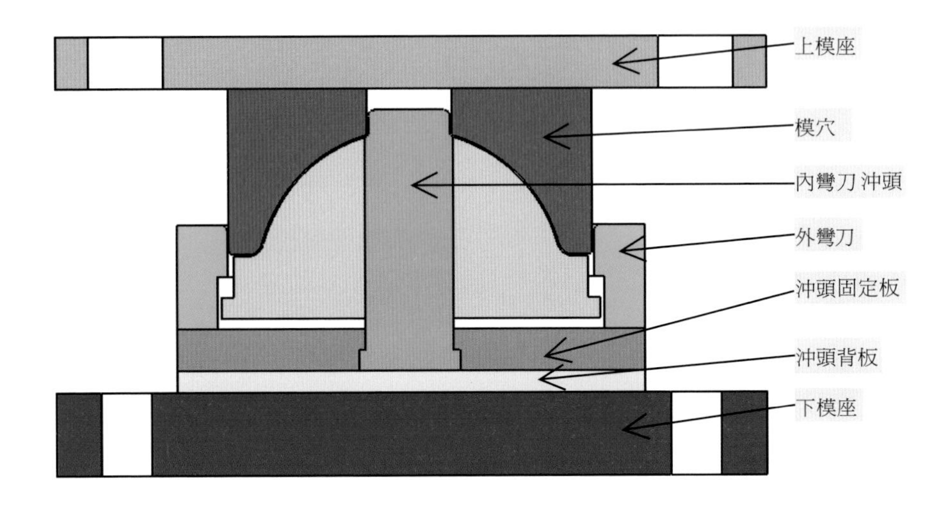

剪切模具主體結構設計依序為：下切刀模仁→廢屑刀→壓料板→沖頭固定板→沖頭→上切刀→沖頭背板→下模座→上模座

彎形模具結構設計圖檔案規劃操作說明

1. 開啓 CATIA，進入【Assembly Design】模組。

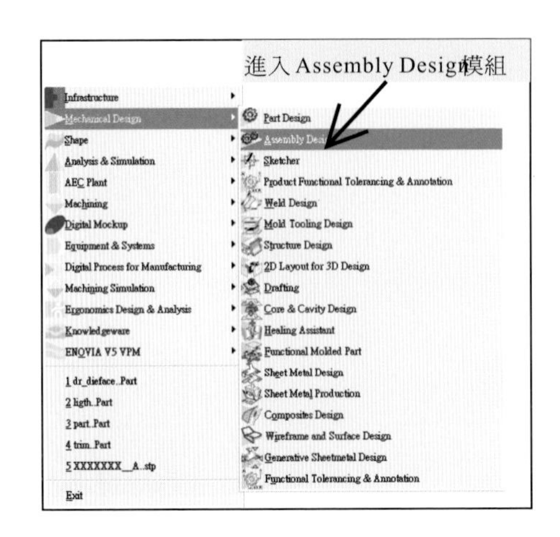

2. 點選【 Existing Component】指令，開啓剪切模面檔案（fl_dieface.prt）。

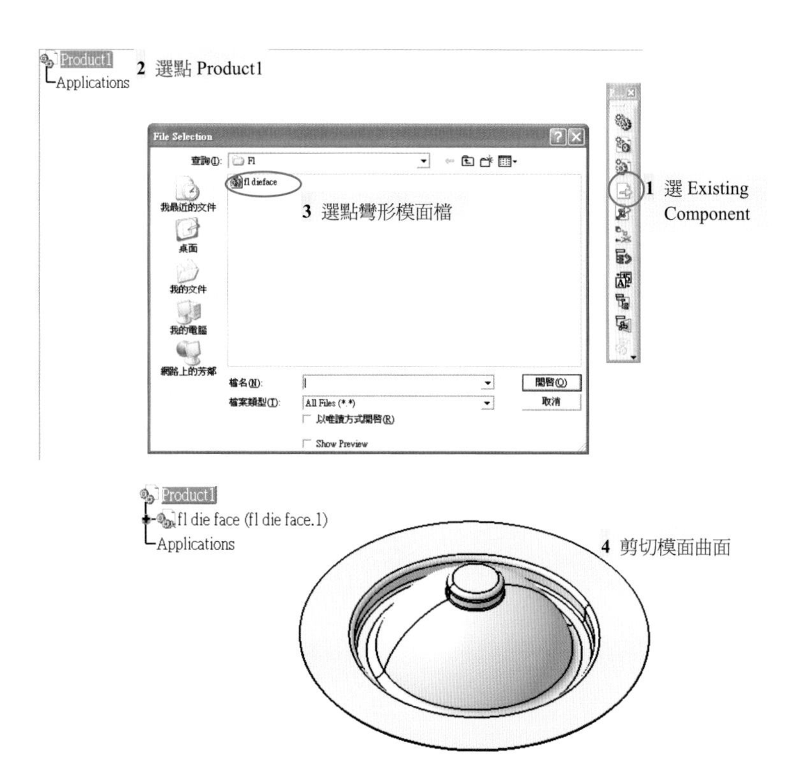

3. 點選【 Part】指令，建立一個新零件檔案，將其命名為部品零件名稱。彎形模具主體結構有：下模座（Lower Die Set）、壓料板（Pad）、外彎刀（Outer Fl）、內彎刀（Inner Fl）、模仁（Punch）、上模座（Upper Die Set）；所有主體零件皆依據下圖中 1～5 步驟建立新零件檔案，再進行繪製。

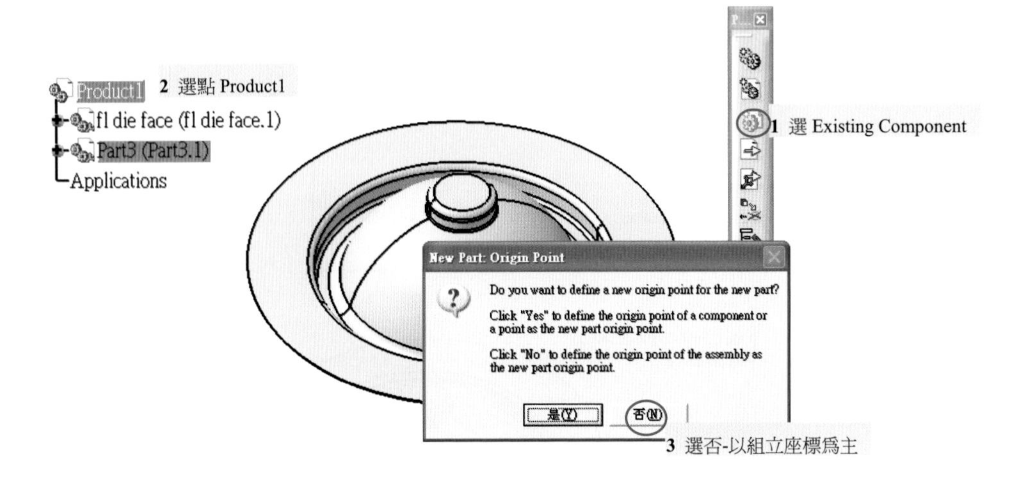

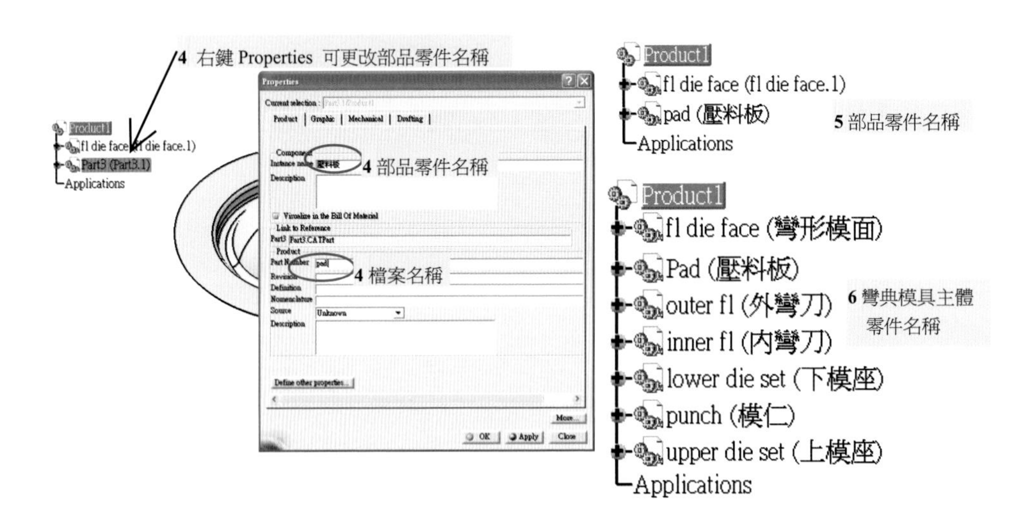

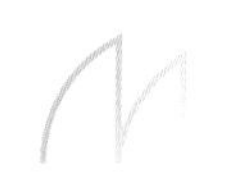

4. 進入 Part Design 模組，開始進行各主體零件繪製。

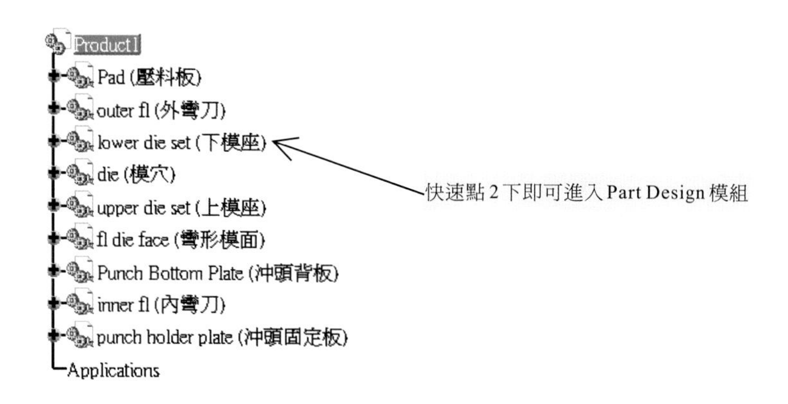

4.2 彎形模具之壓料板結構設計

相關設計規範說明

在彎形模具設計中，壓料板除壓料外，也具備胚料定位與脫料功能。壓料板與外彎刀間之彎刀沖頭壁面爲滑動面，爲防止開模時，壓料板受彈簧推力而造成掉落，所以在壓料板下方設計凸耳與上彎刀凸耳離隙槽，一般凸耳尺寸凸出量 6 mm、高度爲 10 mm，如下圖所示：

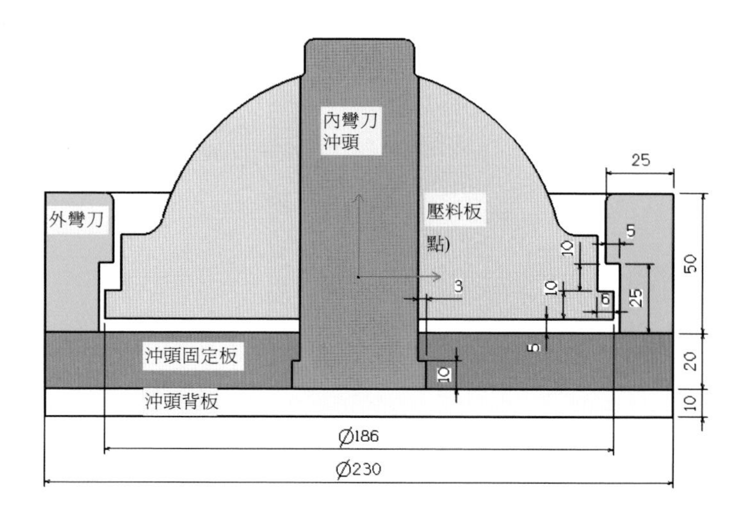

設計軟體操作說明

1. 依上述設計規範 1 說明可知，在設計時，壓料板底部位置爲 Z = −15。使用【Plane】指令，在 xy 平面向下偏移（Offset from plane）15 mm 處建立一基準面。

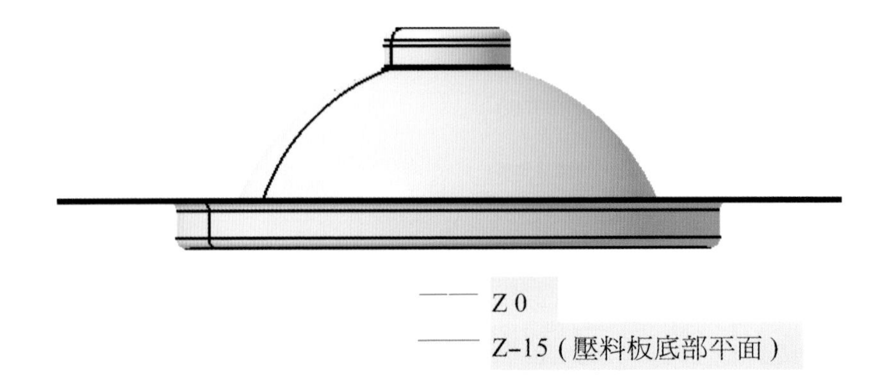

2. 以此平面點選【Sketch】指令建立草圖。
3. 在草圖中，利用【Project 3D Elements】指令投影內、外彎形分模線外形草圖。

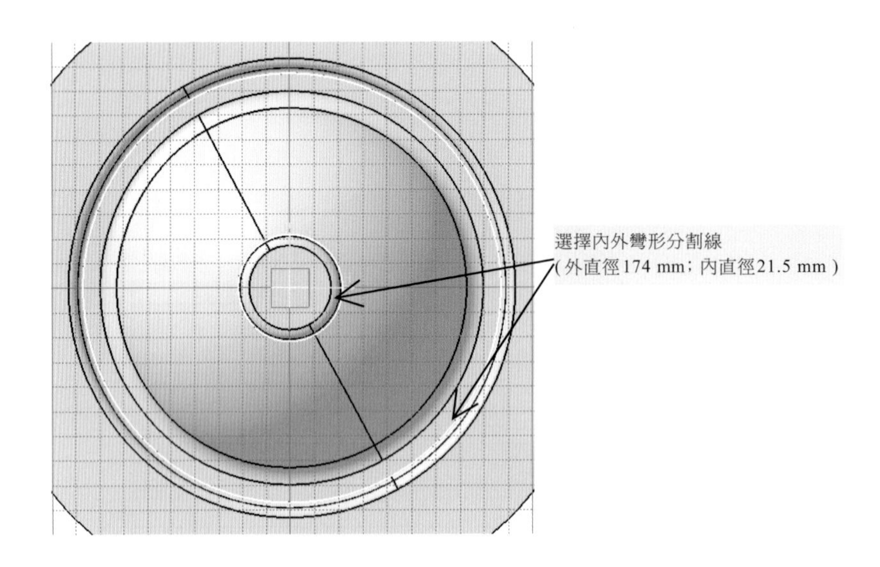

4. 完成草圖繪製後，點選【 Exit workbench】指令離開草圖，使用【 Pad】指令，將草圖投影至彎形模面之曲面（Up to surface）以長出壓料板實體。

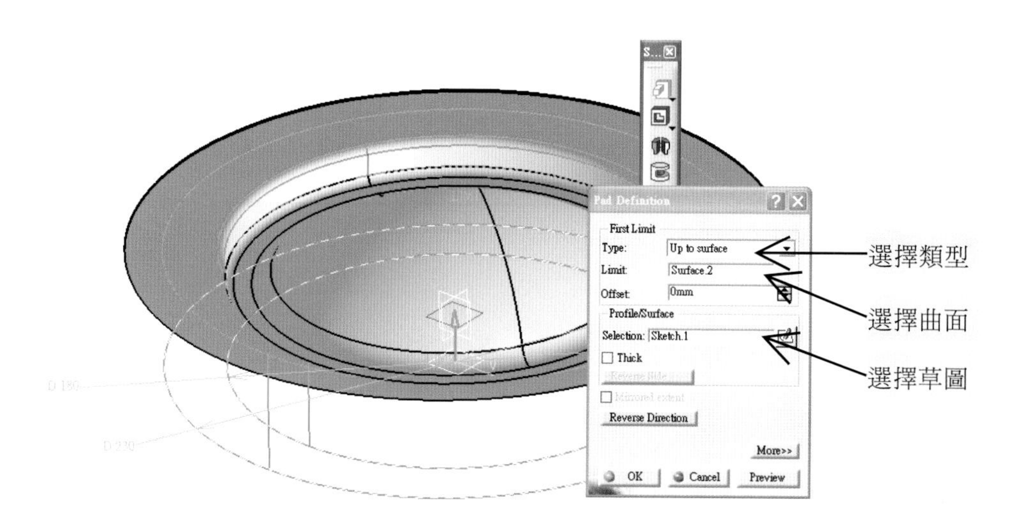

5. 接下來繪製凸耳部分，以壓料板實體底部為草圖基準面，利用【 Project 3D Elements】指令投影外彎形線外形，並以【 Offset】指令向外擴 3 mm。

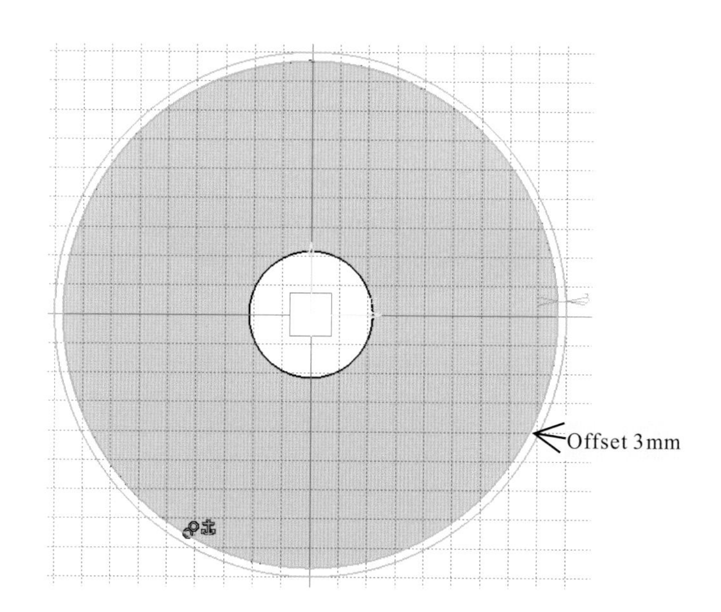

6. 完成草圖繪製後，點選【 Exit workbench】指令離開草圖，使用【 Pad】指令將草圖向上長出 10 mm 凸面，即完成壓料板結構設計。

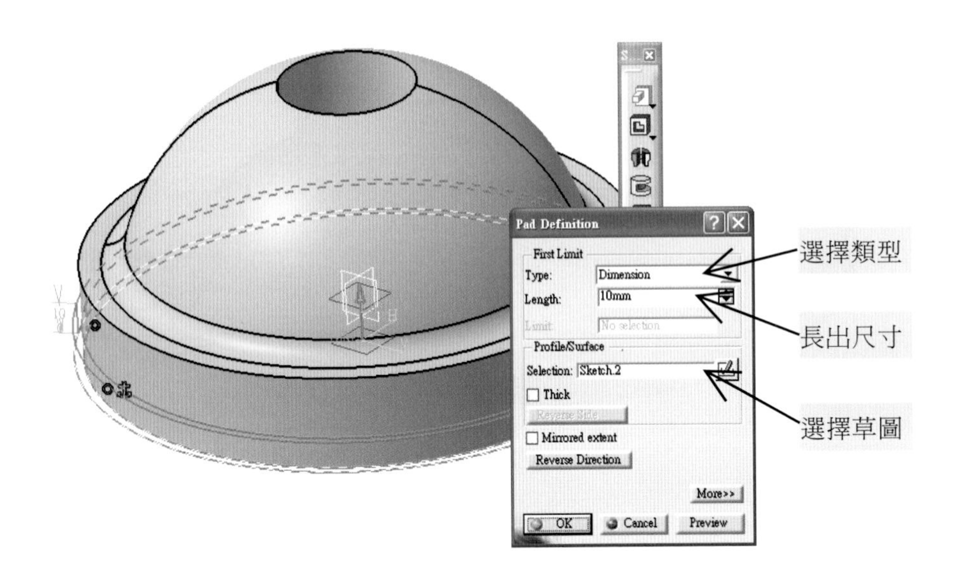

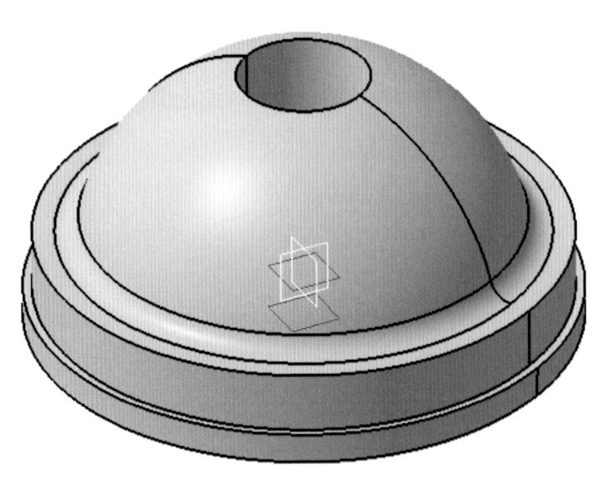

壓料板結構

4.3 彎形模具之外彎刀結構設計

相關設計規範說明

1. 由於外形彎線為一封閉外形，其尺寸為直徑 180 mm，如下圖所示：

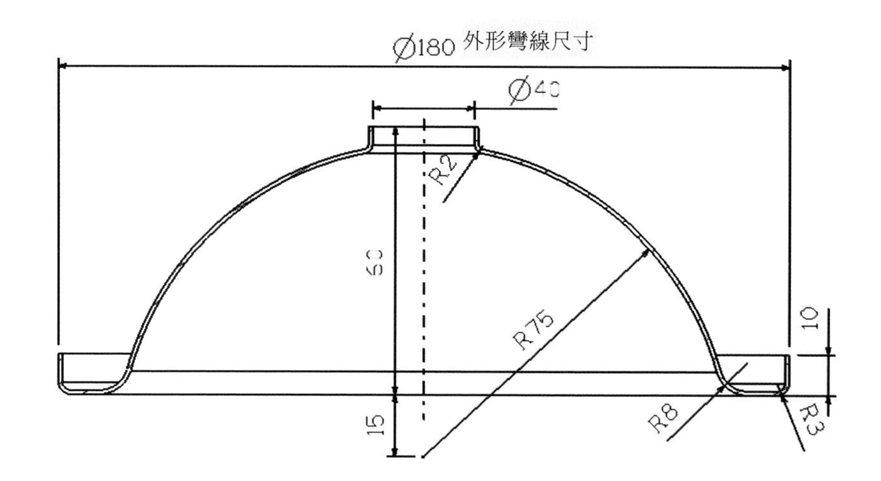

2. 彎刀厚度為 25 mm，外彎刀在其與壓料板間之凸耳離隙槽深度為 25 mm（壓料板下止點時與沖頭固定板間隙 5 mm + 凸耳高度 10 mm + 壓料行程 10 mm）、凸耳離隙槽寬度 5 mm，如下圖所示：

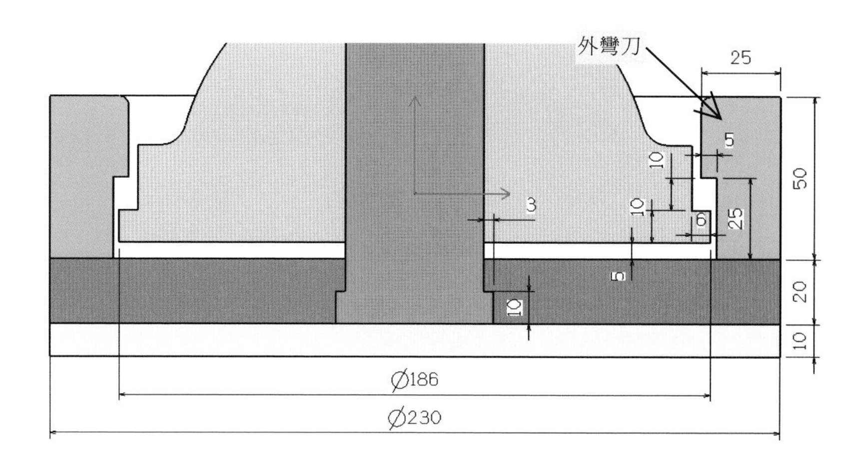

設計軟體操作說明

1. 依上述設計規範 1 說明可知，在設計時，外彎刀底部高度較壓料板底部高度位置低 5 mm（Z-20）。使用【 Plane】指令，以 xy 平面向下偏移（Offset from plane）20 mm 處建立一基準面。以此平面點選【 Sketch】建立草圖。

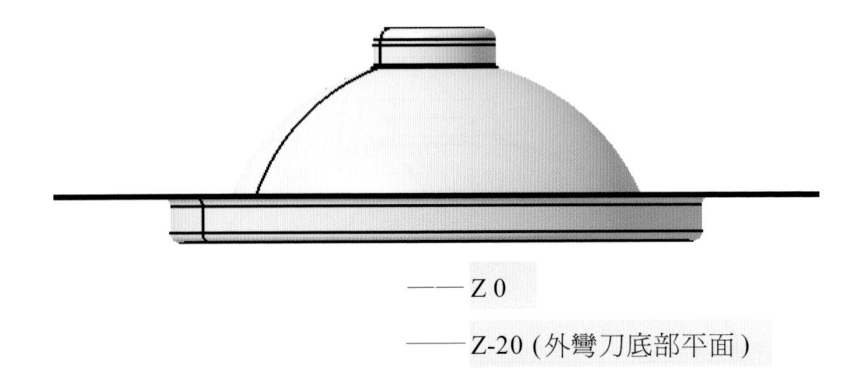

2. 在草圖中，利用【 Circle】指令建立彎刀外形尺寸草圖，分別為直徑 180mm 與直徑 230 mm。

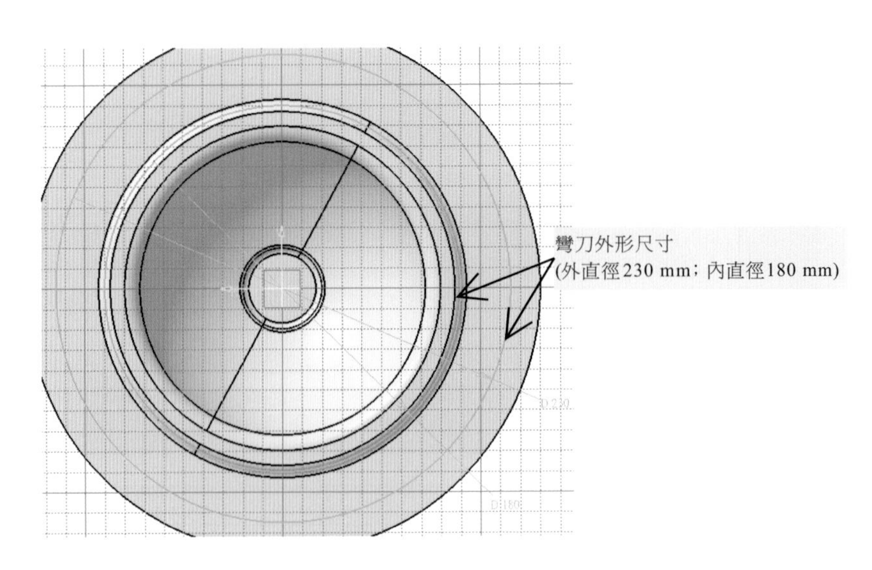

3. 完成草圖繪製後，點選【 Exit workbench】指令離開草圖，使用【 Pad】指令，將草圖投影至彎形模面之曲面（Up to surface）以長出外彎刀實體。

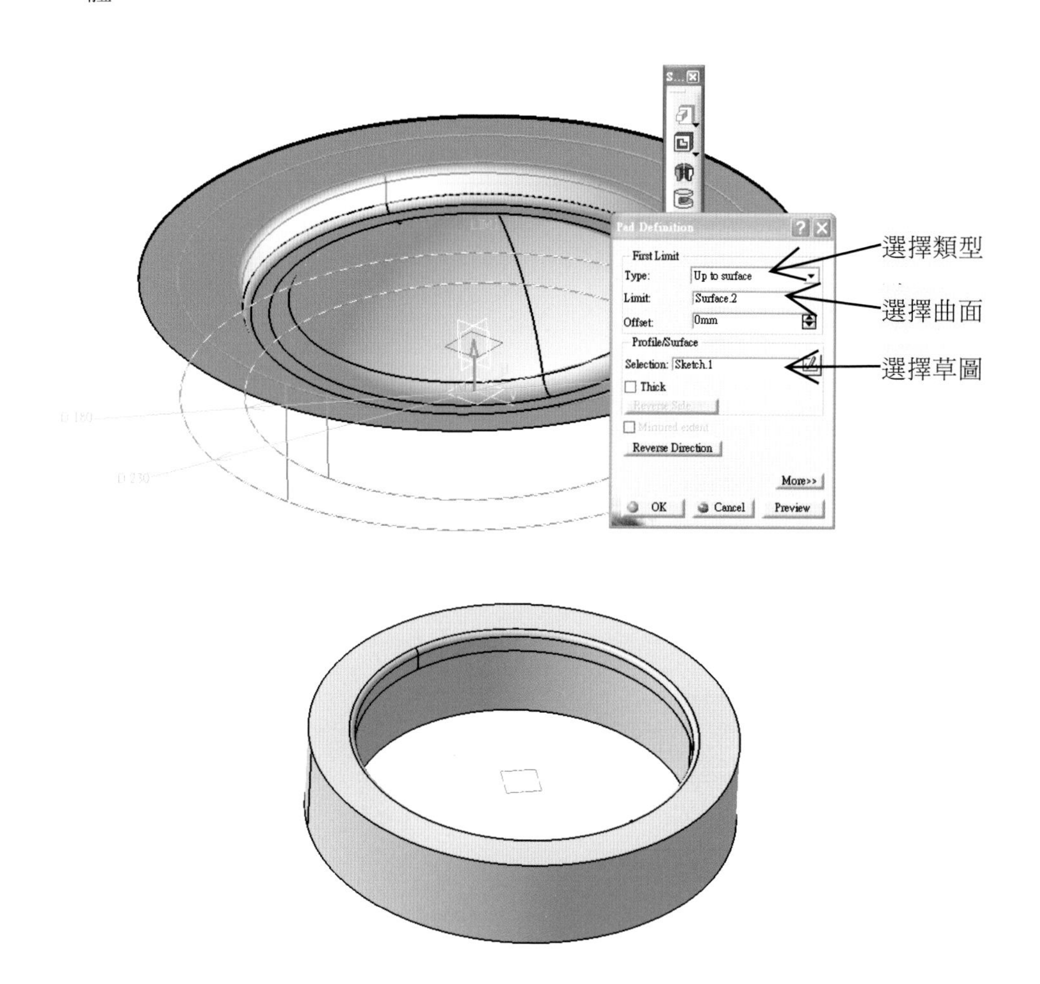

4. 外彎刀凸耳離隙槽繪製，以外彎刀底部為基準面，點選【 Sketch】指令建立草圖。在草圖中，以【 Project 3D Elements】指令投影外彎形線外形後，再以【 Offset】指令將投影外彎形線向外擴 5 mm，完成凸耳離隙槽外形草圖。

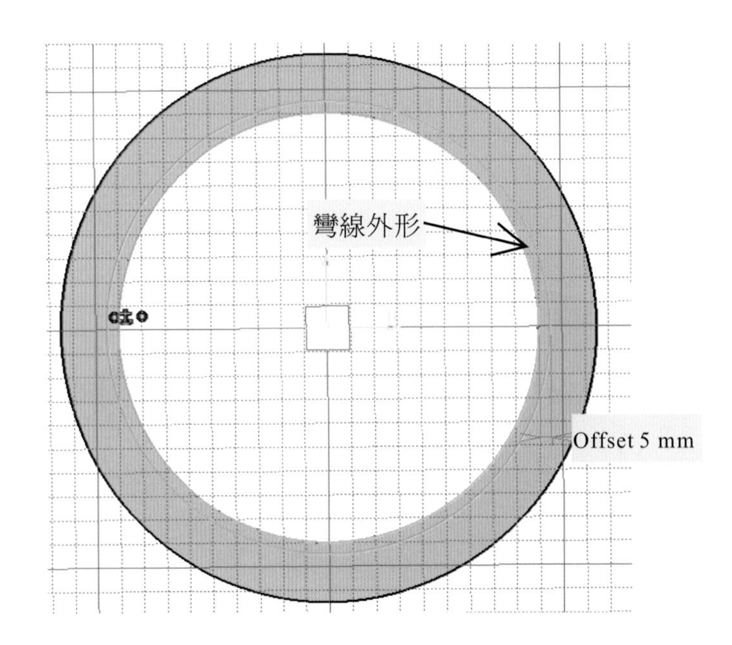

5. 完成草圖繪製後，點選【 Exit workbench】指令離開草圖，使用【 Pocket】指令，以草圖切出壓料板凸耳離隙槽，深度 25 mm；即完成外彎刀結構設計。

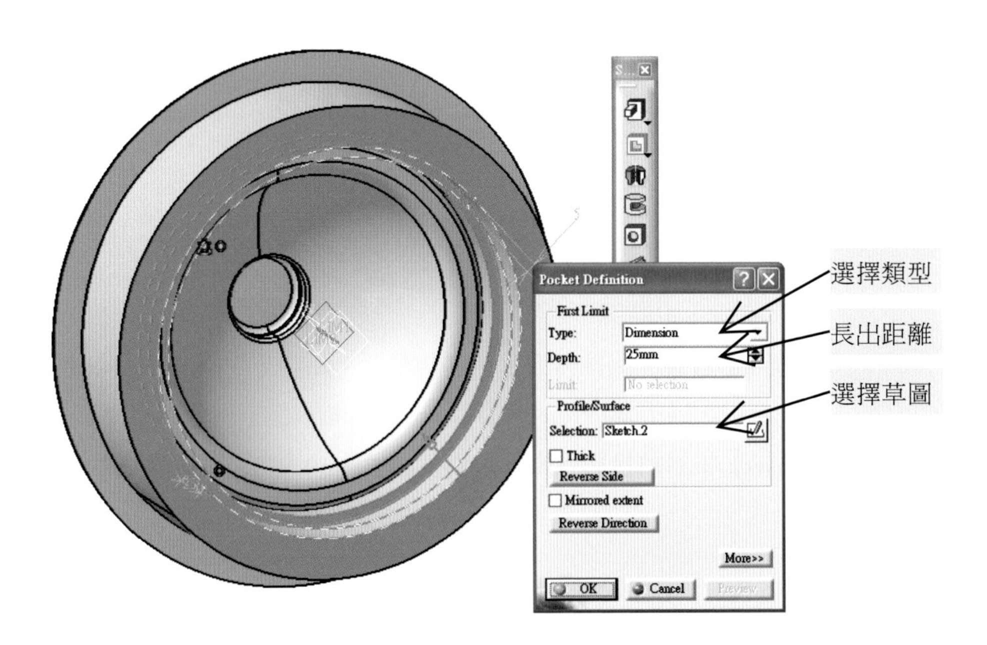

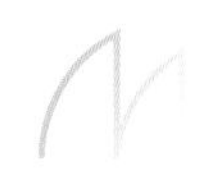

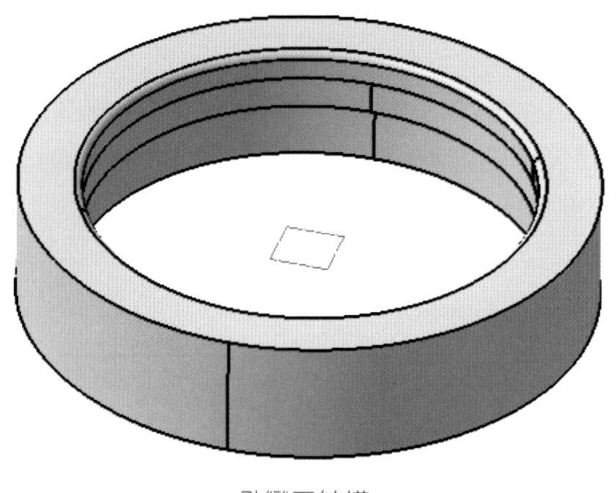

外彎刀結構

4.4 彎形模具之沖頭固定板結構設計

相關設計規範說明

彎形模具沖頭固定板結構相關尺寸設計值，如下圖所示：

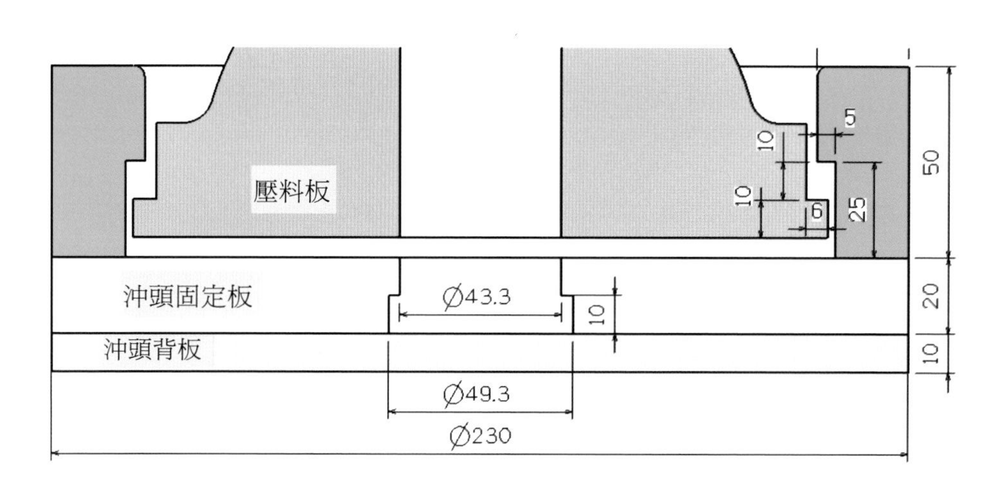

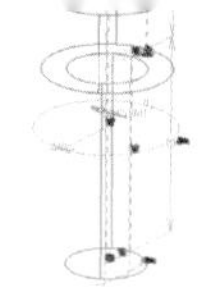

設計軟體操作說明

1. 依上述設計規範說明，以上彎刀底面平面爲沖頭固定板草圖基準面。點選【 Sketch】指令建立草圖，利用【 Project 3D Elements】指令投影外彎刀外形與內孔彎切線外形，即完成沖頭固定板外形草圖。

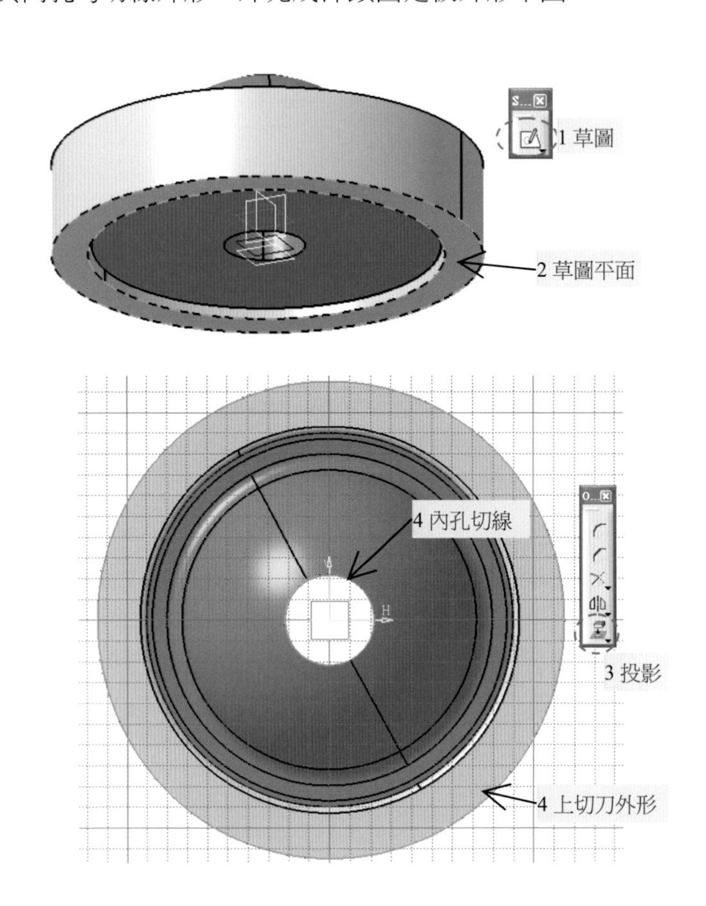

2. 完成草圖繪製後，點選【 Exit workbench】指令離開草圖，使用【 Pad】指令，將草圖向下長 20 mm 成為沖頭固定板實體。

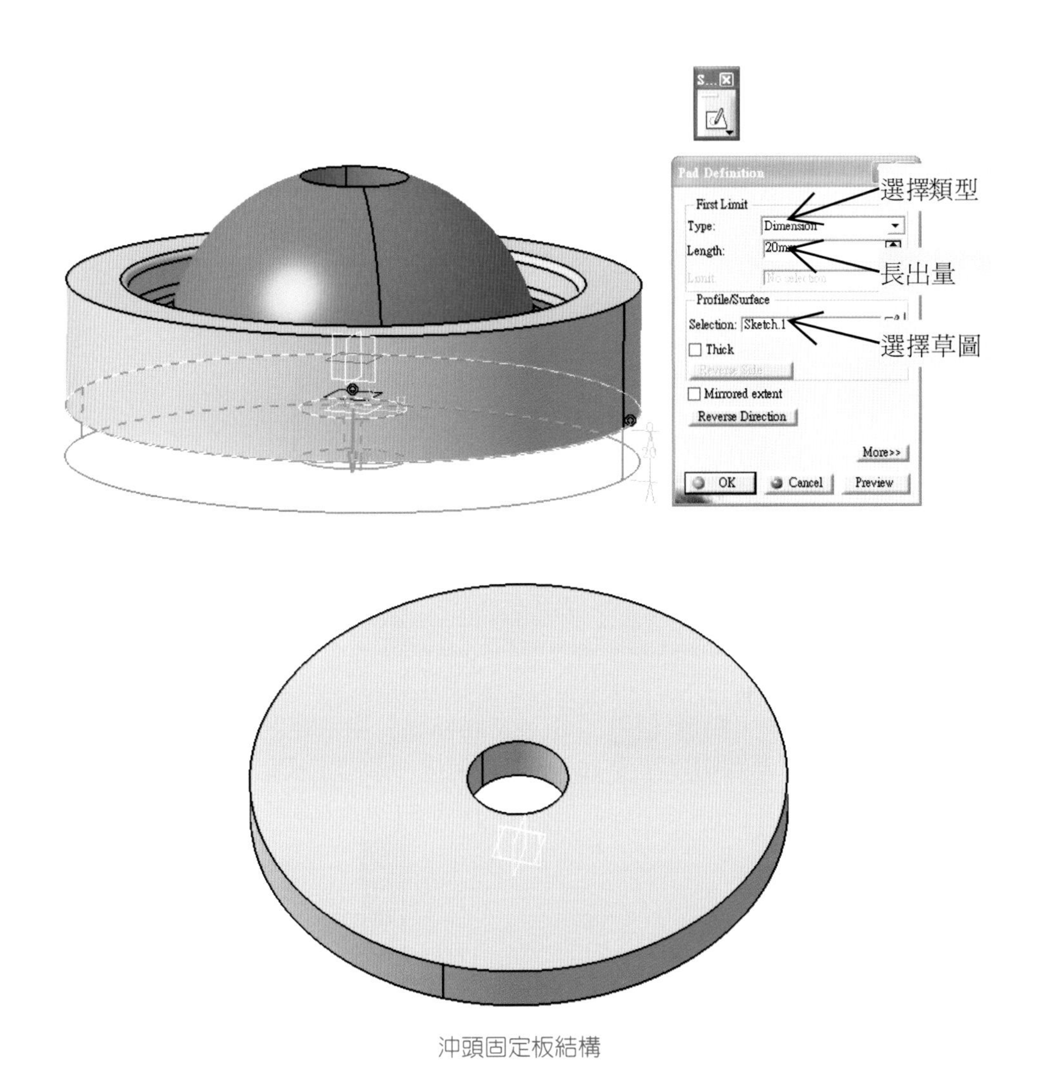

沖頭固定板結構

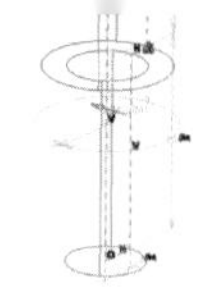

3. 在沖頭沉頭孔繪製，以沖頭固定板底部為基準面，點選【 Sketch】指令建立草圖。在草圖中，以【 Project 3D Elements】指令投影內孔切線外形後，再以【 Offset】指令將投影外切線向外擴3 mm，完成沖頭沉頭孔外形草圖。

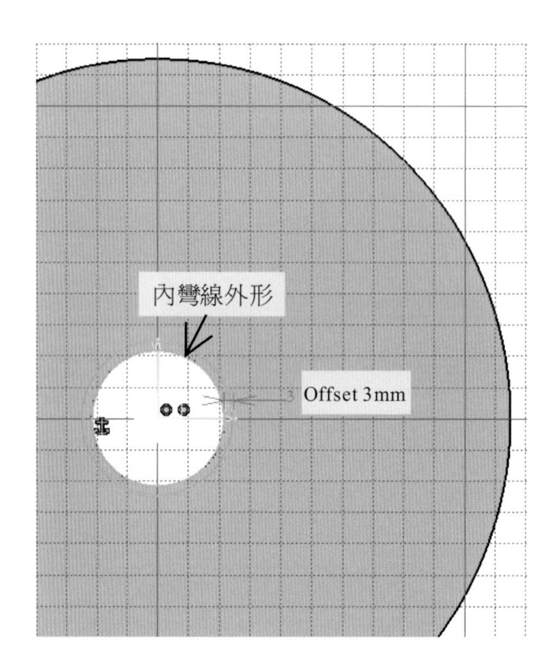

4. 完成草圖繪製後，點選【 Exit workbench】指令離開草圖，使用【 Pocket】指令以草圖切除深度 10 mm，即完成沖頭固定板結構設計。

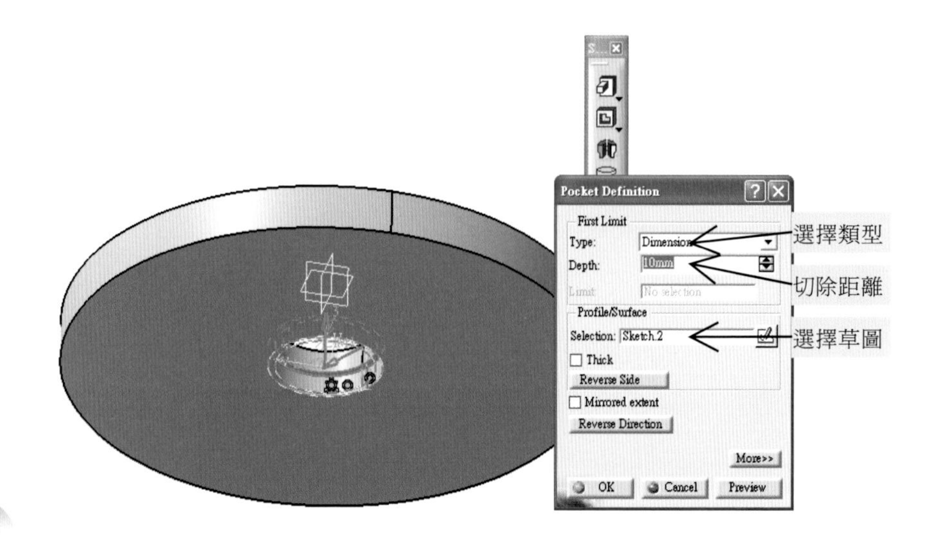

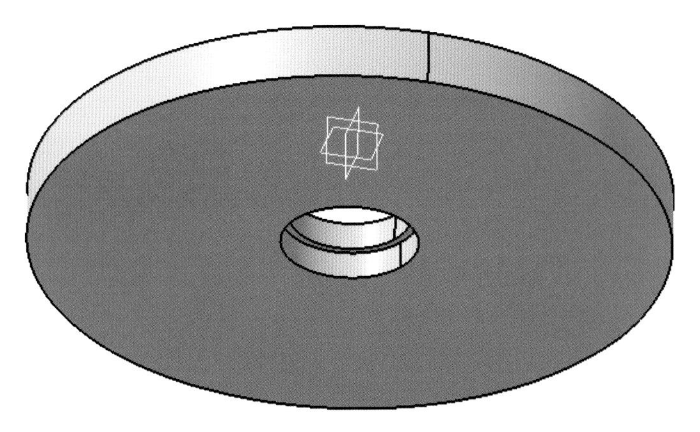

沖頭固定板結構

4.5 彎形模具之內彎刀結構設計

相關設計規範說明

彎形模具內彎刀結構相關尺寸設計值，如下圖所示：

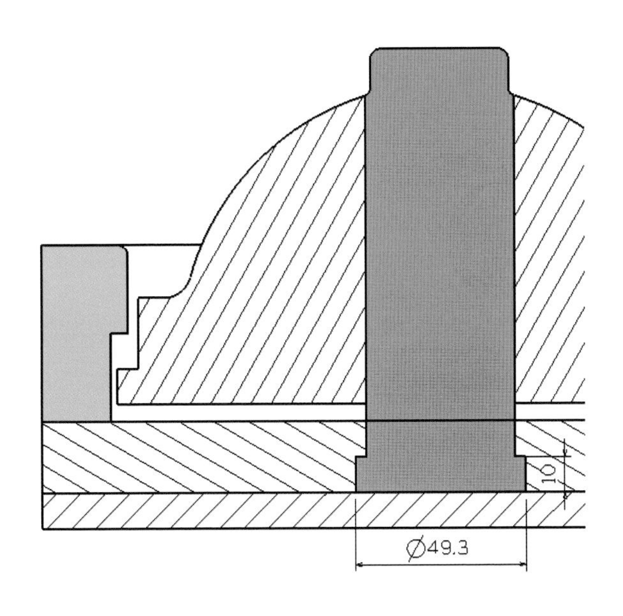

設計軟體操作說明

1. 依上述設計規範說明，沖頭固定板底部平面爲內彎刀沖頭草圖基準面。點選【 Sketch】指令建立草圖，利用【 Project 3D Elements】指令投影沖頭固定板外形，即完成內彎刀沖頭外形草圖。

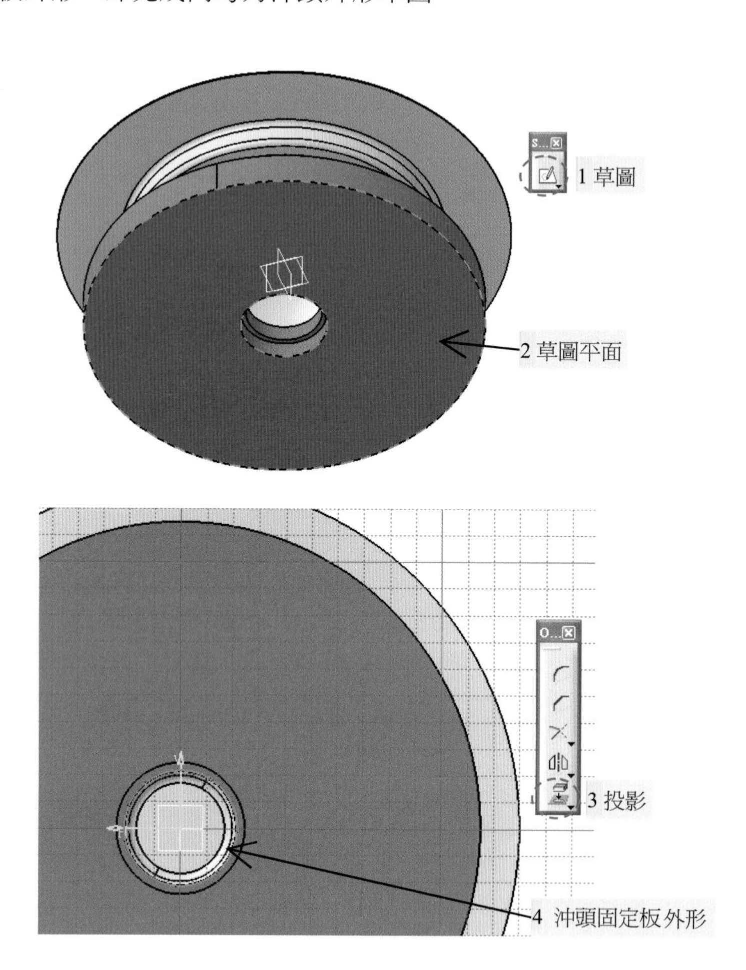

2. 完成草圖繪製後，點選【 Exit workbench】指令離開草圖，使用【 Pad】指令，將草圖投影至彎形模面之曲面（Up to surface）以長出外形彎刀實體。

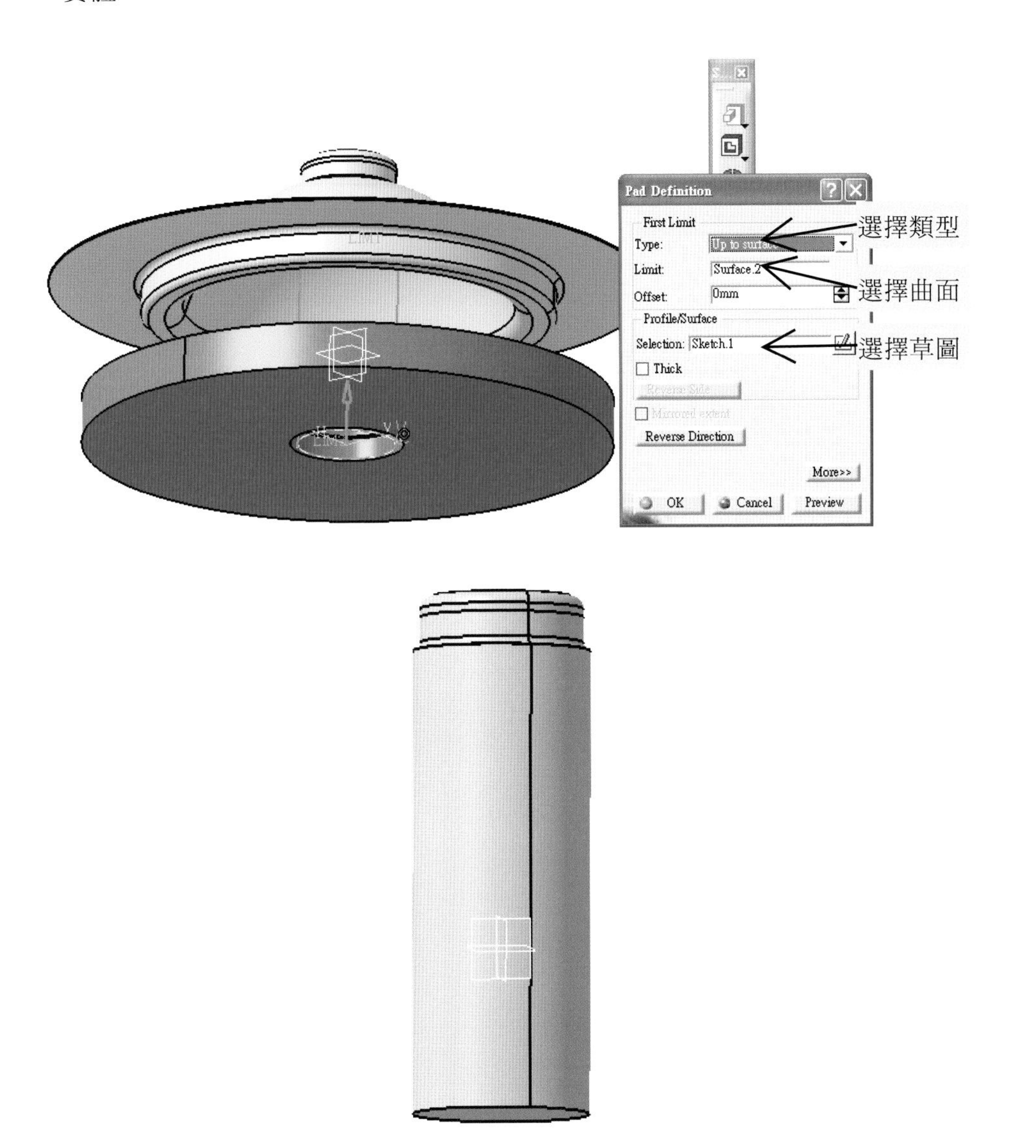

3. 接下來繪製凸耳部分，以內彎刀沖頭壓底部爲草圖基準面，利用【 Project 3D Elements】指令投影外切線外形，並以【 Offset】指令向外擴 3 mm。

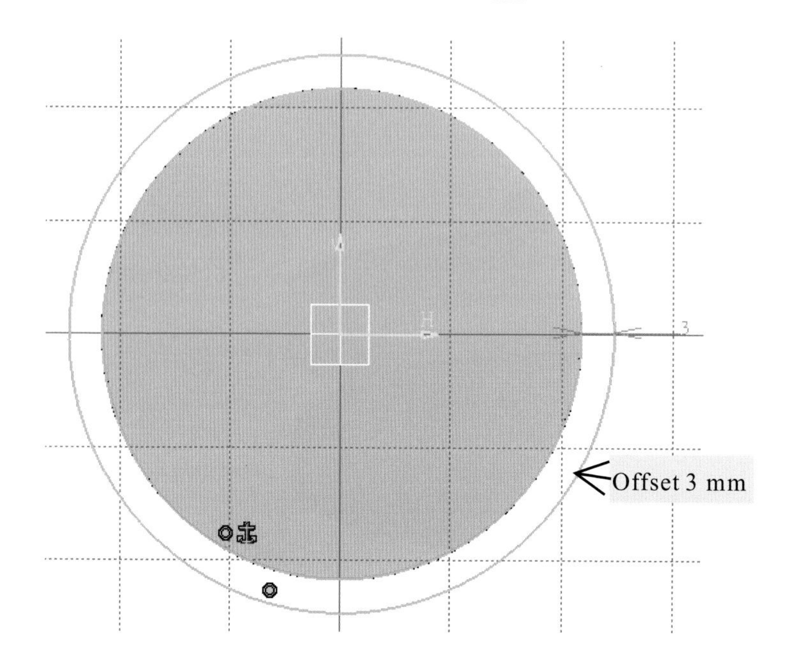

4. 完成草圖繪製後，點選【 Exit workbench】指令離開草圖，使用【 Pad】指令將草圖向上長出 10 mm，即完成壓料板結構設計。

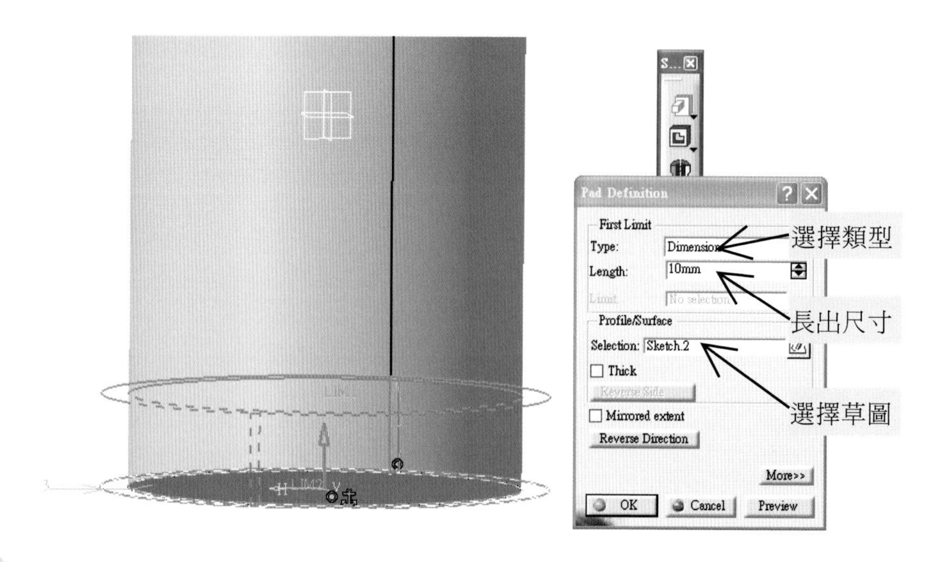

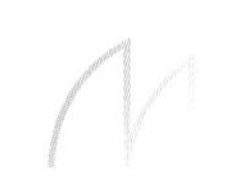

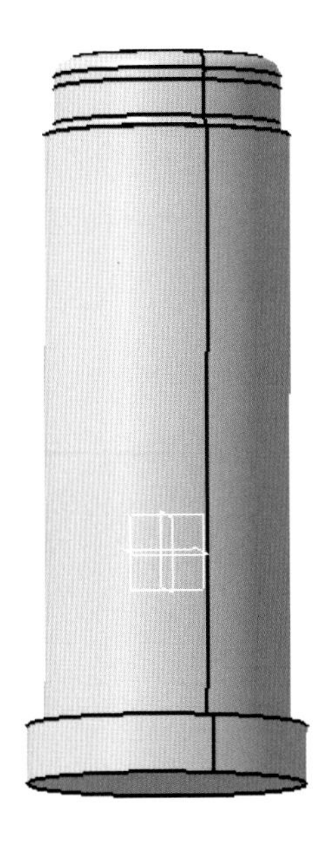

內彎刀沖頭結構

4.6　彎形模具之沖頭背板結構設計

相關設計規範說明

彎形模具沖頭背板結構相關尺寸設計值，如下圖所示：

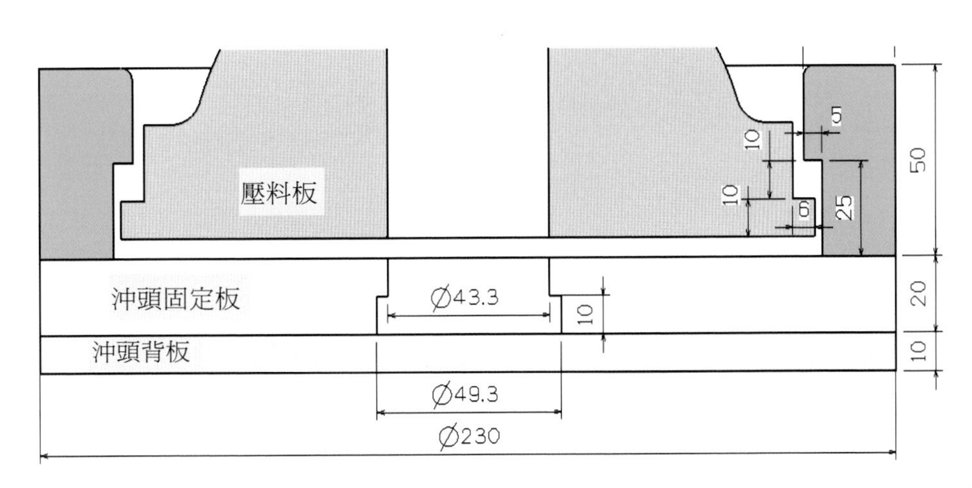

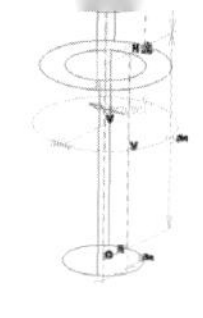

設計軟體操作說明

1. 依上述設計規範說明，沖頭固定板底部平面為沖頭背板草圖平面。點選【Sketch】建立草圖，利用【Project 3D Elements】投影沖頭固定板外形，即完成沖頭背板外形草圖。

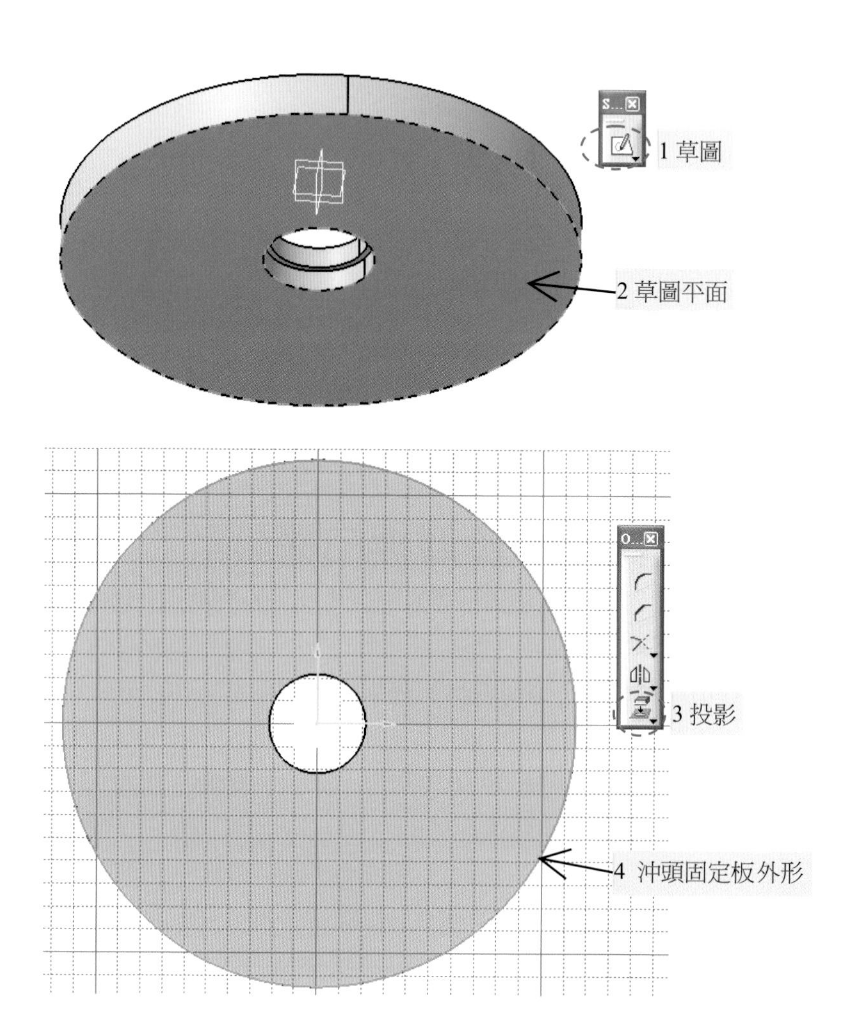

2. 完成草圖繪製後，點選【 Exit workbench】指令離開草圖，使用【 Pad】指令，將草圖向上長 10 mm，即完成沖頭背板實體設計。

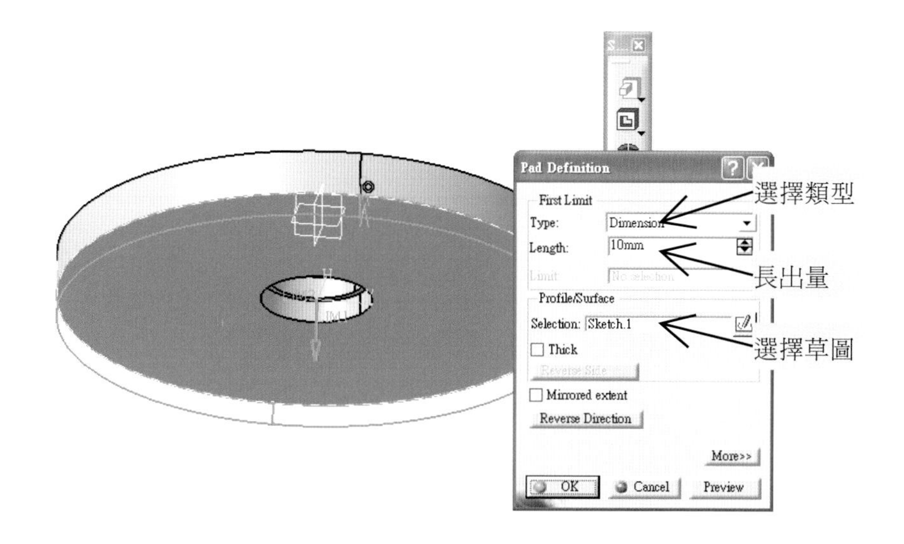

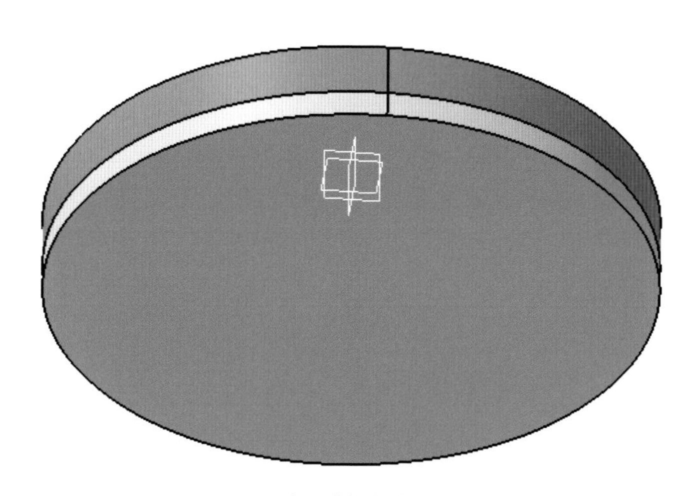

沖頭背板結構

4.7　彎形模具之模穴結構設計

相關設計規範說明

1. 模穴最深凹處距底部（最薄處）應有 15 mm 以上之厚度。
2. 模穴內外側為彎形圓角半徑（R）。

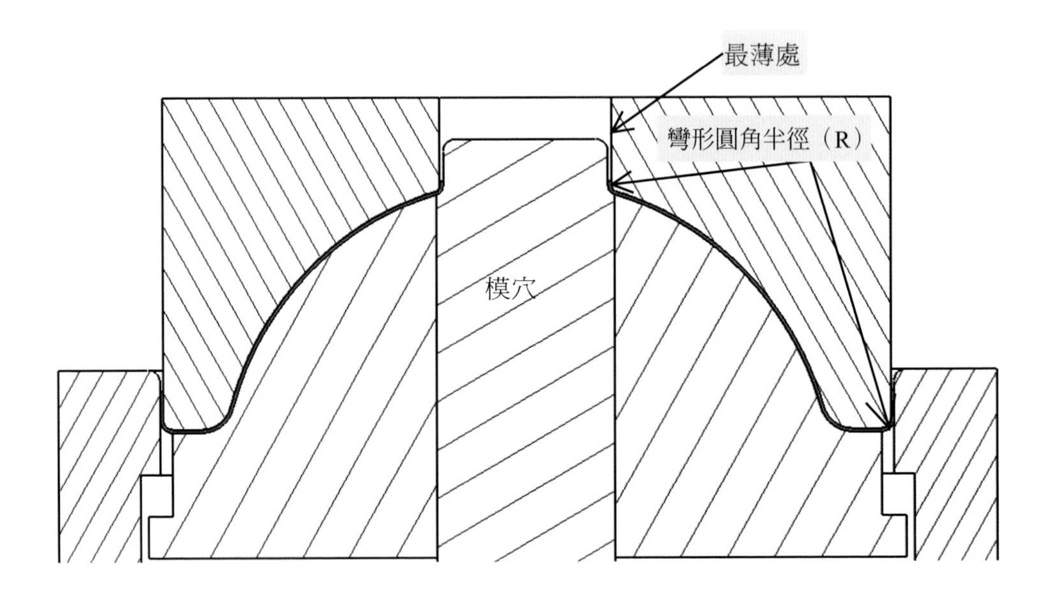

設計軟體操作說明

1. 依上述設計規範 1 說明可知，在設計時，彎刀模仁頂部位置爲 Z95 mm 。使用【 Plane】指令，在 xy 平面向下偏移（Offset from plane）95 mm 處建立一基準面，再以此平面點選【 Sketch】建立草圖。

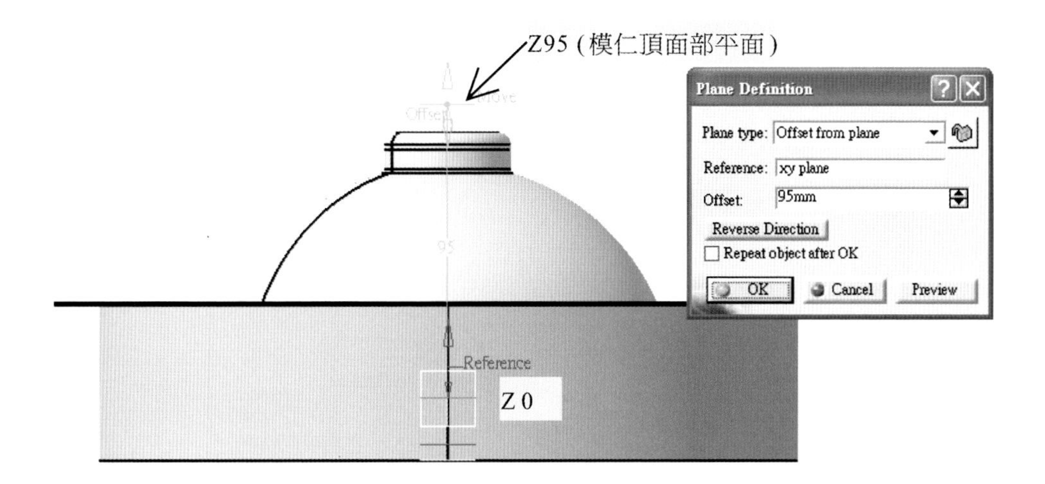

2. 在草圖中，利用【 Circle】建立彎刀外形尺寸草圖，分別爲直徑 178.4 mm 與直徑 41.6 mm。

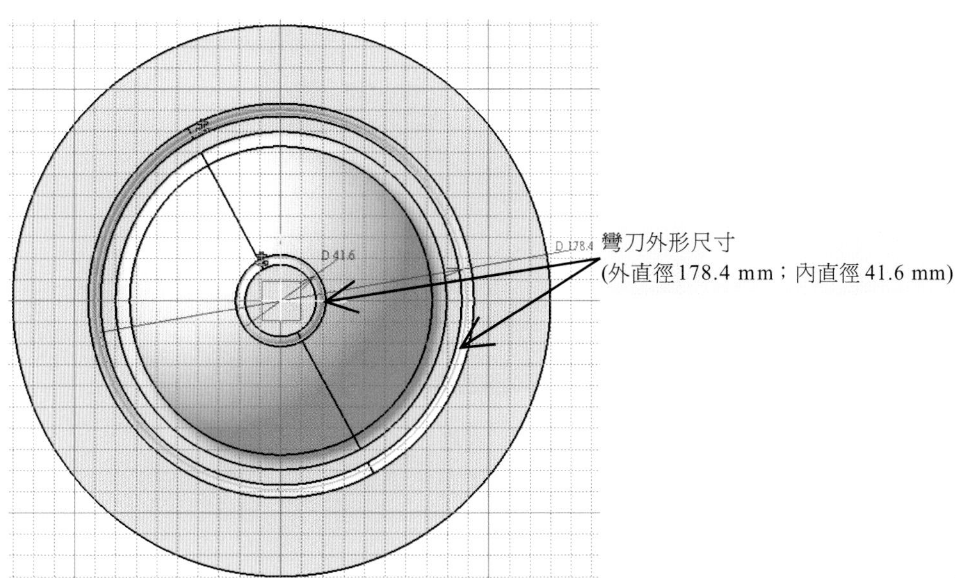

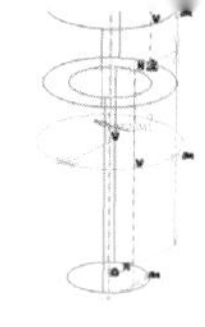

3. 完成草圖繪製後，點選【Exit workbench】指令離開草圖，使用【Pad】指令，將草圖投影至彎形模面之曲面（Up to surface）以長出外形彎刀實體。

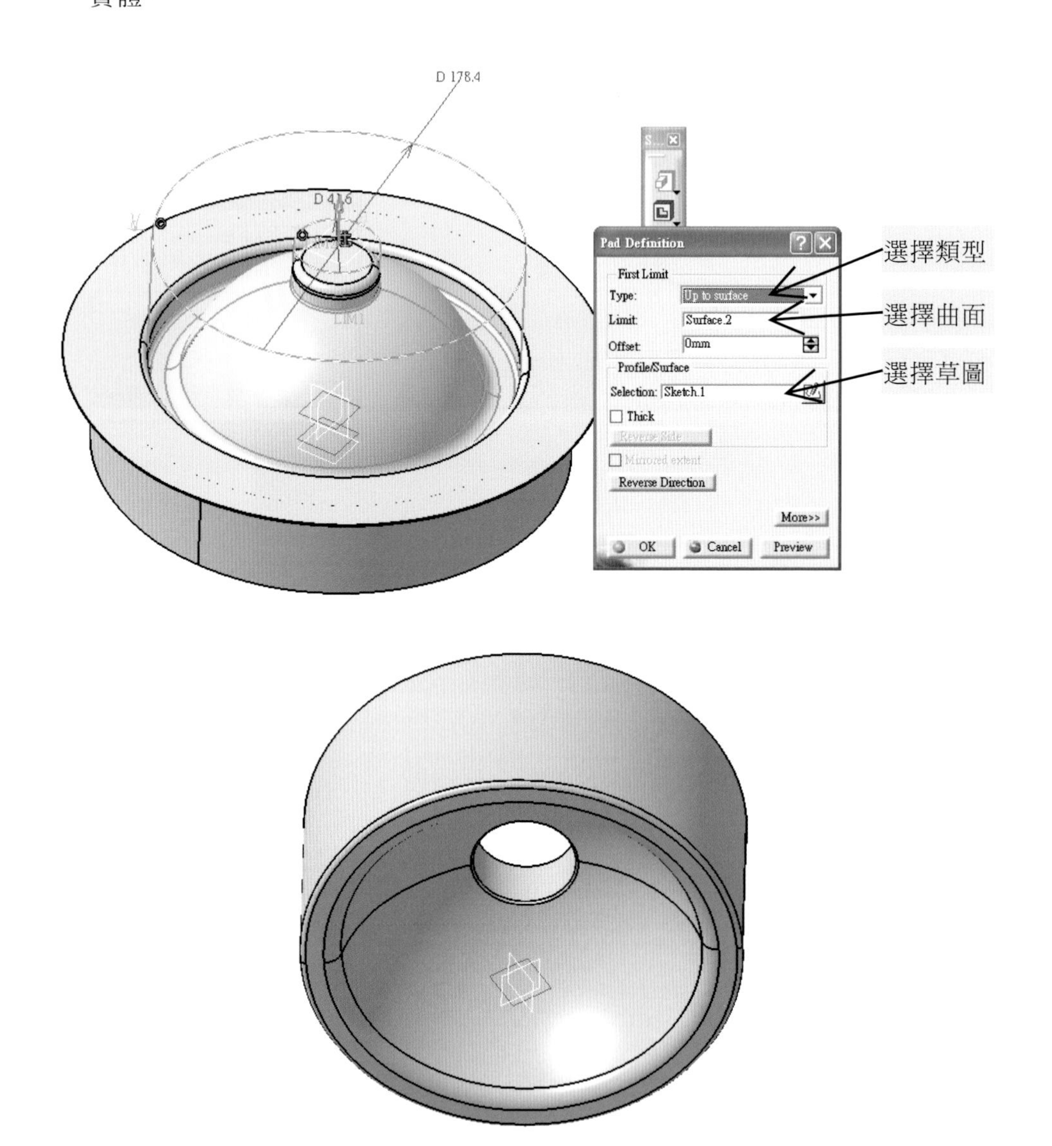

模仁結構

4.8　彎形模具之下模座結構設計

相關設計規範說明

1. 上、下模需以導柱與襯套作爲引導，一般下模座設計導柱，上模座設計襯套。導柱直徑尺寸（D）選定以工作區域（廢屑刀最大範圍）最長邊尺寸（A）的十分之一左右即可。本範例中工作區域最長邊尺寸 A = 230 mm，即導柱直徑尺寸 D = 23/10 = 23 mm，依市販導柱標準零件規格有直徑 25 mm、32 mm、38 mm、50 mm 等，故選擇直徑 25 mm 導柱。
2. 下模座長邊尺寸（L）= 工作區域最長邊尺寸（A）＋ 4 倍導柱直徑尺寸（D）＋ 20 mm。本範例中下模座長邊尺寸 L = 230 + 4×25 + 20 = 350（mm）。
3. 下模座短邊尺寸（W）部分，若不考慮下模座於沖床床台夾持範圍，應與加工範圍切齊，也就是 W = B = 230 mm。若考慮下模座於沖床床台夾持範圍，夾持處應預留 30 mm，因此，下模座短邊尺寸 W = B + 2×30 = 230 + 60 = 290 (mm)。
4. 下模座厚度 t = 40 mm。

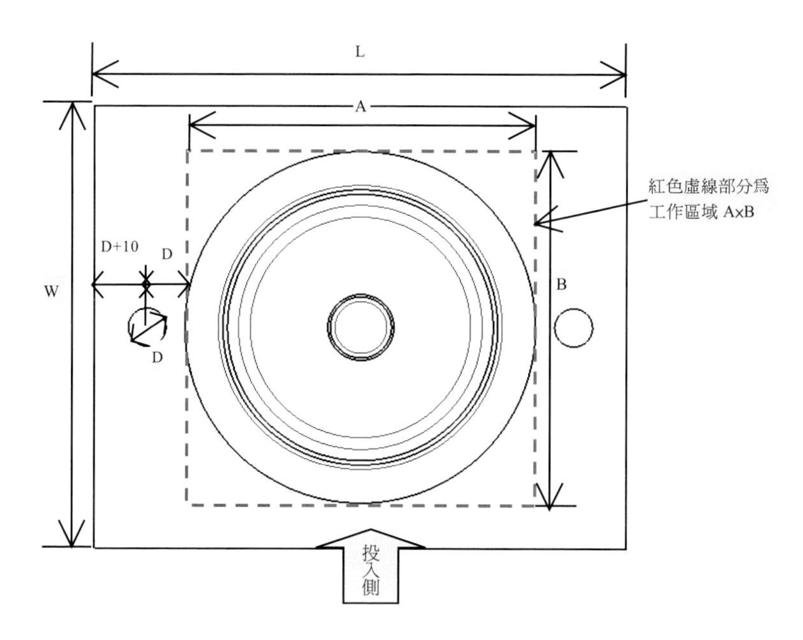

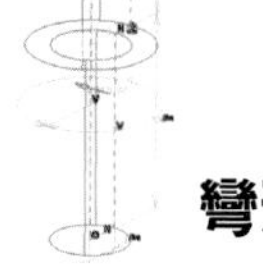

設計軟體操作說明

1. 使用【 Sketch】指令點選沖頭背板底部平面作爲下模座之草圖基準面，使用矩形【 Rectangle】指令繪出下模座外型，其長邊 350 mm，短邊 290 mm。
2. 使用圓形【 Circle】指令繪出直徑 25 mm 導柱孔，其位置爲（140,0）與（−140,0）。

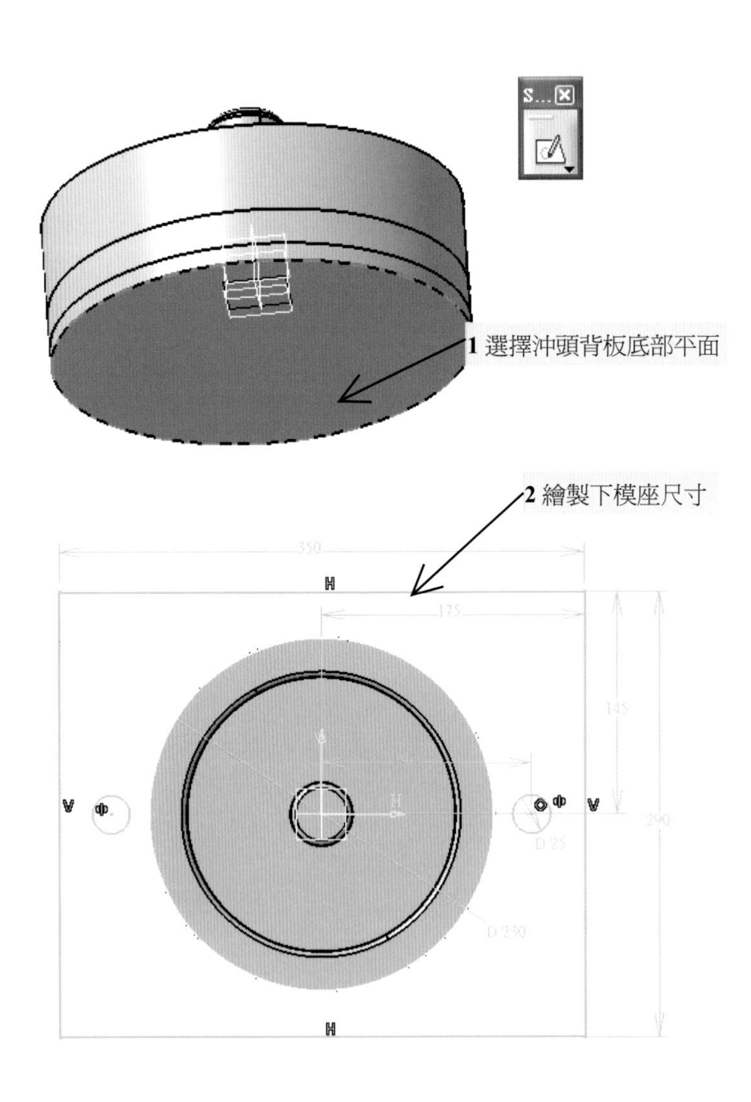

3. 完成草圖繪製後，點選【 Exit workbench】指令離開草圖，使用【 Pad】指令將草圖向下長出實體結構 40mm，即完成下模座結構設計。

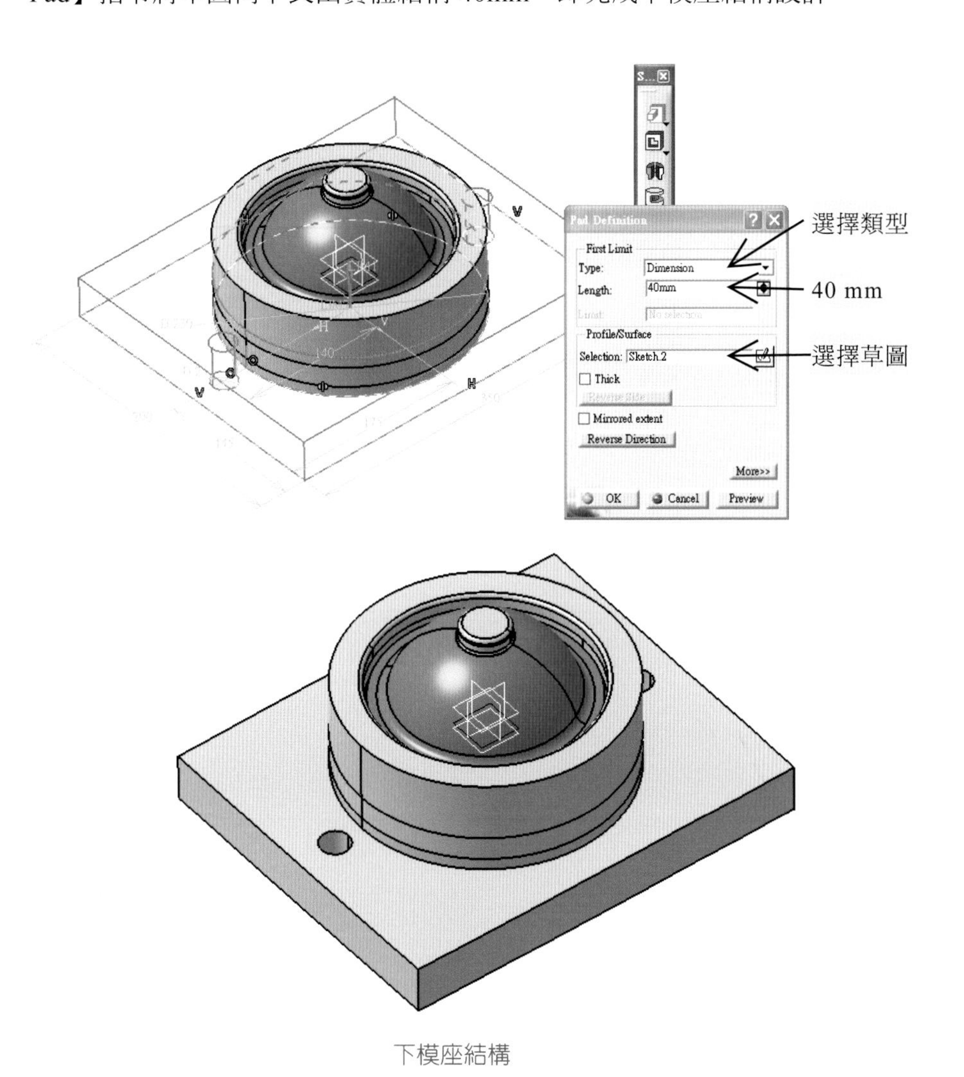

下模座結構

4.9 彎形模具之上模座結構設計

相關設計規範說明

1. 上模座外形尺寸與下模座相同。
2. 上、下模以導柱與襯套作爲引導，上模座襯套之位置需與下模座之導柱相同。
3. 由於上模座之襯套孔會比導柱直徑大些，本範例中以直徑 25 mm 市販導柱爲設計，其所它配之襯套外徑爲直徑 37 mm。
4. 上模座厚度 t = 25 mm。

設計軟體操作說明

1. 以【 Sketch】指令點選模穴頂部平面作爲上模座之草圖基準面，使用矩形【 Rectangle】指令繪出下模座外型，其長邊 350 mm，短邊 290 mm。
2. 使用圓形【 Circle】指令繪出直徑 37 mm 襯套孔，其位置爲（140,0）與（−140,0）。

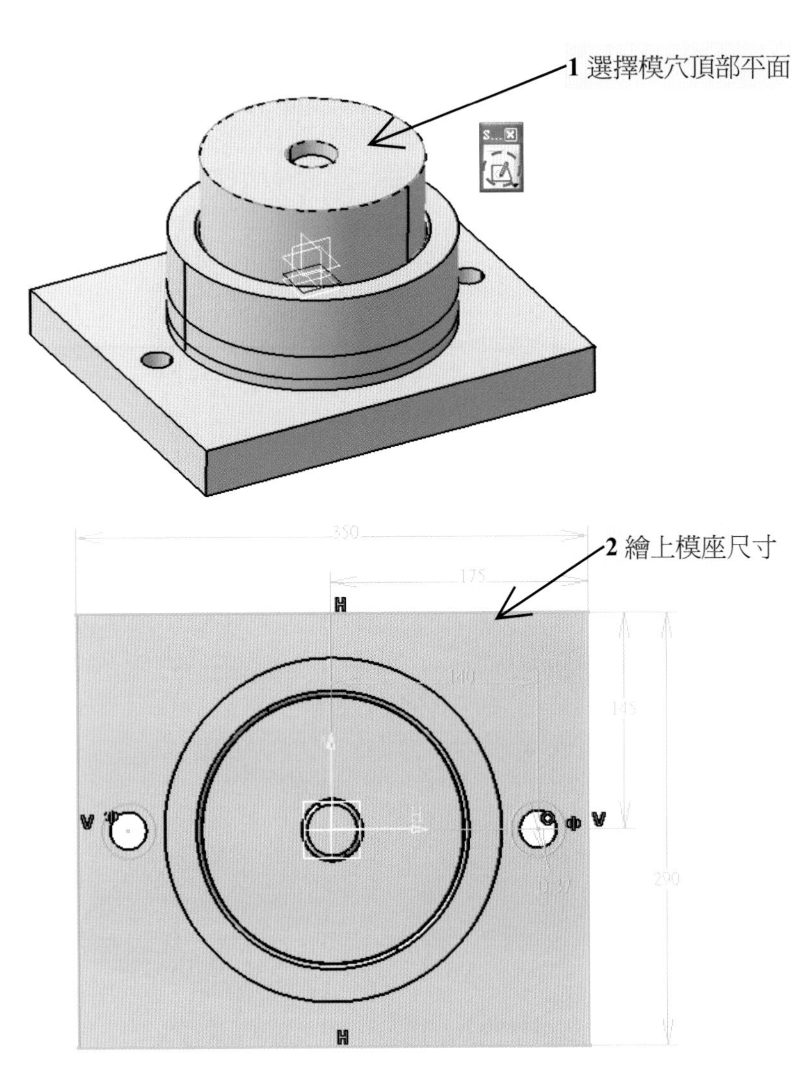
1 選擇模穴頂部平面
2 繪上模座尺寸
350
175
H
140
145
V
V
D37
290
H

3. 完成草圖繪製後，點選【 Exit workbench】指令離開草圖，使用【 Pad】指令，將草圖向上長出實體結構25 mm，其厚度可視模高之調整而改變，即完成上模座結構設計。

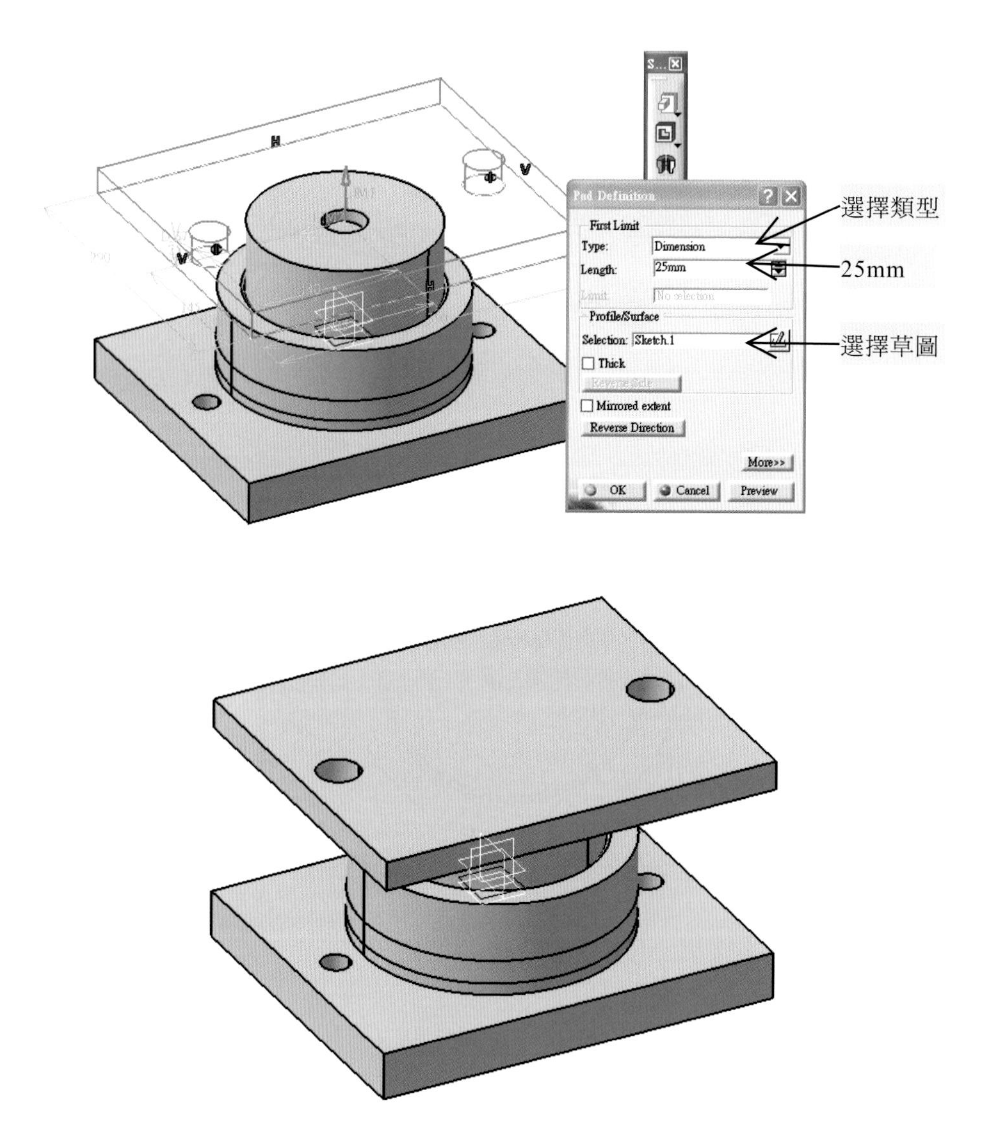

上模座結構

4.10 彎形模具之定位與鎖固孔設計

相關設計規範說明

模具各模板之定位銷與螺栓設計，請參考 2.7 節引伸模具之定位與鎖固孔相關設計規範說明。

設計軟體操作說明

1. 在產品組立（Product）中新增上模孔位部品零件檔案。

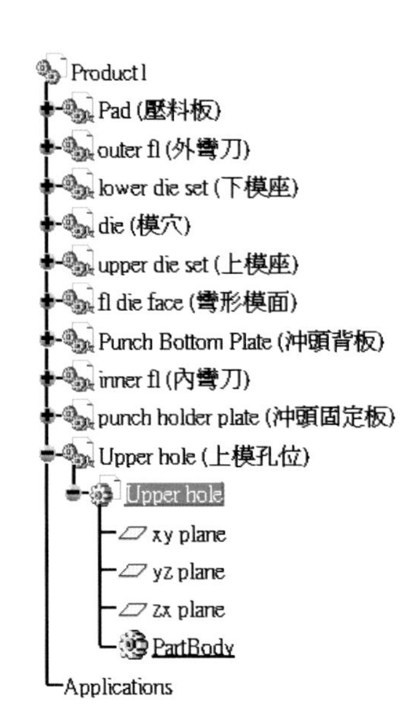

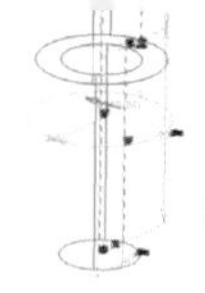

2. 在上模孔位部品零件中，以上模座頂面爲草圖平面，在草圖平面上設計上模座、模穴之定位孔（直徑 10 mm 二處）與鎖固孔（M10 四處）中心位置。

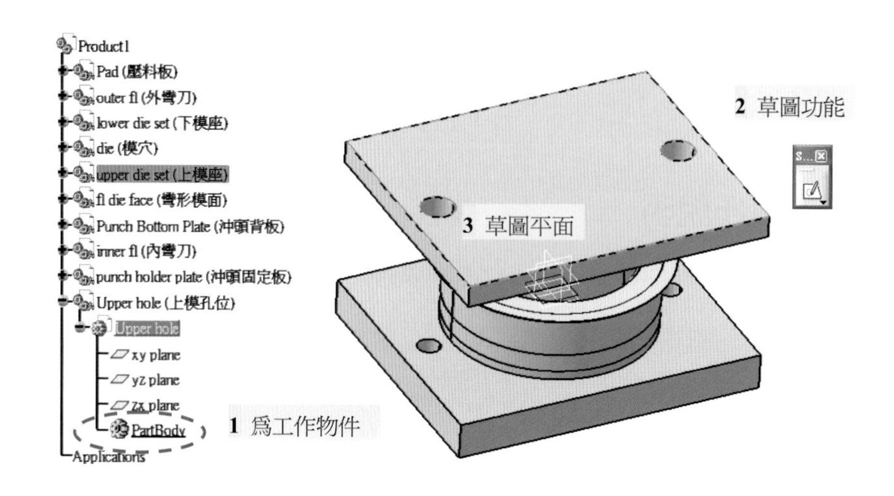

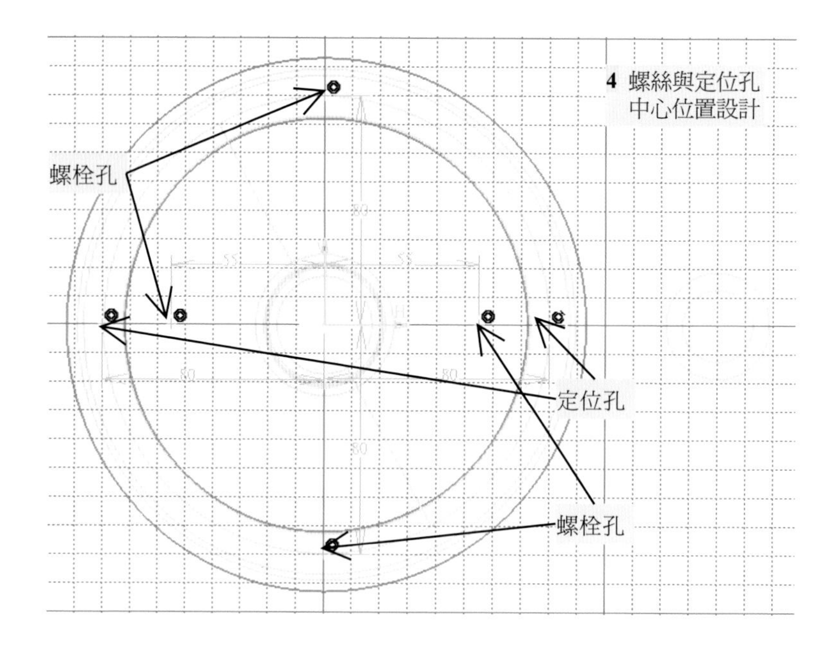

3. 切換至【 Assembly Design】模組，以【 Hole】指令進行上模座、沖頭背板與沖頭固定板之鎖固孔挖除。【 Hole】指令雖一次只能選擇一孔，但可同時挖除需鎖固之模板，可確保模板間孔錯位問題及方便孔之設計變更。由於上模座厚 25 mm，依據上述設計規範說明，本設計選用 M10 螺栓。在上模座爲沉頭孔與螺絲離隙孔，沖頭背板爲螺絲離隙孔，沖頭固定板爲貫穿 M10 螺牙孔。在螺牙孔加工時，會先鑽一直徑爲 8.3 至 8.6 mm 內孔後，再進行 M10 攻牙。其各模板上鎖固孔尺寸關係圖，如下所示：

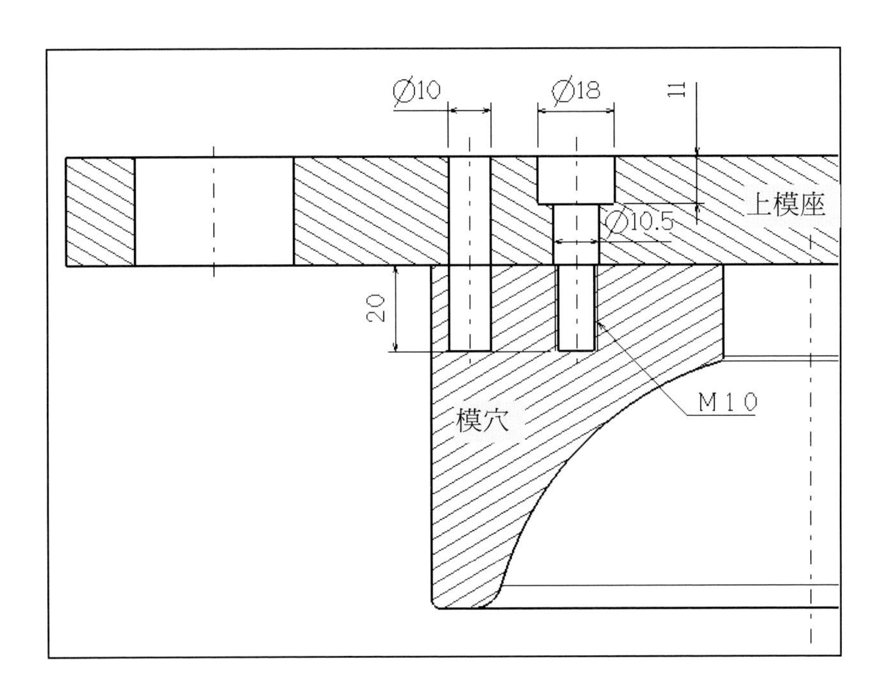

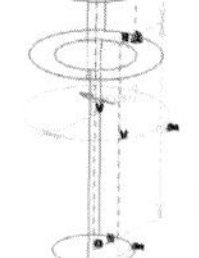

4. 首先，以【 Hole】指令進行上模座與模穴之螺牙孔挖除。由於上模座厚 25 mm、模穴最薄處厚 20 mm，所以總螺牙長為 45 mm。其螺牙孔操作說明如下所示，並依序完成四個螺絲孔：

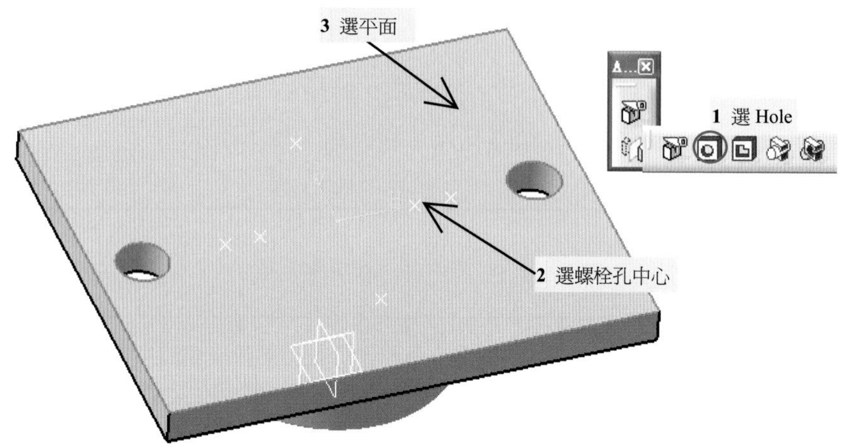

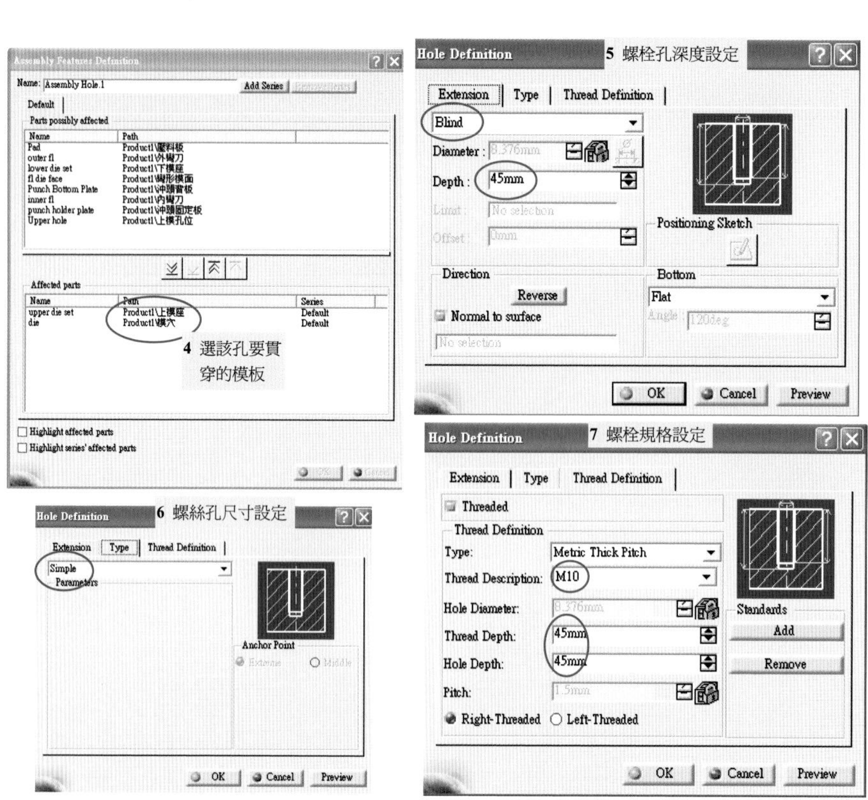

5. 接下來設計上模座之沉頭孔與螺栓離隙孔。螺栓離隙孔尺寸為 1.05 倍螺栓公稱直徑（M），亦即為直徑 10.5 mm，其深度為上模座厚度 25 mm。其螺栓離隙孔繪製說明，如下所示，並依序完成四個螺栓離隙孔：

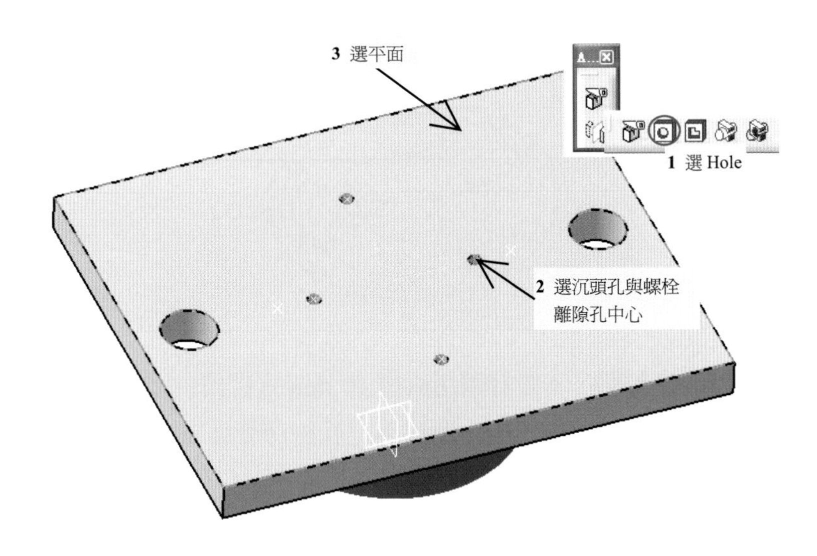

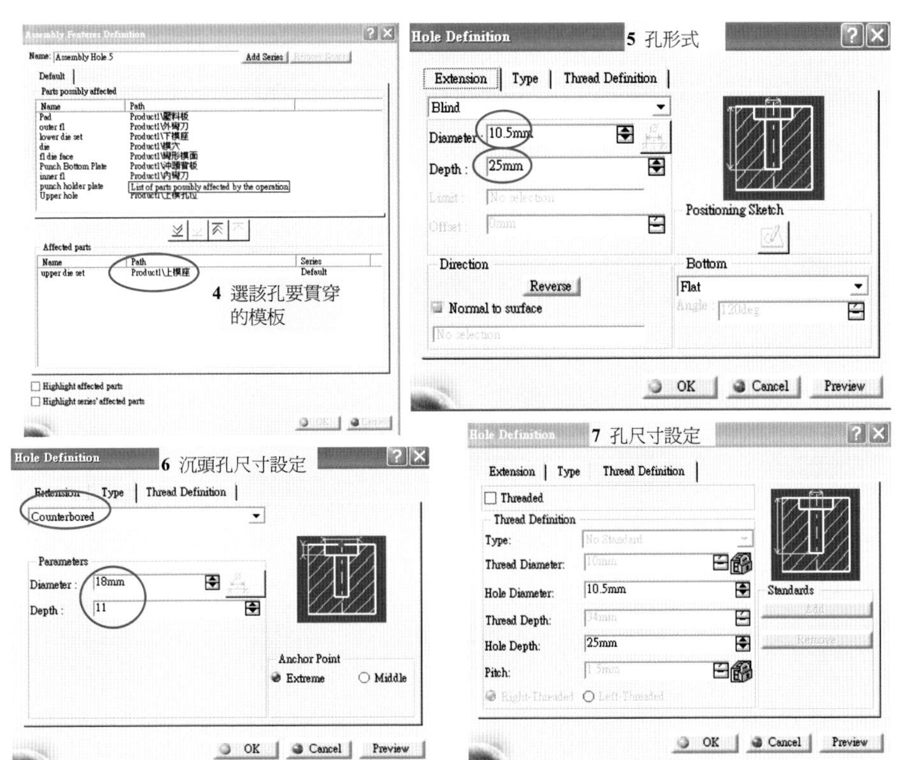

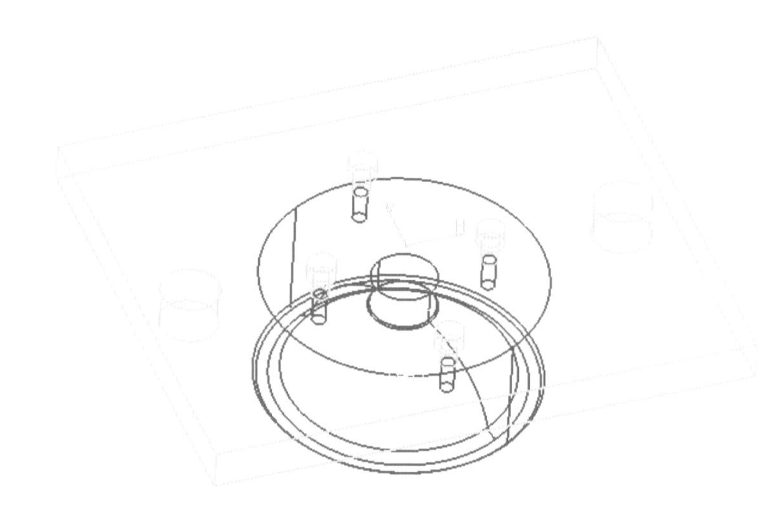

6. 依上述設計規範說明，本設計選用直徑 10 mm 定位銷，本定位銷主要定位上模座、沖頭背板與沖頭固定板，所以定位孔總深度爲 45 mm，其定位孔繪製說明，如下所示，並依序完成二個定位孔：。

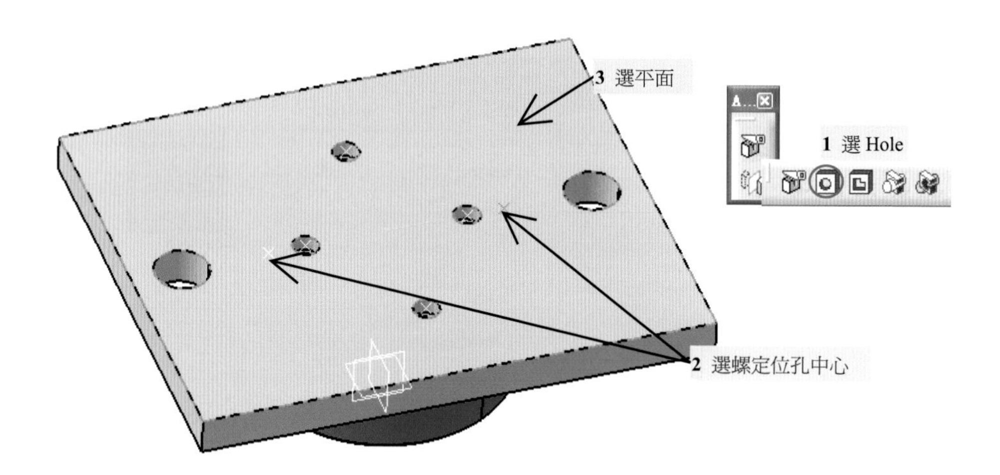

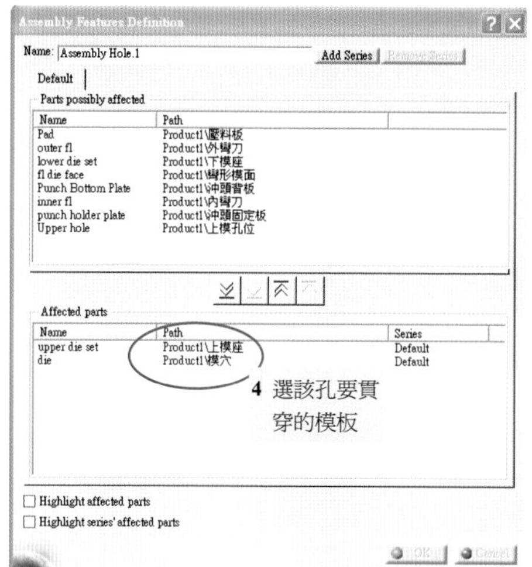

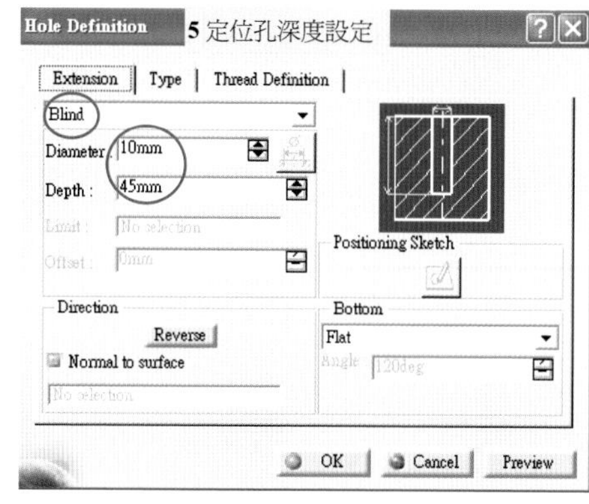

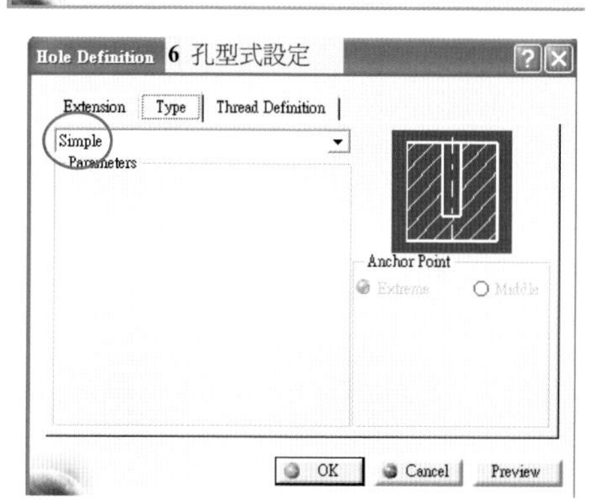

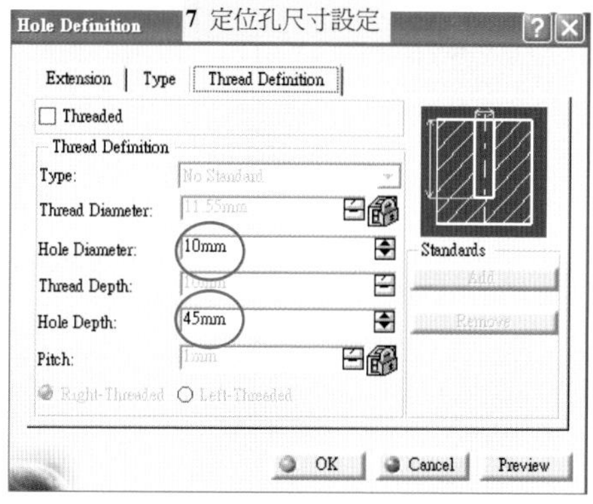

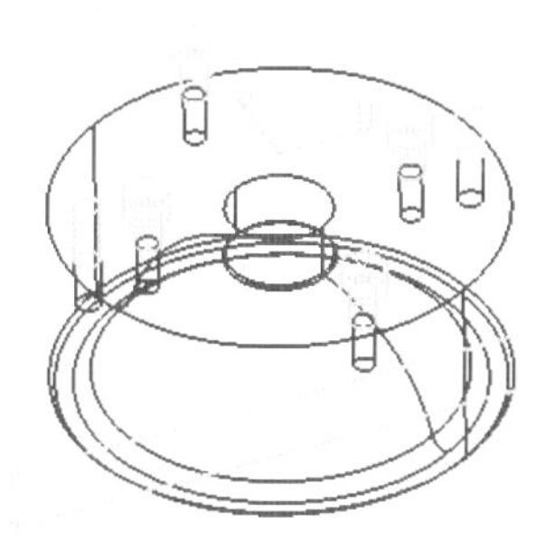

上模座與模穴定位與鎖固孔

7. 重覆上述 1-5 流程，繪製外彎刀與沖頭固定板之定位與鎖固孔。由於沖頭固定板厚度為 20 mm，依上述設計規範說明，選用 M8 螺栓與直徑 8 mm 定位銷，其定位與鎖固孔設計結果如下：

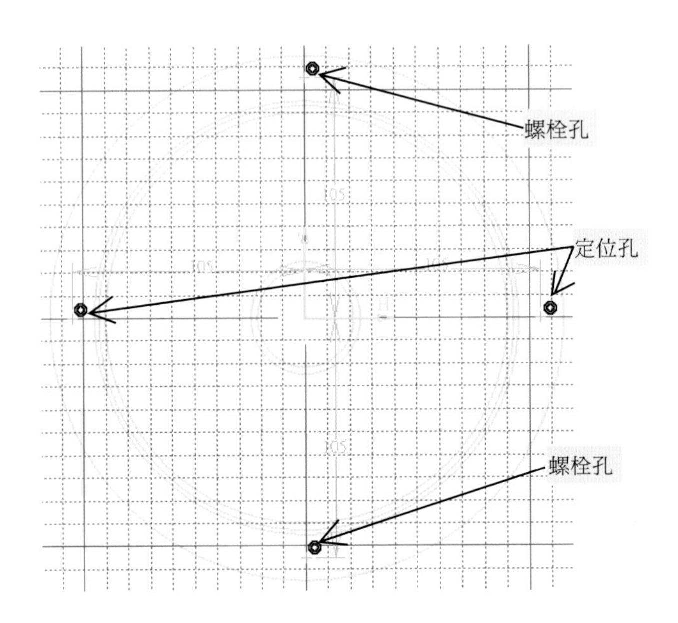

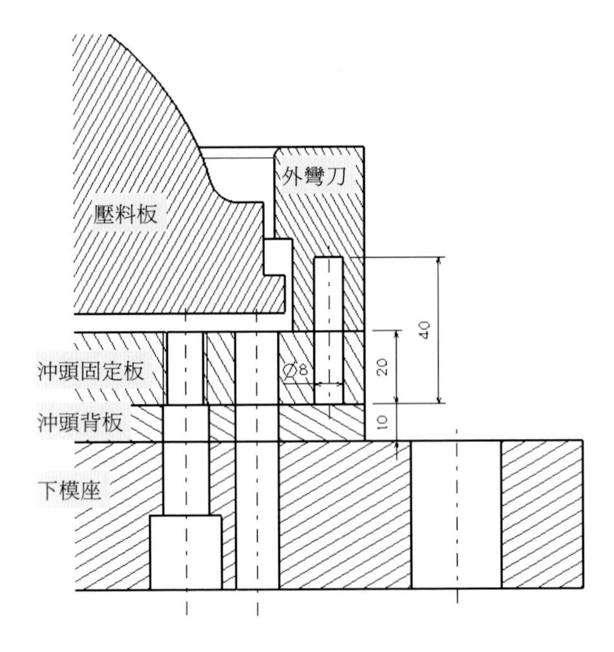

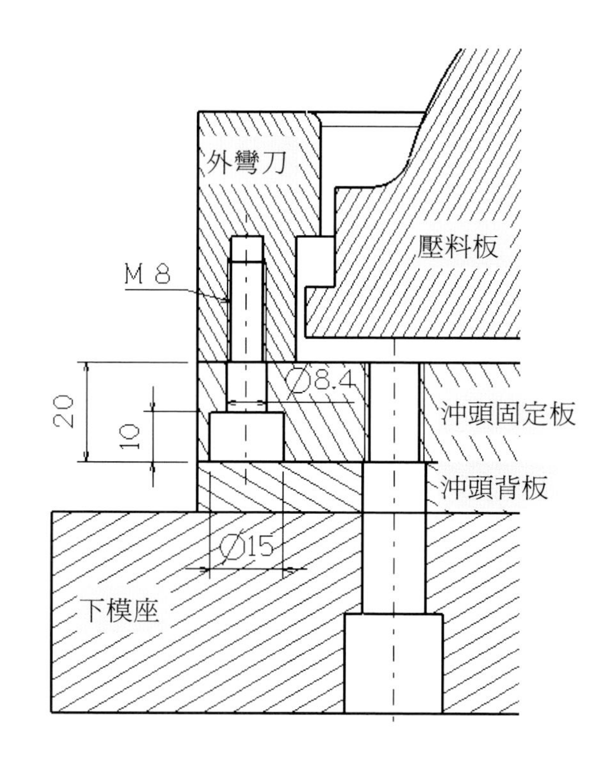

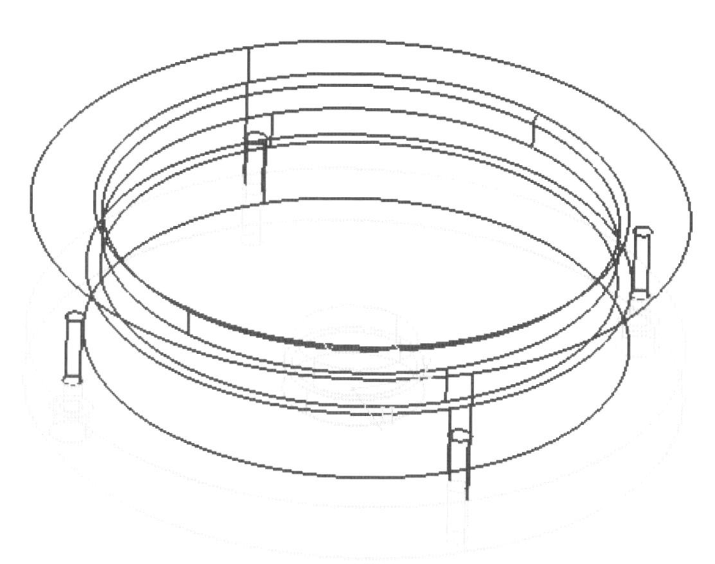

沖頭固定板與上切外彎位與鎖固孔

8. 重覆上述 1-5 流程，繪製下模座、沖頭背板與沖頭固定板之定位與鎖固孔。由於下模座厚 40 mm，依上述設計規範說明，選用 M12 螺栓與直徑 12 mm 定位銷。其定位及鎖固孔設計結果如下：

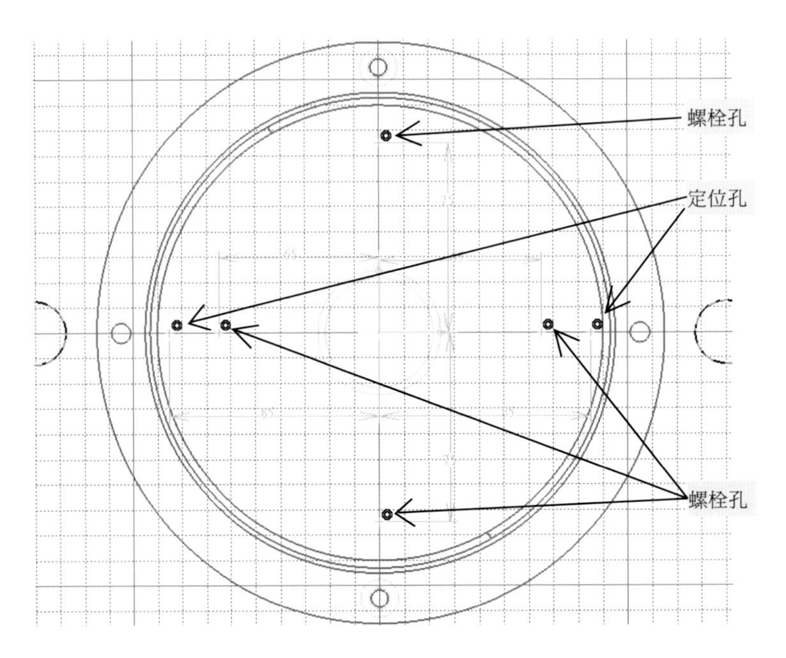

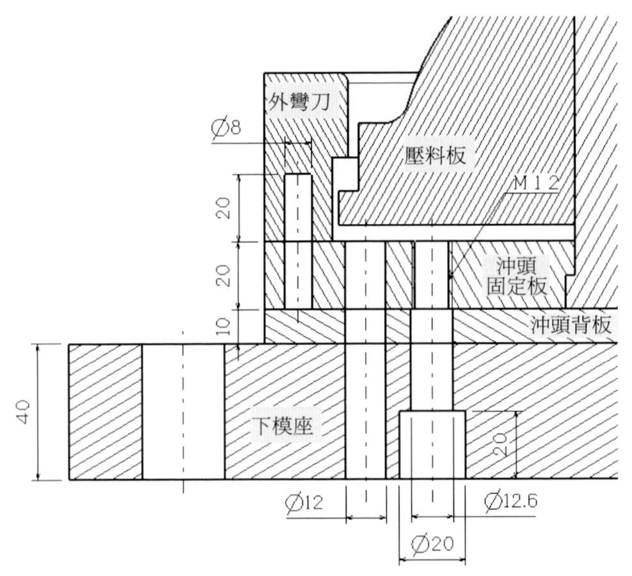

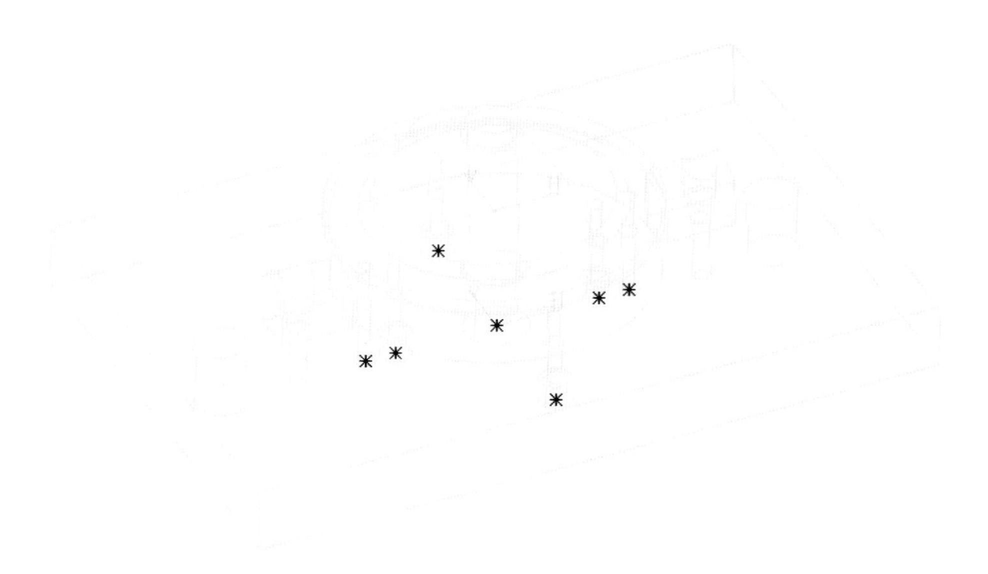

下模座、沖頭背板與沖頭固定板定位與鎖固孔

5

模具結構分析

- 5.1 基本功能說明
- 5.2 線元素分析操作說明
- 5.3 實體元素分析操作說明
- 5.4 模具結構強度分析操作說明

5.1 基本功能說明

模具結構強度分析係以【 Analysis & Simulation Analysis & Simulation】模組功能為基礎，介紹電腦輔助工程分析（CAE）基本功能。

1. 建模管理（Model Manager）功能鍵提供網格建立、設定網格、實體性質、薄殼性質、樑性質及模型檢測等；亦可定義模型中各種不同的有限元素型態，如四面體、三角形等等。

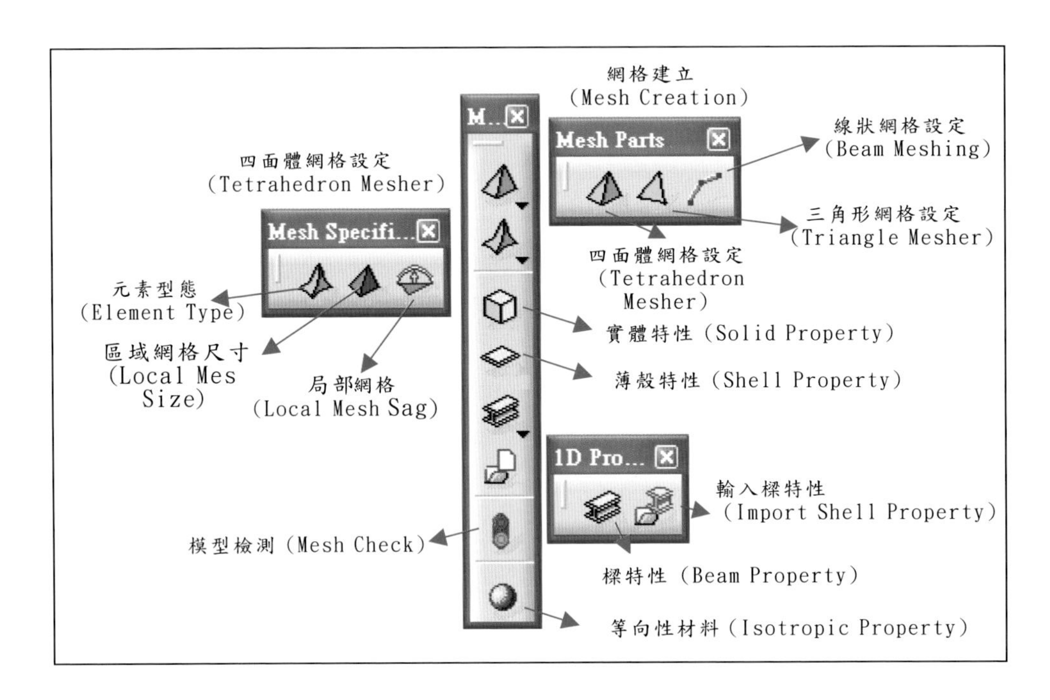

2. 拘束條件（Restraints）功能鍵中設定被分析的拘束條件，一般為固定拘束或部分拘束，分類如下表：

	MX	MY	MZ	RX	RY	RZ
固定	1	1	1	1	1	1
沿 X 軸方向旋轉	1	0	0	0	1	1

	MX	MY	MZ	RX	RY	RZ
沿 Z 軸方向位移	1	1	0	1	1	1
X 軸向對稱	1	0	0	0	1	1
Y 軸向對稱	0	1	0	1	0	1
Z 軸向對稱	0	0	1	1	1	0

拘束條件亦提供常見固定狀態之拘束：（0:off 1:on）

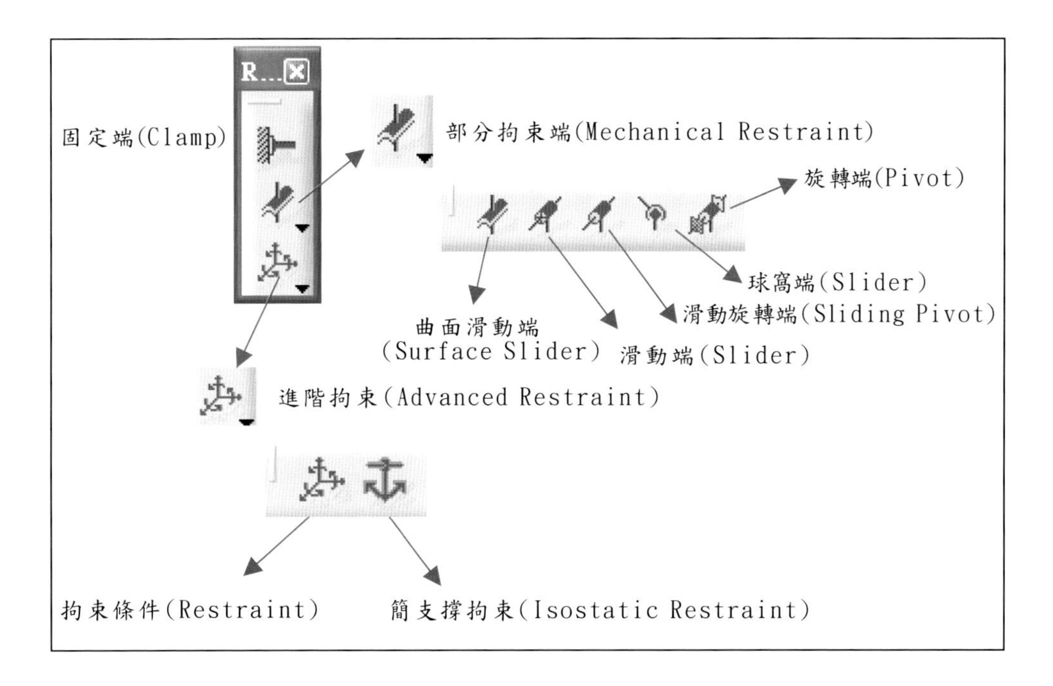

3. 負載（Load）功能鍵係設定被分析物件的受力狀況及力量大小。

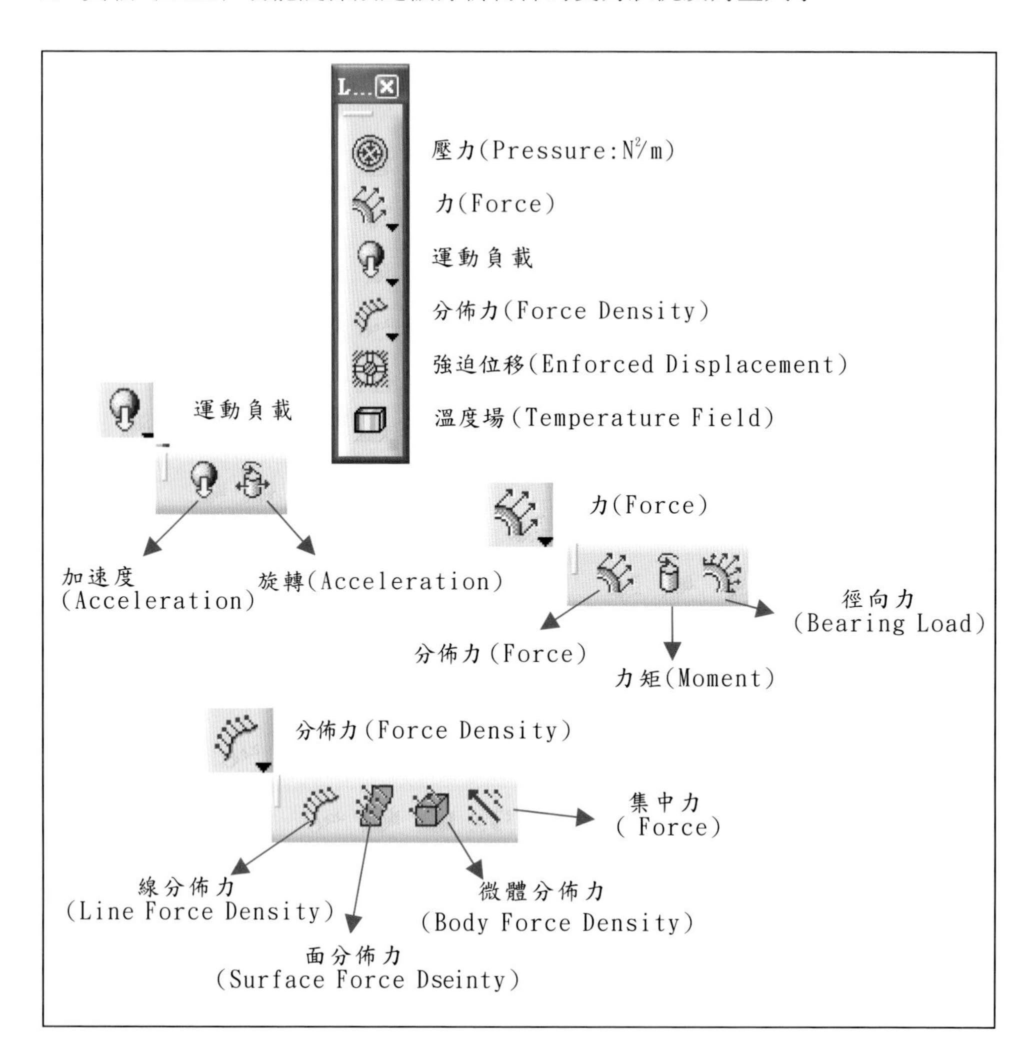

4. 接合（Connections）功能鍵提供使用者，根據組裝物件設定限制條件來定義物體間邊界相互作用的功能。

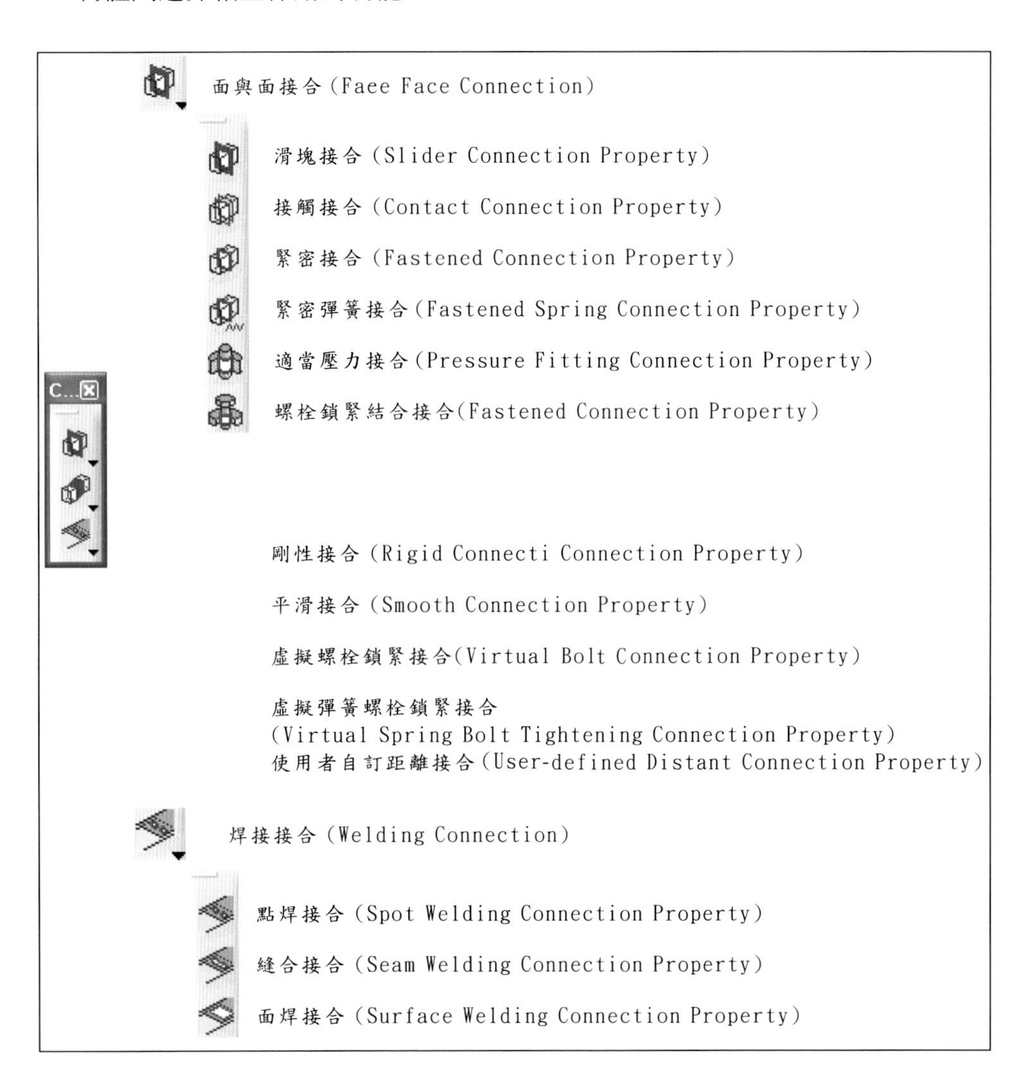

5. 影像顯示（Image）功能鍵係在執行計算後，將分析物件的應力、應變、振頻、模態等分析結果，以圖示或顏色呈現。

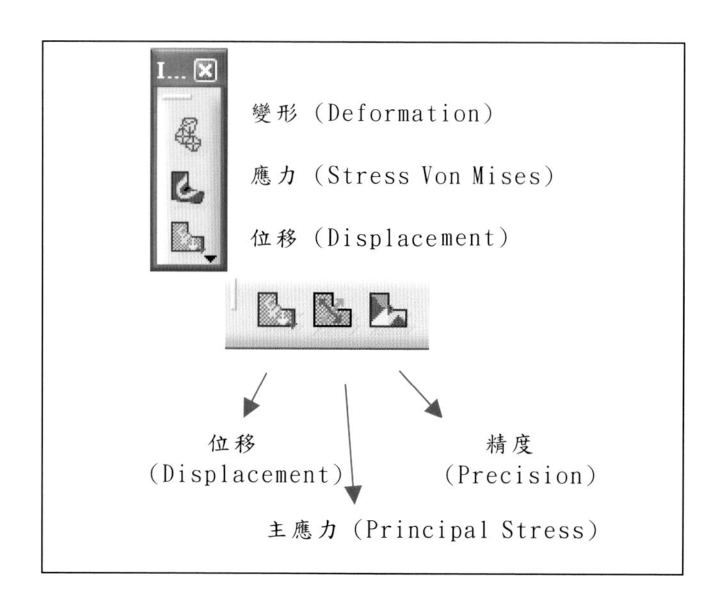

6. 分析工具（Analysis Tools），係提供工具，協助分析物件顯示動畫模擬、查看切面受力分布情形、針對變形彎曲局部特徵放大，及查出最大與最小應力點等相關資訊。

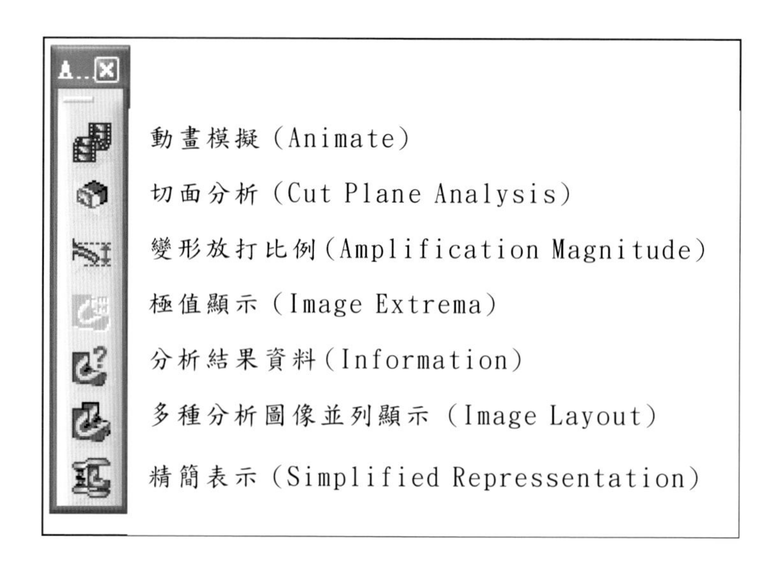

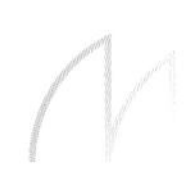

5.2 線元素分析操作說明

相關分析規範說明

1. 分析流程

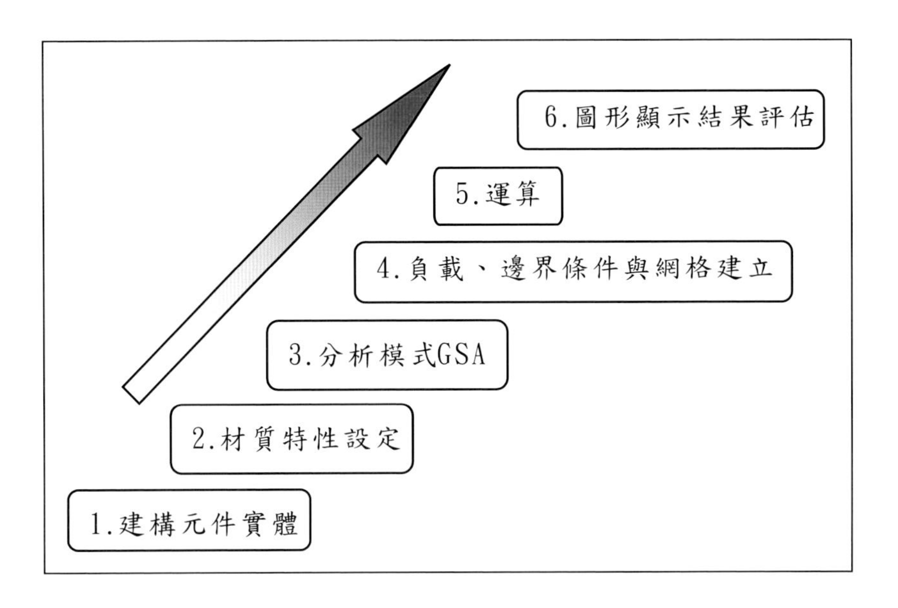

2. 分析範例說明

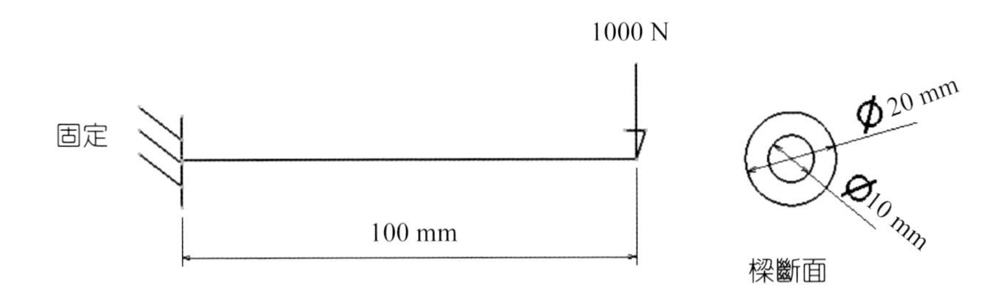

設計軟體操作說明

1. 在零件設計【 Part Design】模組，利用【 Line】指令以二點建立一直線，其兩個點座標，分別是（0,0,0）以及（100,0,0）

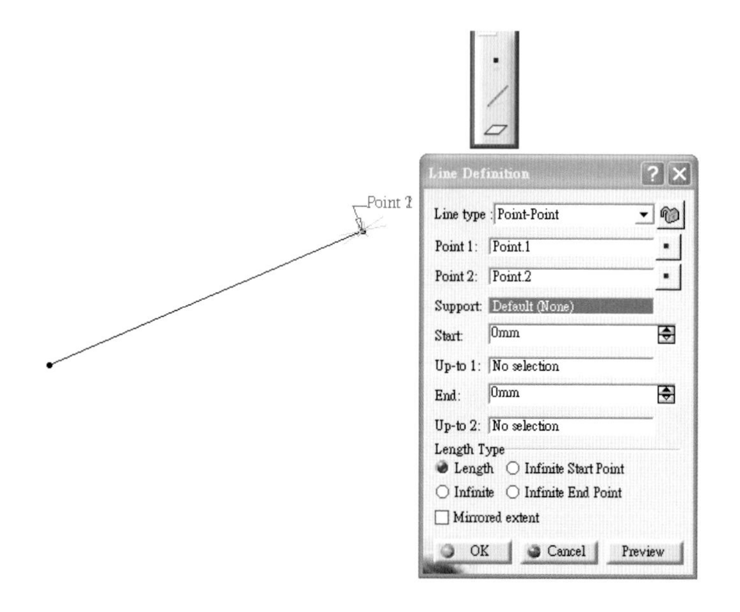

2. 按住【 Apply Material】指令至線上後放開，即可進行材質特性設定。本範例使用的材質爲鋼材（Steel）。

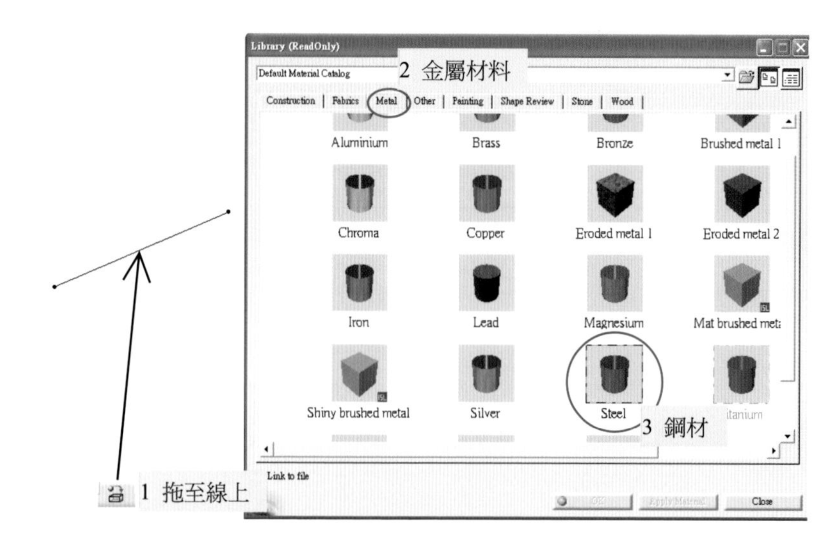

3. 進入 CATIA 結構分析（Generative Structural Analysis，簡稱 GSA）模組，選取靜態分析（Static Analysis）。

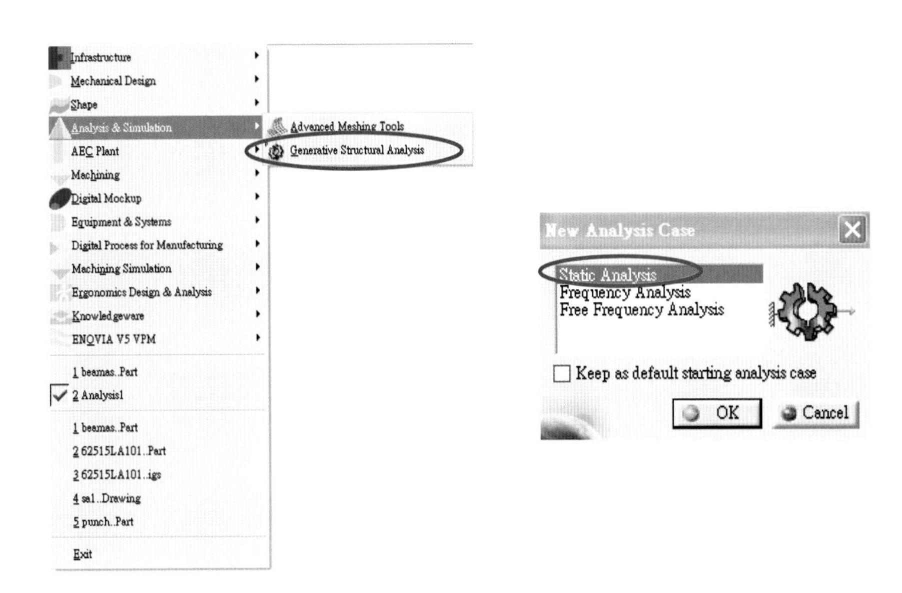

4. 在網格設定方面，利用以樑網格【 Beam Mesher】建立網格，使用 2 mm 的線元素，再利用樑特性【 1D Property】設定元素的斷面性質。本範例樑斷面型式為管，其管外徑為 20 mm、管內徑為 10 mm。

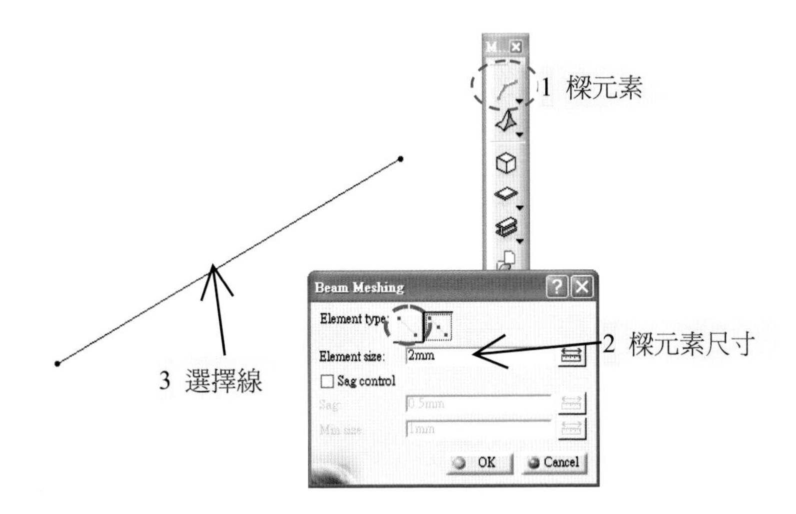

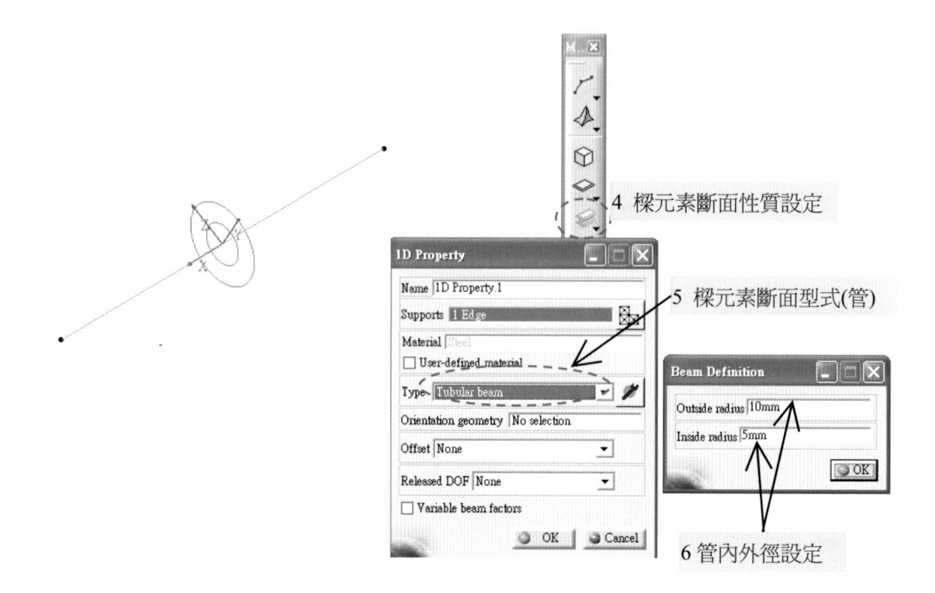

5. 在邊界條件設定部分，假設樑的一端爲固定端，利用固定端【 Clamp】功能鍵將樑的一端固定。

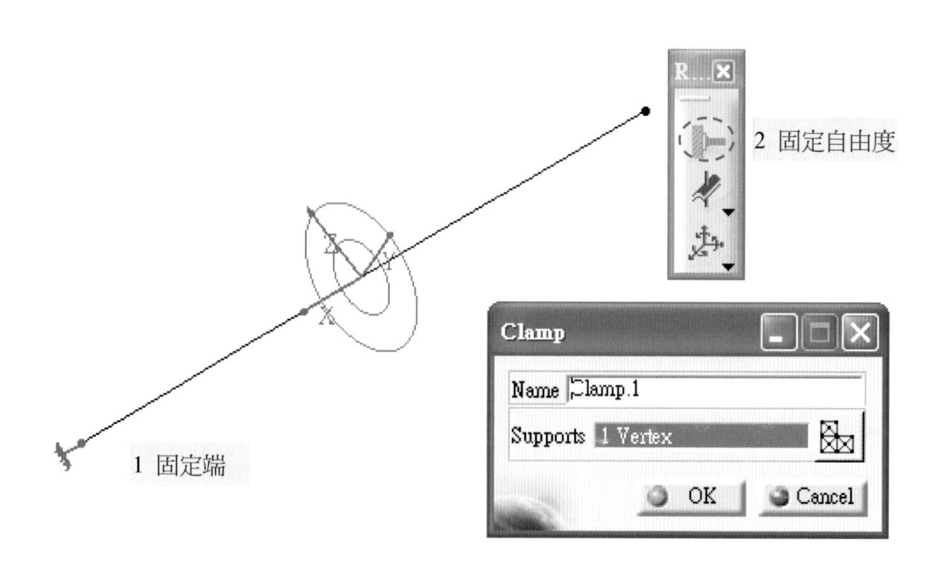

6. 樑本身承受重力，重力的施予可以利用加速度【 Acceleration】功能鍵，在 Z 方向給予一個 $-9.8\ m/s^2$ 的加速度。

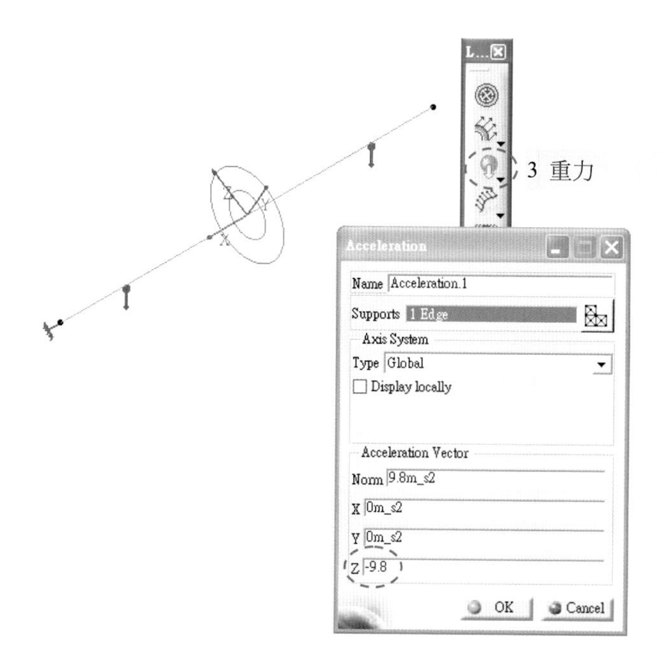

7. 負載設定方面，點選集中荷重【 Distributed Force】，在單內力的分量與方向座標系輸入大小值，在端部的 Z 方向的給予一個 −1000 N 的力。

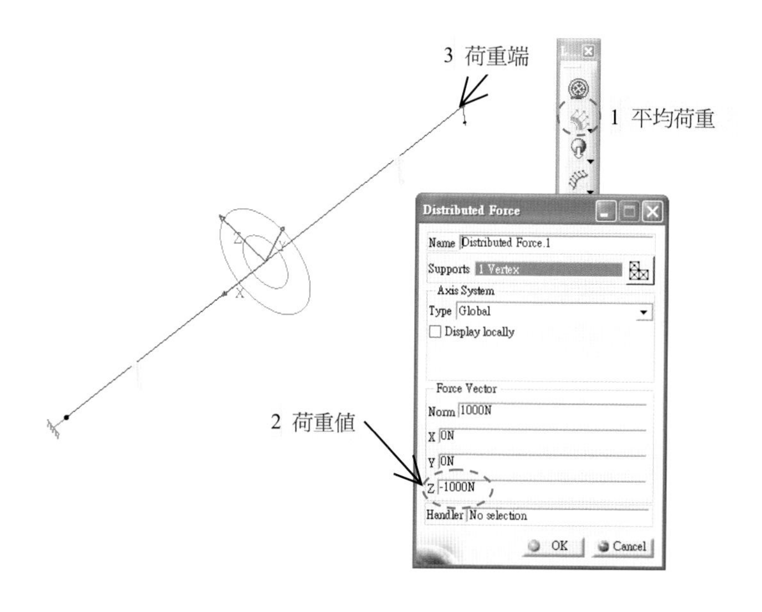

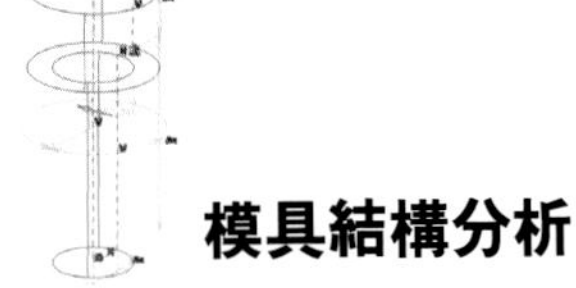

8. 完成前處理設定後，點選計算【 Compute】功能鍵開始求解。

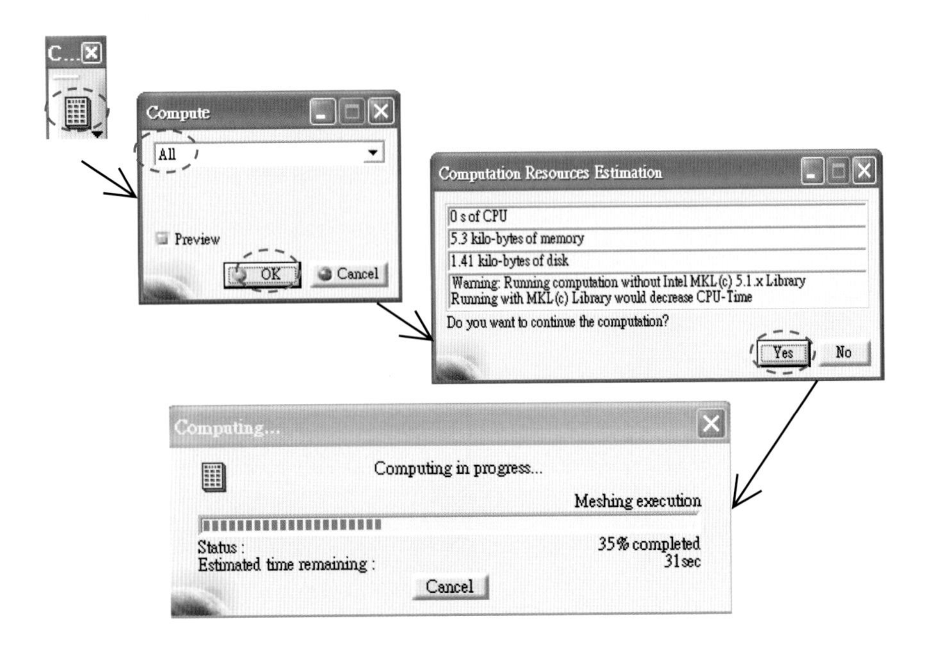

9. 完成求解後，點選位移量【 Displacement】功能鍵，即可顯示位移結果。從結果得知，以有限元素的數值解，最大位移量爲 0.236 mm。

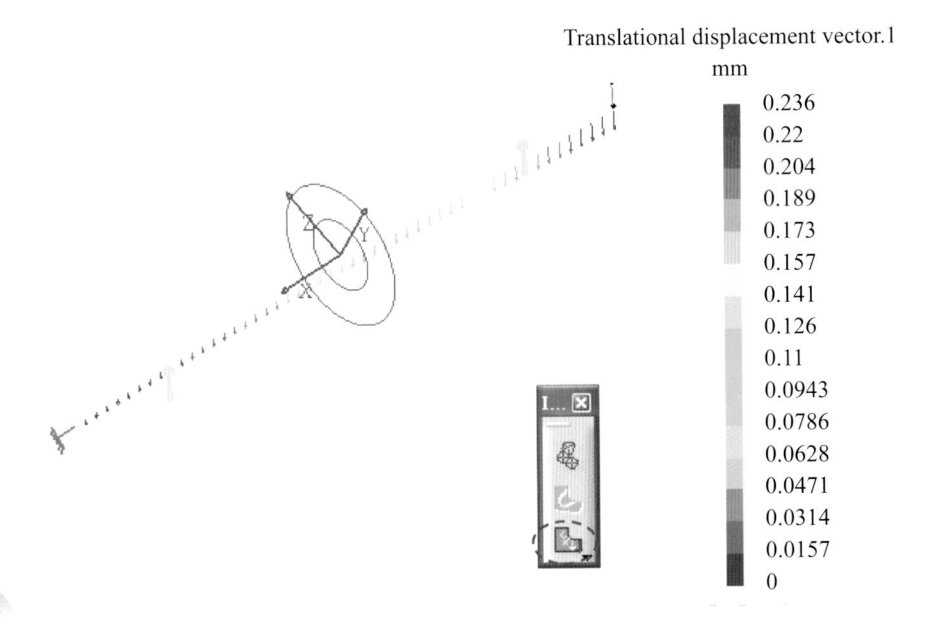

10. 利用材料力學推導之公式解出，如下所示，其最大位移量爲 0.22648 mm

鋼材 E 值為 200 GPa = 200000 MPa

I 值 = $[\pi(20^4 - 10^4)]/64 = 7359$

其最大位移量 $\delta = (FL^3)/(3EI) = (1000*100^3)/(3*200000*7359) = 0.22648$

11. 最大位移量之數值解與解析解相差 0.01 mm。主要是解析解不考慮自重（即無 g 值），但數值解考慮自重。

5.3 實體元素分析操作說明

相關分析規範說明

1. 分析流程

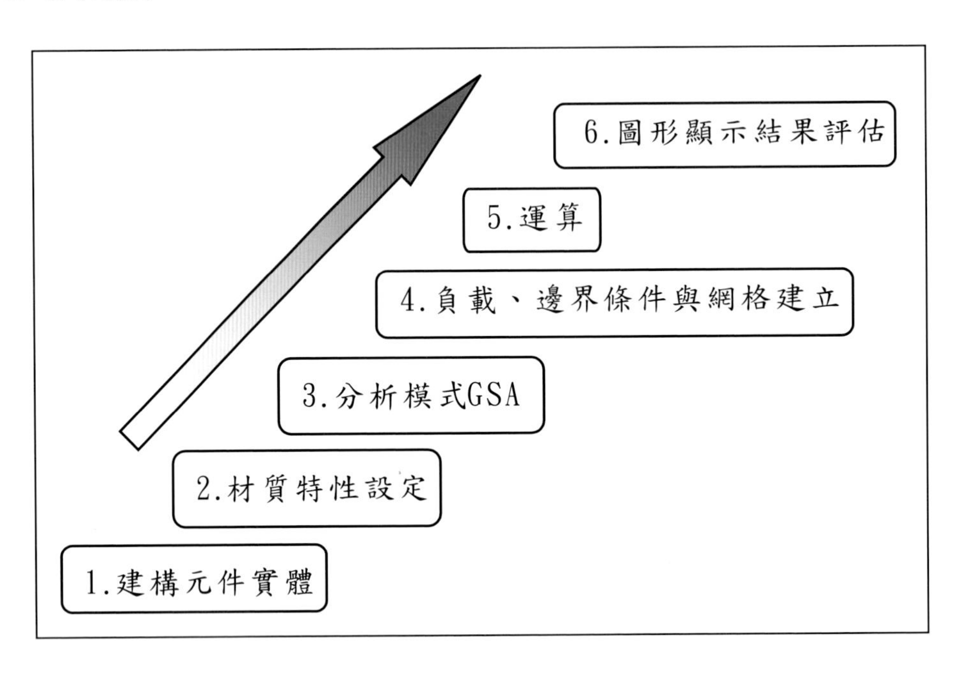

2. 分析範例說明

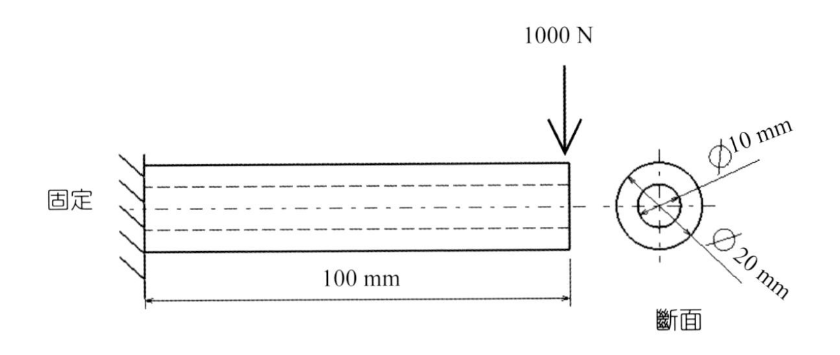

設計軟體操作說明

1. 以零件設計模組【 Part Design】，繪製完成實體模。本範例使用的材質爲鋼材（Steel）。按住【 Apply Material】指令至實體上後放開，即可設定材質。

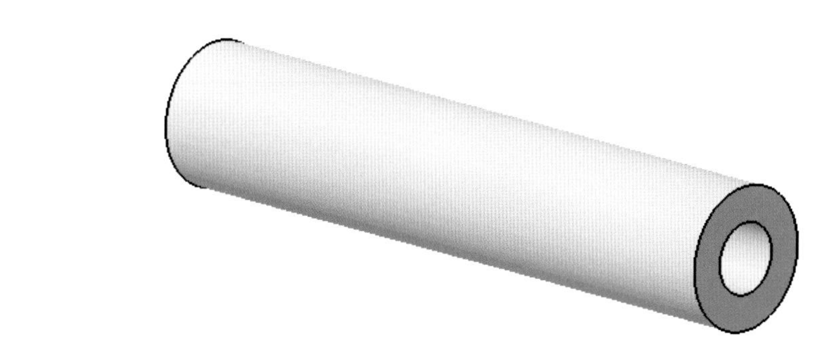

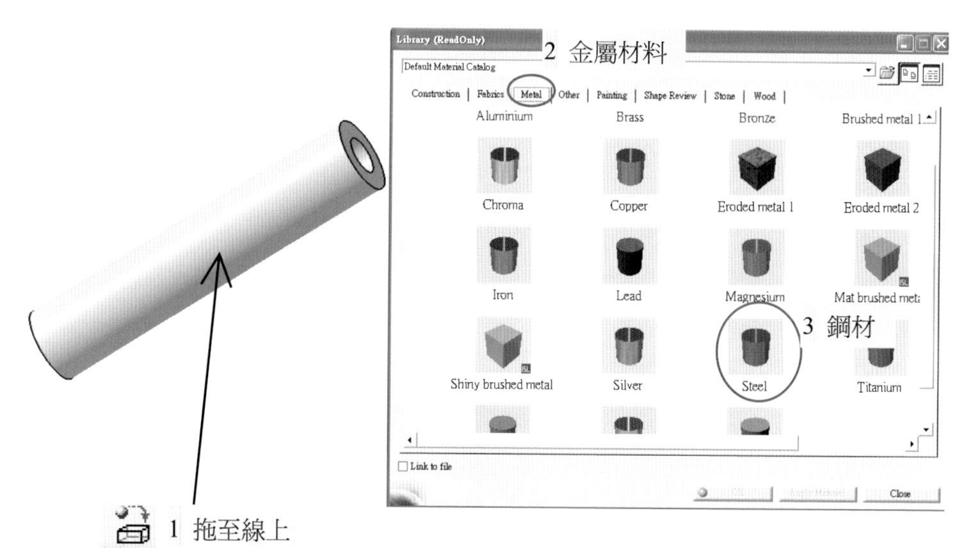

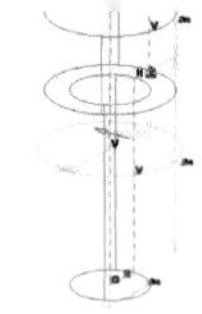

2. 進入 CATIA 結構分析（Generative Structural Analysis，簡稱 GSA）模組。選取靜態分析（Static Analysis）。

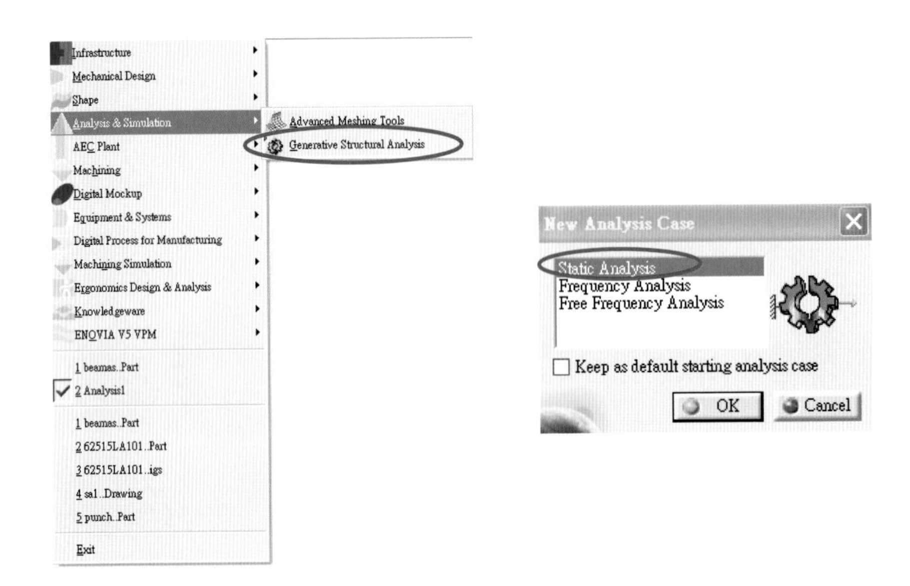

3. 在網格設定方面，利用以四角網格（Octree Tetrahedron Mesher）功能鍵建立實體網格，其實體網格尺寸為 2 mm。

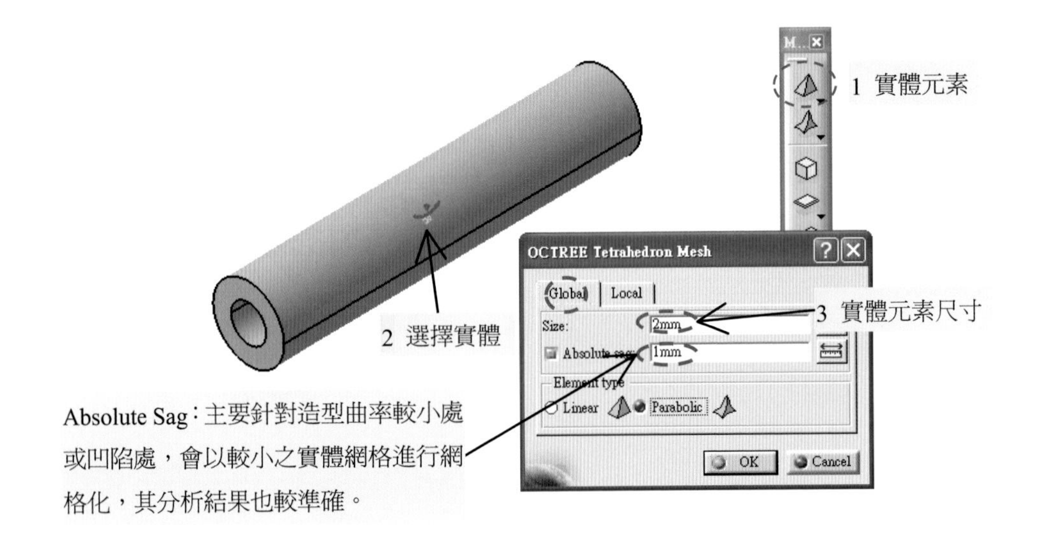

4. 在邊界條件設定部分，假設管狀實體的一端爲固定端，利用固定端【 Clamp】功能鍵將樑的一端固定。

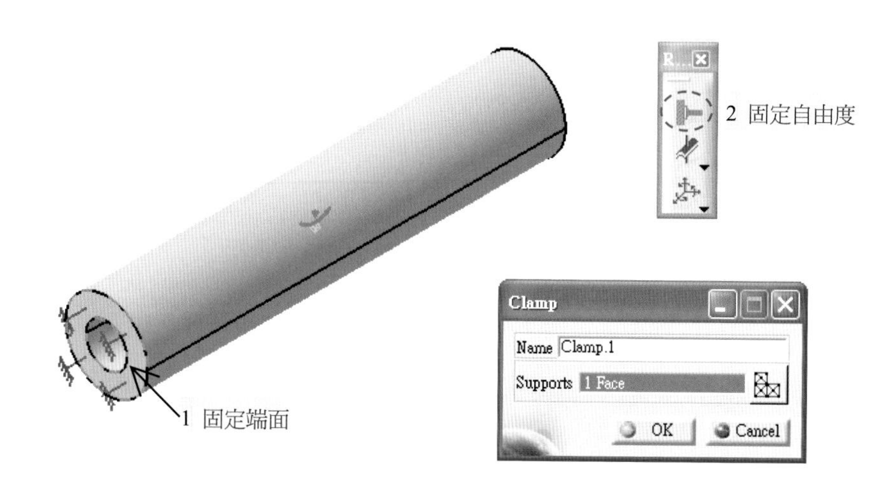

5. 管狀實體本身承受重力，重力的施予可以利用加速度【 Acceleration】功能鍵，在 Z 方向給予一個 $-9.8\ m/s^2$ 的加速度。

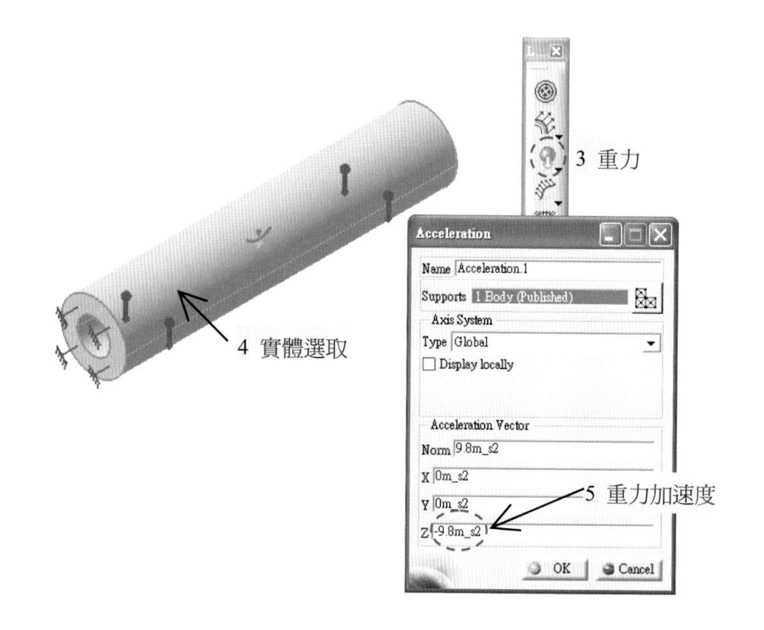

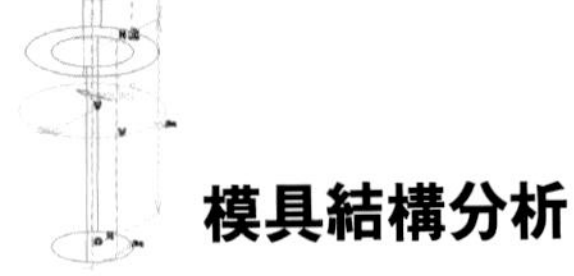

6. 負載條件設定方面，點選集中荷重【 Distributed Force】，在單內力的分量與方向座標系輸入大小值，在端部面的 Z 方向的給予一個 −1000 N 的力。

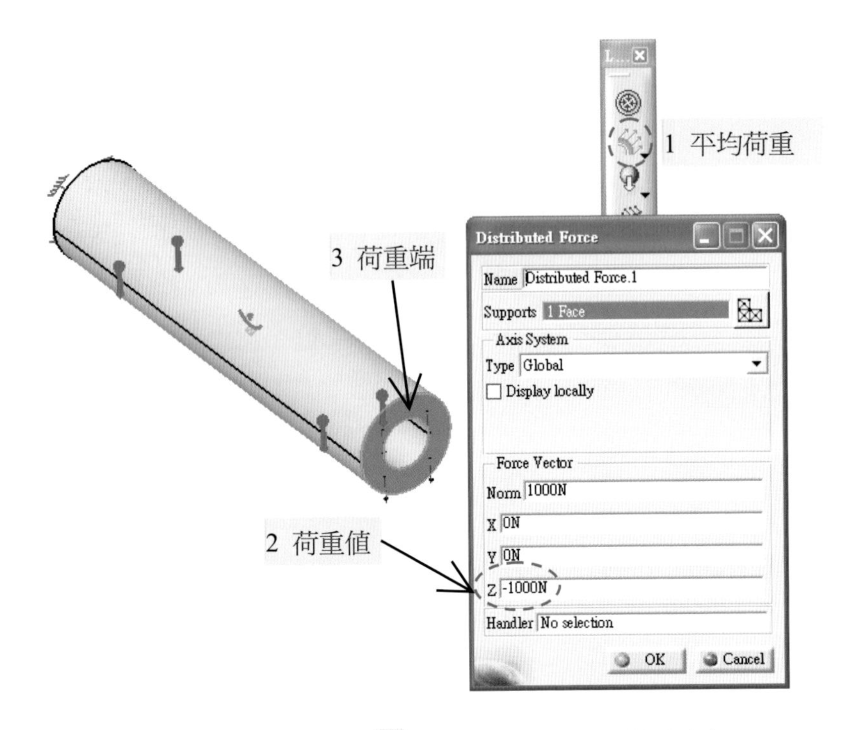

7. 完成前處理設定後，點選計算【 Compute】功能鍵開始求解。

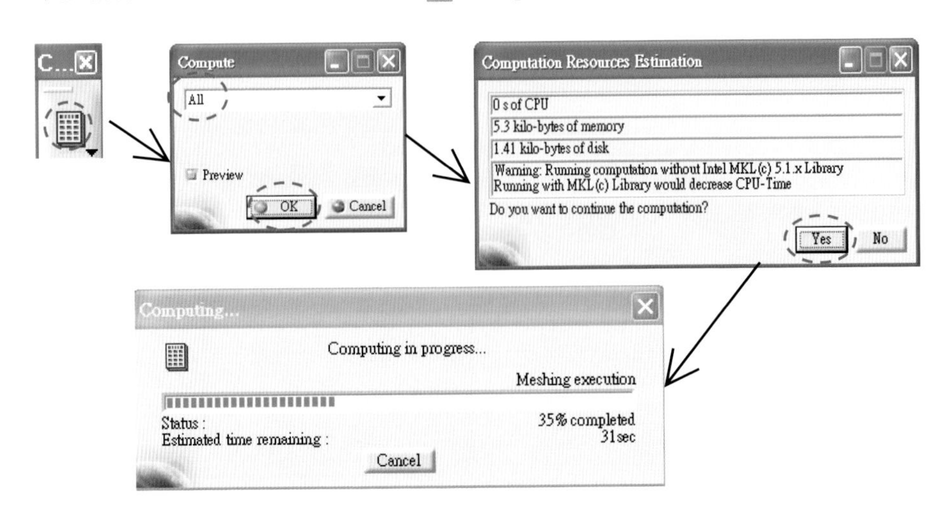

8. 完成求解後，點選位移量【 Displacement】功能鍵，即可顯示位移結果。從結果得知，最大位移量爲 0.236 mm，與線元素分析結果相同。

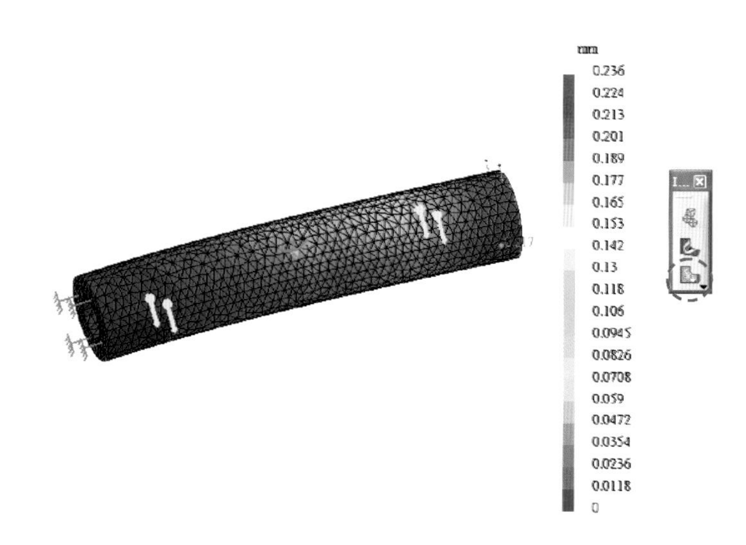

9. 點選位應力【 Von Mises Stress】功能鍵，即可顯示應力結果。從結果得知，利用有限元素之數值解，最大應力爲 147 MPa，未超過鋼材降伏強度 176 MPa。

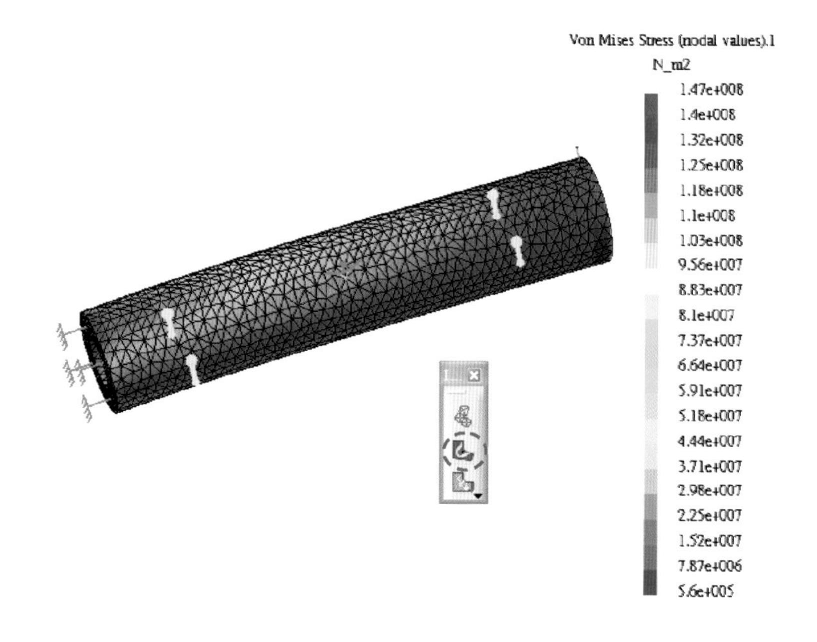

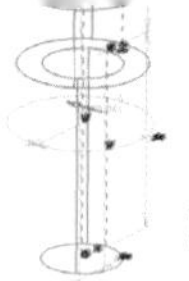

10. 利用材料力學公式求解析解，如下所示，其最大應力值爲 135.812 MPa。

力距值 M = FL = 1000*100 = 10^5 N-mm

I 值 = [π(204 − 104)]/64 = 7359

Y 值 = 10

其最應力值 σ = (MY)/ I = (100000*10)/7359 = 135.89 MPa

11. 最大應力值之解析解與數值解相差 11 MPa。主要是解析解不考慮自重（即無 g 值），但數值解考慮自重。

5.4 模具結構強度分析操作說明

相關分析規範說明

以引伸模具模仁爲範例：

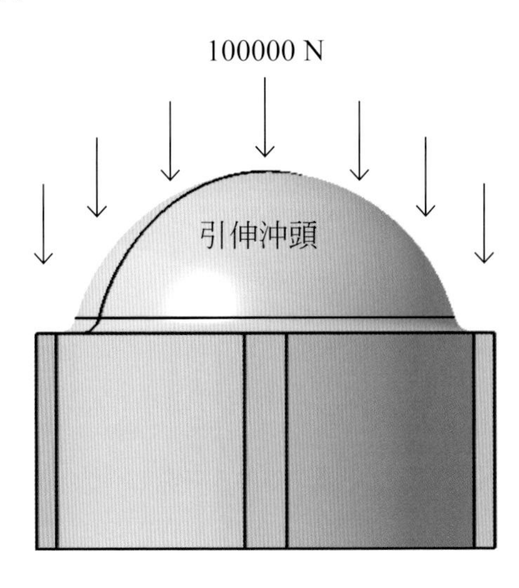

設計軟體操作說明

1. 將前述引伸模之模仁 3D 實體圖檔開啓，本範例使用的材質爲鋼材（Steel）。

   按住【 Apply Material】指令至實體上後放開，即可設定材質。

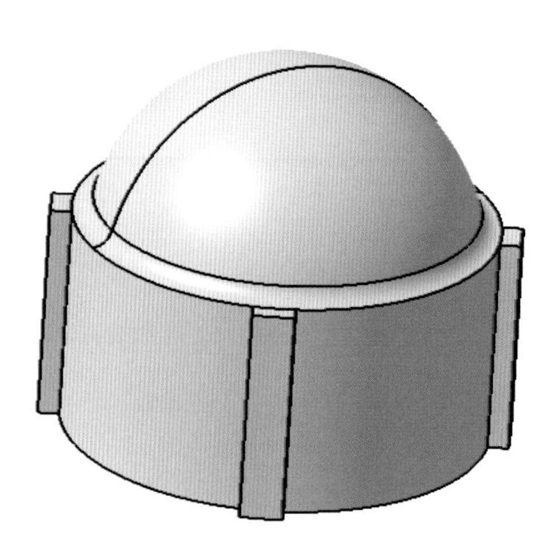

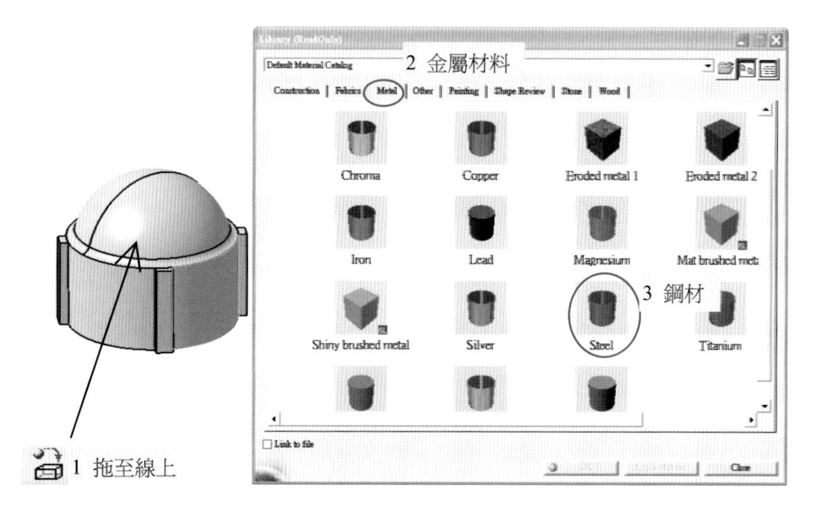

2. 進入 CATIA 結構分析（Generative Structural Analysis，簡稱 GSA）模組。選取靜態分析（Static Analysis）。

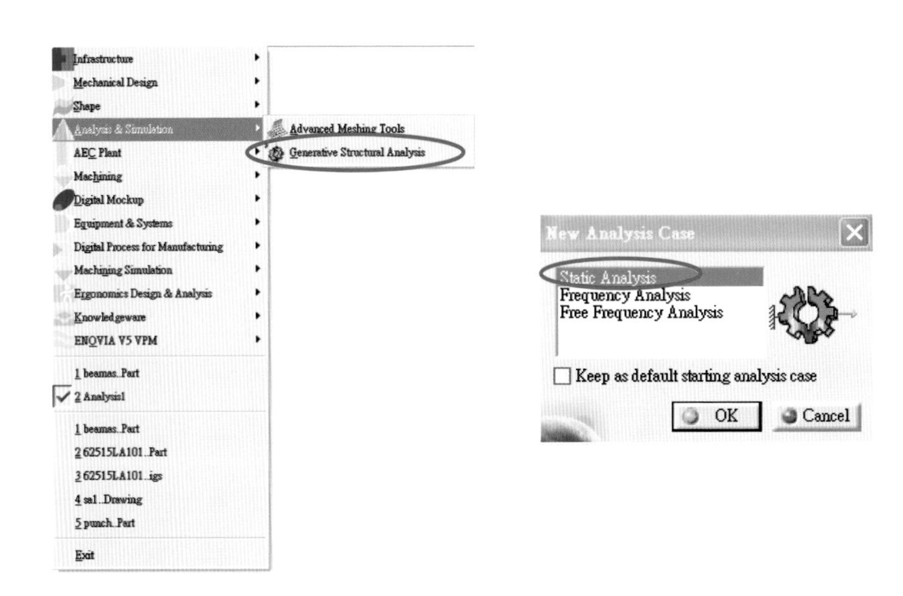

3. 在網格設定方面，利用以四角網格（Octree Tetrahedron Mesher）功能鍵建立實體網格，其實體網格單邊尺寸爲 8 mm。

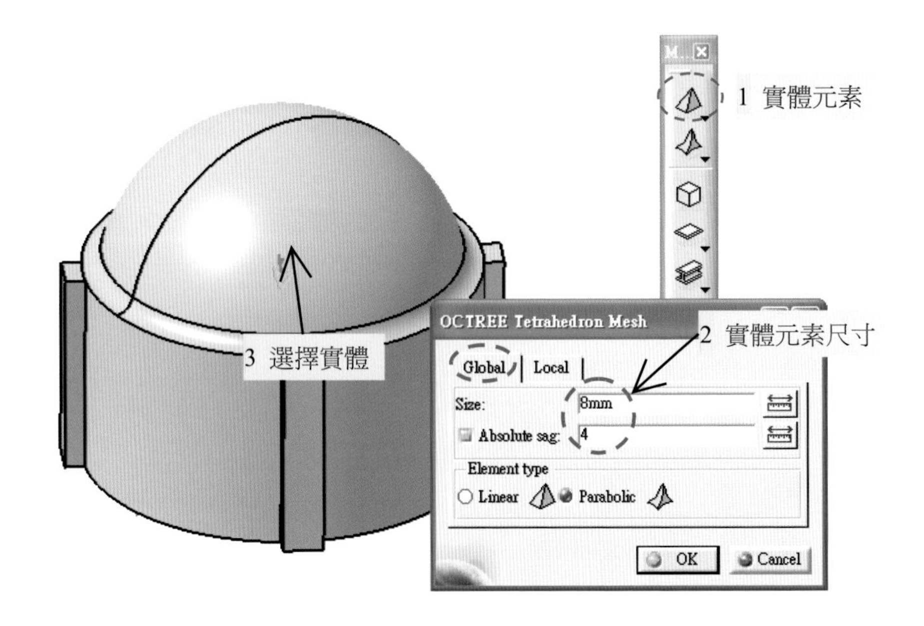

4. 在邊界條件設定部分，假設螺栓孔壁面為固定端，模仁底面為支撐（Z 方向不得移動）。首先以固定功能【 Clamp】鍵將螺栓孔壁面給予固定設定，並於模仁底面以使用者約束功能【 User-Defined Restraint】設定為 Z 方向不得移動。模仁實體本身承受重力，重力的施予可以利用加速度【 Acceleration】功能鍵，在 Z 方向給予一個 -9.8 m/s^2 的加速度。

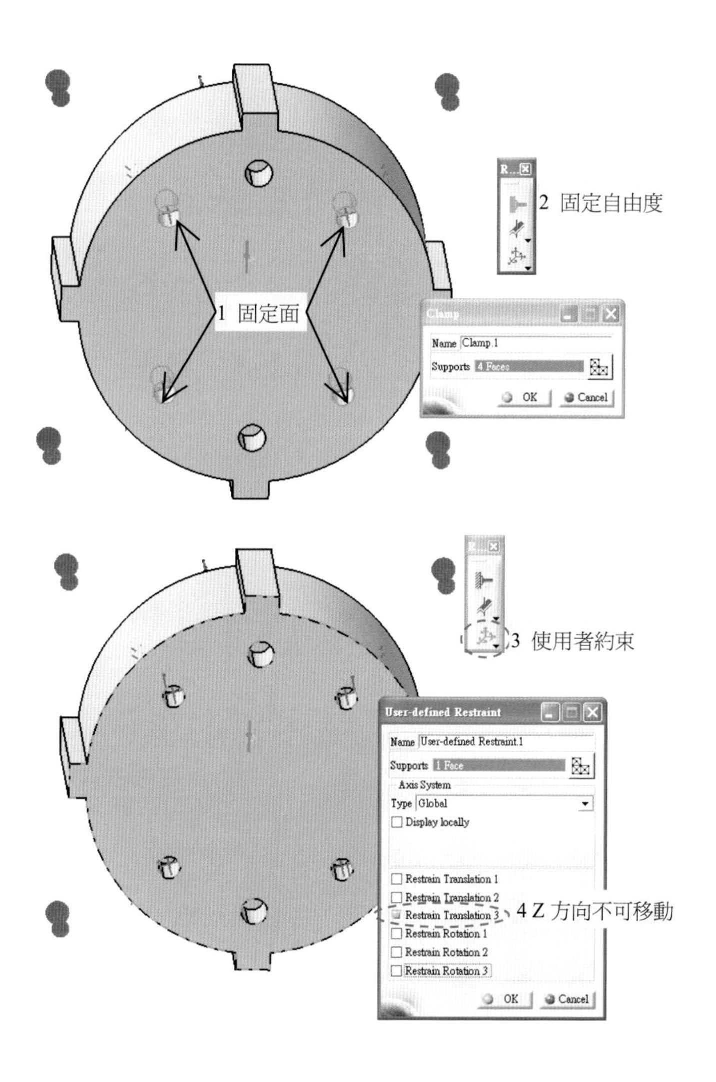

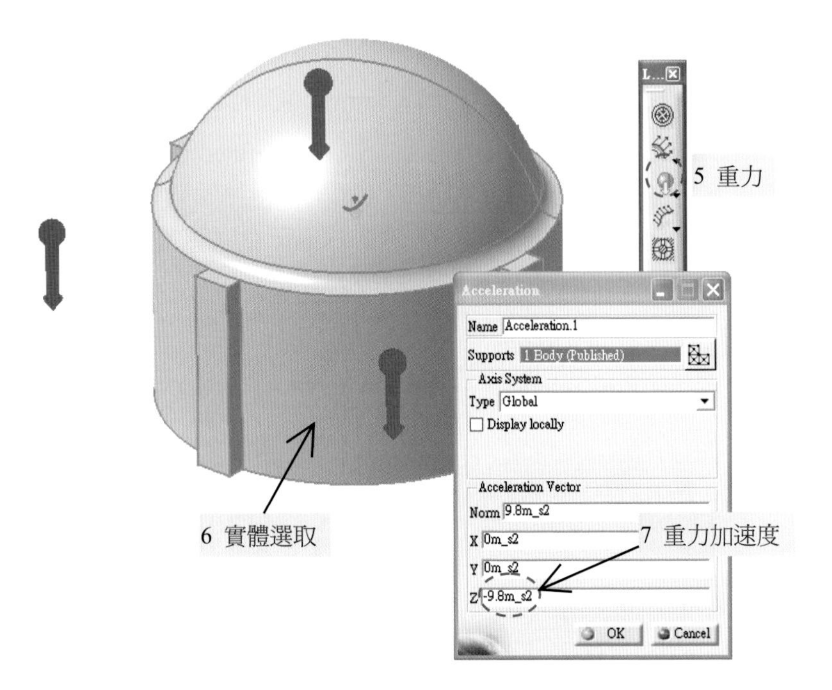

5. 負載設定方面，點選平均荷重【 Distributed Force】，在單內力的分量與方向座標系輸入大小值，在模仁型面部份 Z 方向的給予一個 -100000 N 的力。

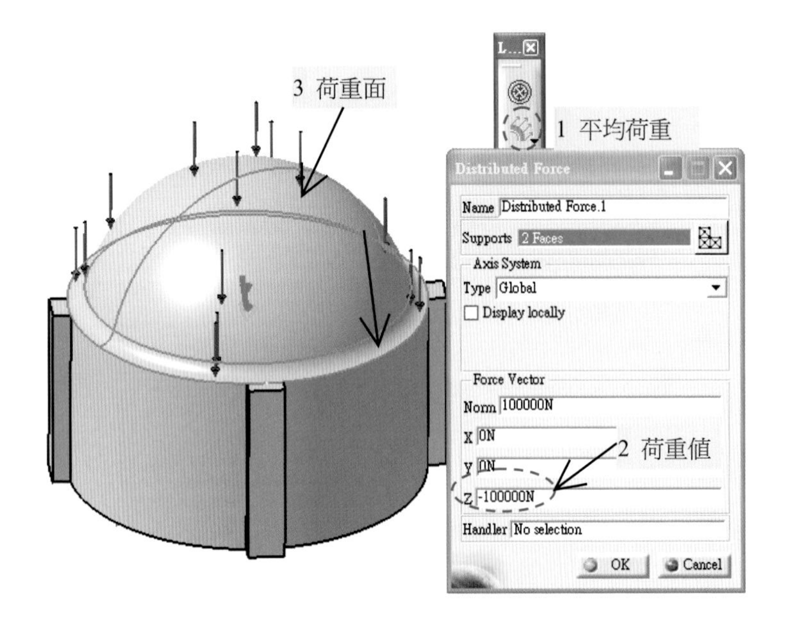

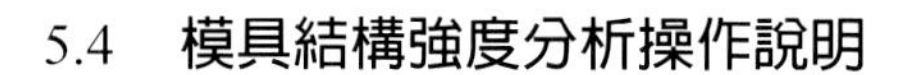

6. 完成前處理設定後，點選計算【 Compute】功能鍵開始求解，CATIA 會依照電腦本身的硬體配備來評估大概需要多少時間；若物件太大，導致網格數量過多，求解時間將會變長。

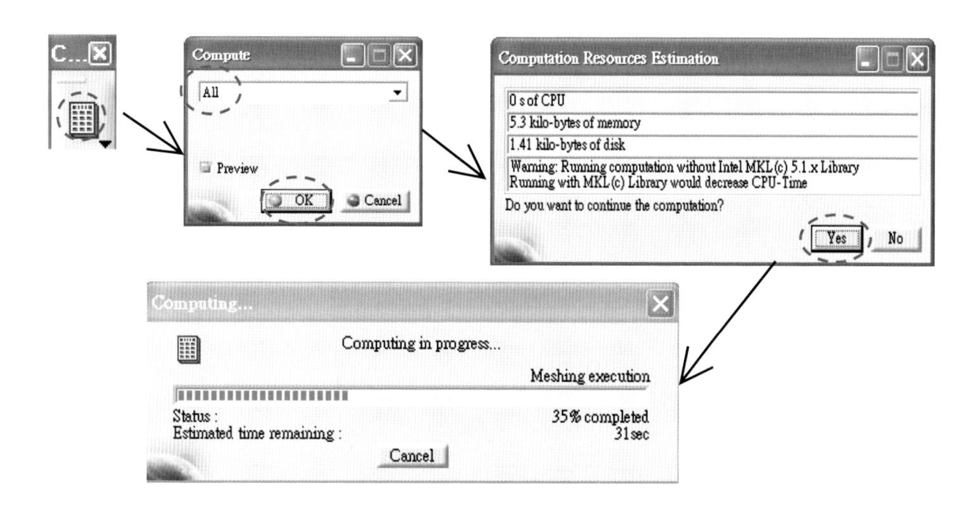

7. 完成求解後，點選位移量功能【 Displacement】，即可顯示位移結果。從結果得知，最大位移量為 0.0029 mm。

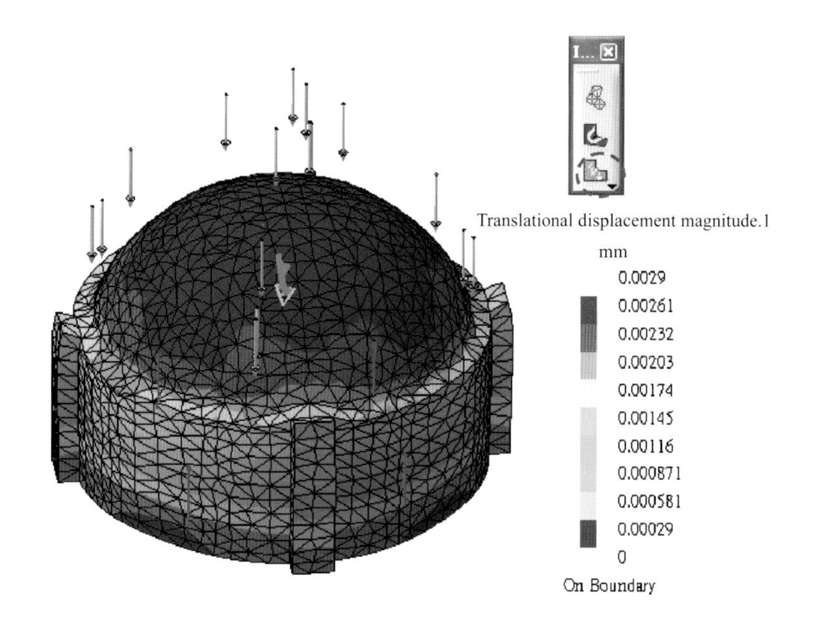

8. 點選位應力【 Von Mises Stress】功能鍵，即可顯示應力結果。從結果得知，最大應力為 37.6 MPa。

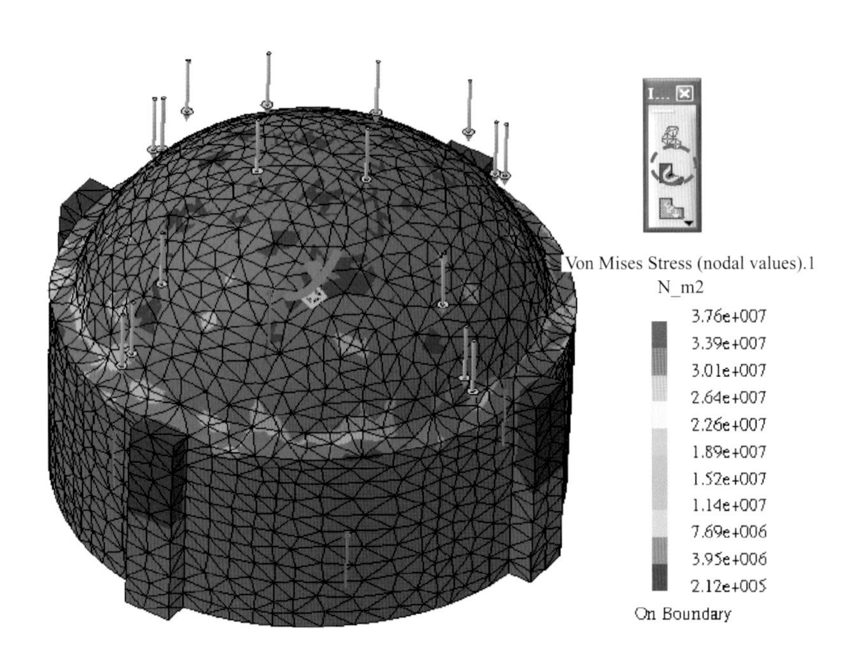

6

標準零件目錄建立與組立

6.1 標準零件目錄建立

6.2 標準零件組立

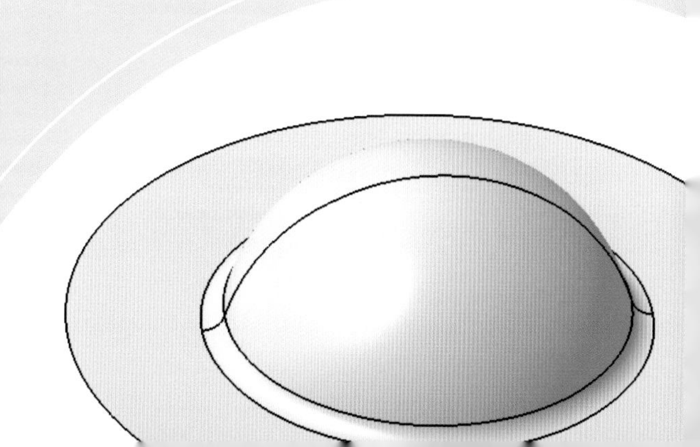

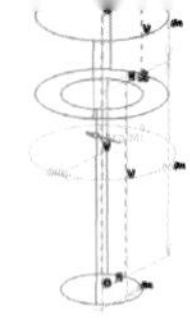

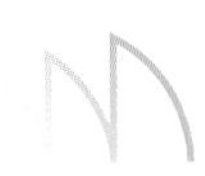

6.1 標準零件目錄建立

1. 沖壓標準零件包括：定位銷、螺栓、導柱、襯套、彈簧…等上百項種類，且每一種標準零件又有數種參數至數千種不同的尺寸規格。一副模具使用標準零件相當繁多，在模具設計時，要逐一繪製會相當費時。所以，大都事先建立參數化標準零件目錄。在設計時，透過標準零件選用，來縮短其設計及組立時間。
2. 建立參數化標準零件目錄，流程如下：

3. 本節以內六角螺栓爲例，建立其標準零件目錄。

設計軟體操作說明

1. 開啓 CATIA 進入 Part Design 模組，並開始繪製與設定內六角螺栓標準零件參數。

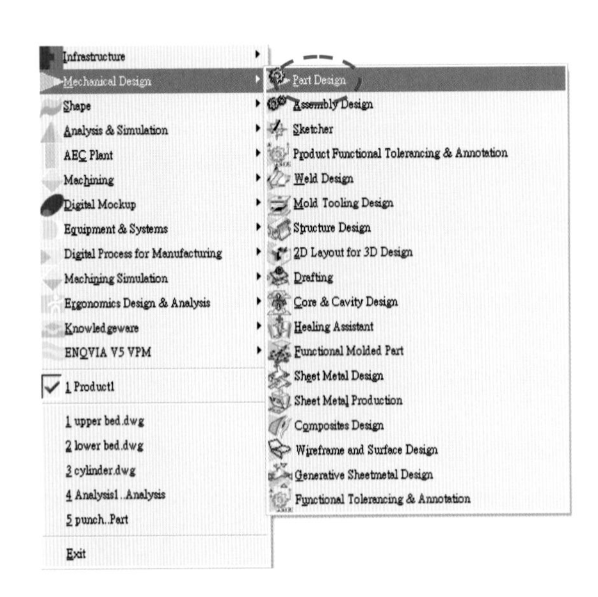

2. 由於沖壓模具所使用之螺栓大部分以 Z 軸方向組立居多，爲了方便螺栓在標準零件組裝，會以 XZ 平面繪製螺栓斷面草圖。由於內六角螺栓除了內六角孔外，爲一旋轉體，因此在繪製斷面時，先不考慮內六角孔，並以 Z 軸爲中心繪製對稱於中心軸之造型。點選【 Sketch】指令並選取 ZX 平面進入草圖。

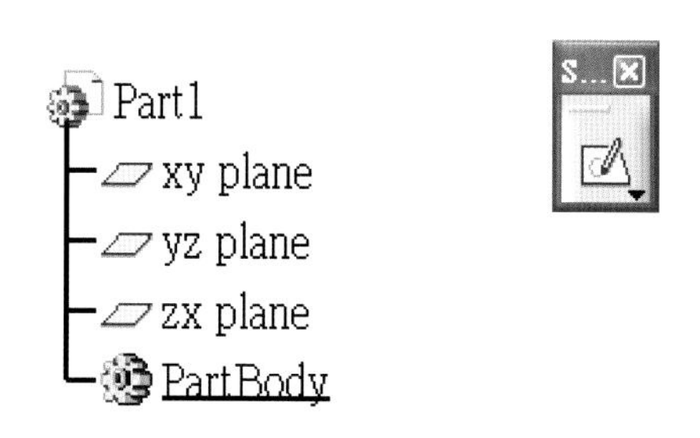

3. 點選【 Profile】指令繪製螺栓零件草圖，並點選【 Constraint】指令，依標準零件尺寸規格拘束草圖，亦即只需直接拘束即可，不必修改其尺寸。

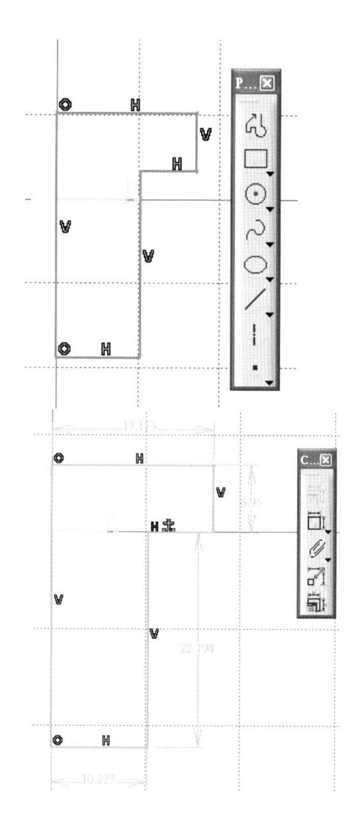

4. 點選【 f(x) Formulas】指令，在表中 New Parameter of type 旁的選單選擇 Length。同時在 Edit name or value of the current parameter 下方空格內依據螺栓各尺寸規格代號與數值填入，如 CB8-20 標準 M8 螺栓零件，M 表示螺栓公稱直徑，牙徑，其值爲 8；L 表示螺栓牙長，其值爲 20；A 表示螺栓頭直徑，其值爲 13；E 表示螺栓頭高度，其值爲 8；B 表示螺栓頭之內正六角平行邊距離，其值爲 6。依序完成螺栓標準零件各尺寸參數設定。

	M(mm)	L(mm)	A(mm)	E(mm)	B(mm)
CB8-20	8	20	13	8	6
CB8-22	8	22	13	8	6
CB8-25	8	25	13	8	6
CB8-30	8	30	13	8	6
CB8-35	8	35	13	8	6
CB8-40	8	40	13	8	6
CB8-45	8	45	13	8	6
CB8-50	8	50	13	8	6
CB8-55	8	55	13	8	6
CB8-60	8	60	13	8	6
CB8-65	8	65	13	8	6

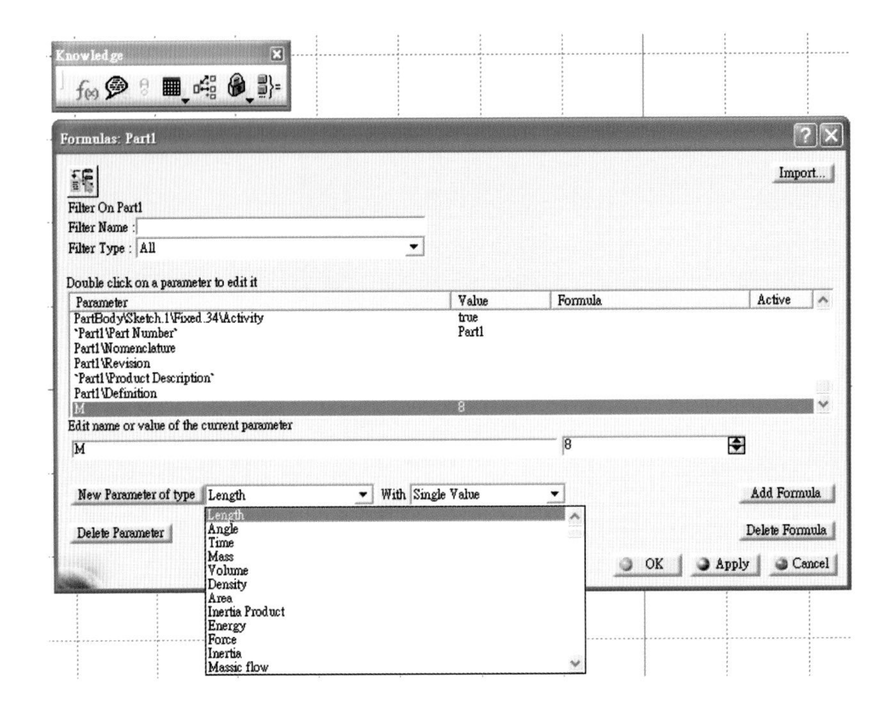

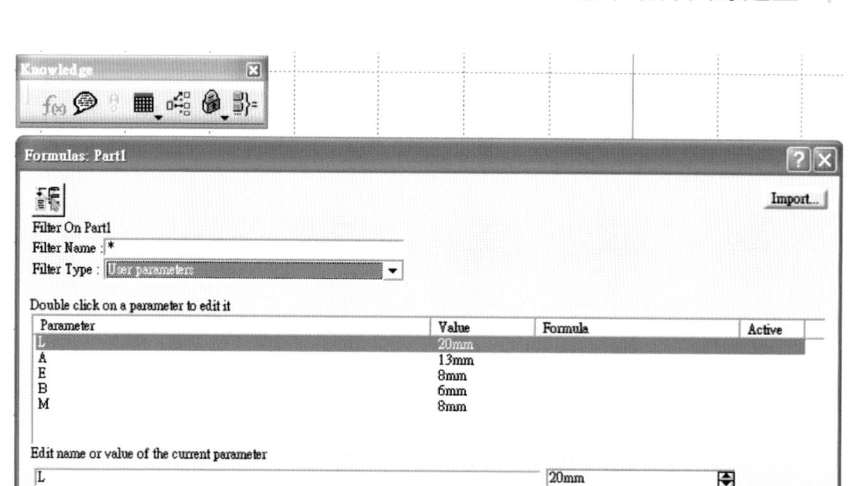

5. 點選已拘束之尺寸兩次（螺栓頭直徑 A）進入修改尺寸選單中，在 Value 旁邊空格處按滑鼠右鍵選擇 Edit formula，選取該拘束之尺寸之參數值 A（螺栓頭直徑）。由於草圖為軸對稱尺寸，所以在第二列空白欄處填入 A/2，螺栓牙直徑 M 也需填入 M/2。

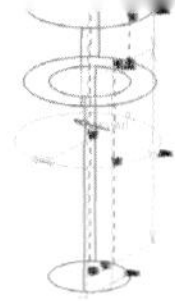

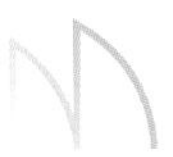

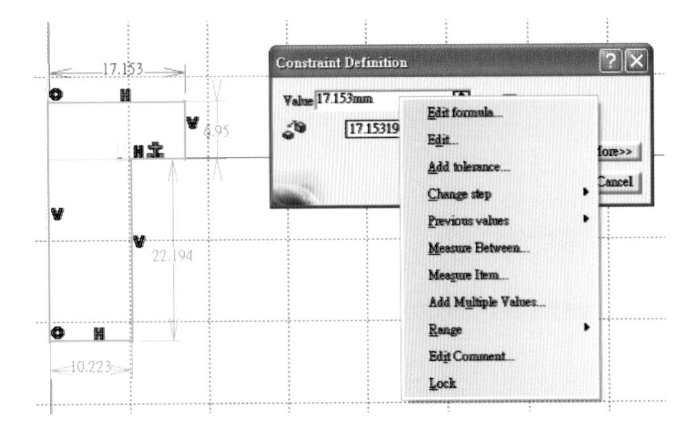
17.153
6.95
22.194
10.223
Constraint Definition
Value 17.153mm
17.15319
Edit formula...
Edit...
Add tolerance...
Change step
Previous values
Measure Between...
Measure Item...
Add Multiple Values...
Range
Edit Comment...
Lock
Cancel

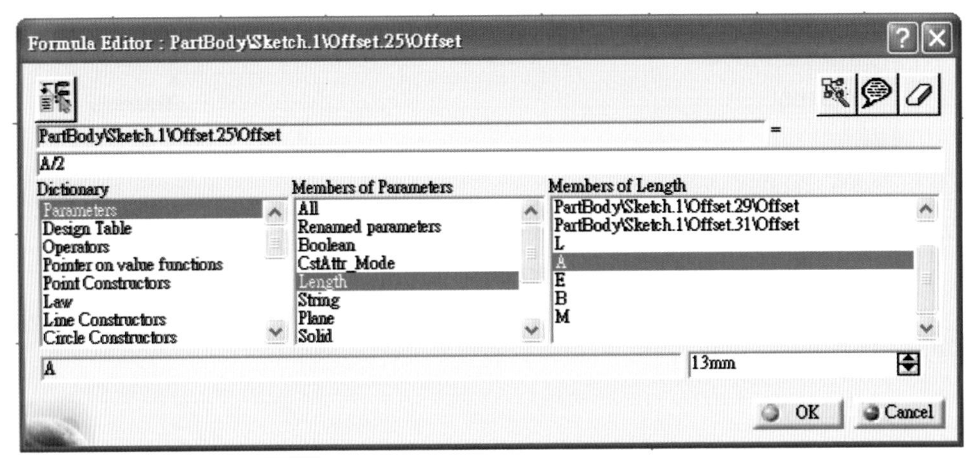
Formula Editor : PartBody\Sketch.1\Offset.25\Offset
PartBody\Sketch.1\Offset.25\Offset
=
A/2
Dictionary
Parameters
Design Table
Operators
Pointer on value functions
Point Constructors
Law
Line Constructors
Circle Constructors
Members of Parameters
All
Renamed parameters
Boolean
CstAttr_Mode
Length
String
Plane
Solid
Members of Length
PartBody\Sketch.1\Offset.29\Offset
PartBody\Sketch.1\Offset.31\Offset
L
A
E
B
M
A
13mm
OK
Cancel

6. 參數設定完成點選【 Exit workbench】指令離開草圖後，點選【 Shaft】指令，選取斷面草圖後，以 Z 軸旋轉 360 度完成實體部份。

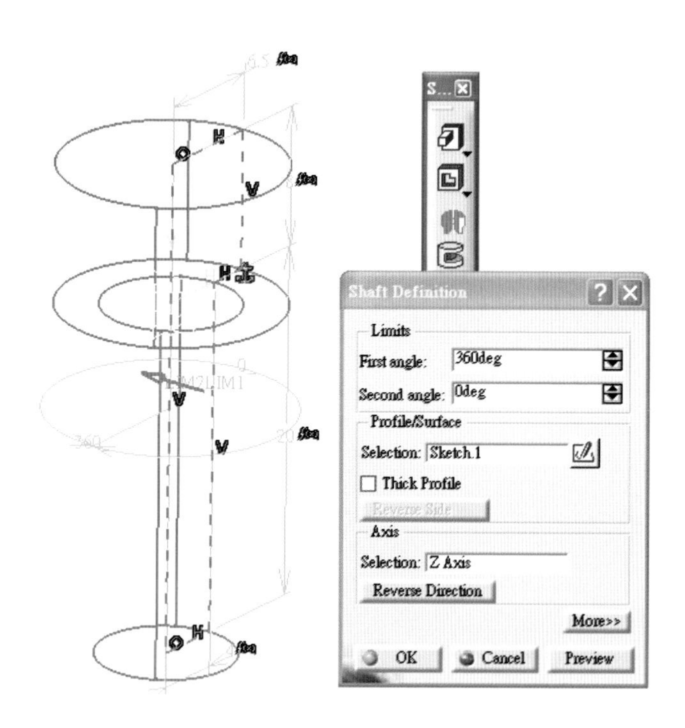

7. 以螺栓頭頂面爲基準點，選【 Hexagon】指令繪製螺栓頭之內六角孔，並點選【 Constraint】指令，依標準零件尺寸規格拘束草圖，亦即只需直接拘束即可，不必修改其尺寸。接下來點選已拘束之尺寸兩次（螺栓頭之內正六角平行邊距離 B）進入修改尺寸選單中，在 Value 旁邊空格處按滑鼠右鍵選擇 Edit formula，選取該拘束之尺寸之參數值 B（螺栓頭之內正六角平行邊距離）。並在第二列空白欄處填入 B，即完成螺栓頭之內正六角孔尺寸參數設定。

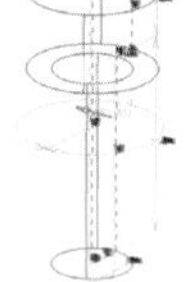

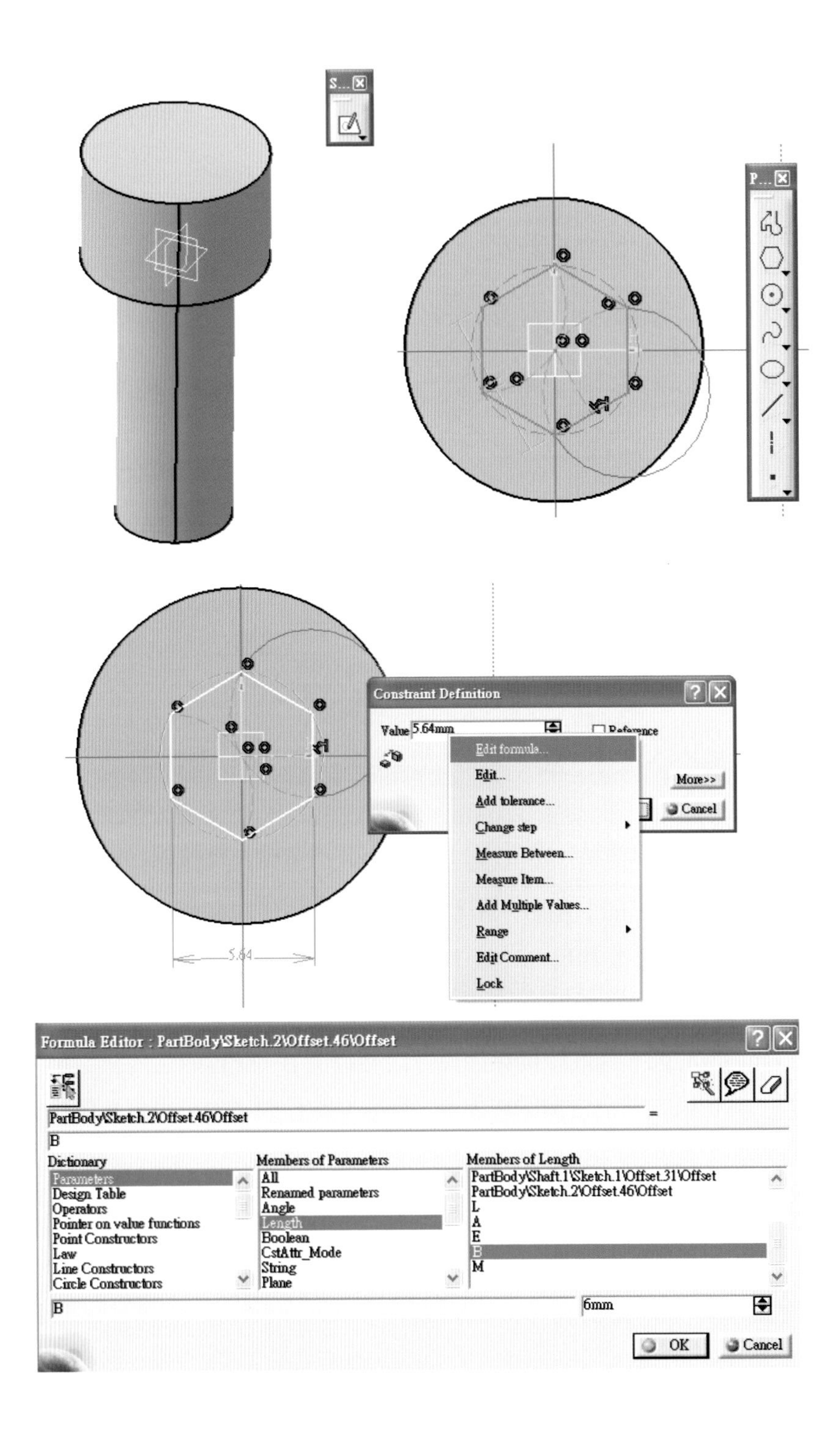

Constraint Definition
Value 5.64mm
Reference
Edit formula...
Edit...
Add tolerance...
Change step
Measure Between...
Measure Item...
Add Multiple Values...
Range
Edit Comment...
Lock
More>>
Cancel
5.64
Formula Editor : PartBody\Sketch.2\Offset.46\Offset
PartBody\Sketch.2\Offset.46\Offset
=
B
Dictionary
Parameters
Design Table
Operators
Pointer on value functions
Point Constructors
Law
Line Constructors
Circle Constructors
Members of Parameters
All
Renamed parameters
Angle
Length
Boolean
CstAttr_Mode
String
Plane
Members of Length
PartBody\Shaft.1\Sketch.1\Offset.31\Offset
PartBody\Sketch.2\Offset.46\Offset
L
A
E
B
M
B
6mm
OK
Cancel

8. 點選【 Pocket】指令來挖除螺栓頭之內正六角孔，其深度爲 0.6 倍之螺栓頭高度。所以在挖槽深度值設定欄位按右鍵進入修改尺寸選單中，選擇 Edit formula，選取該拘束之尺寸之參數值 E（螺栓頭高度）。並在第二列空白欄處填入 0.6*E，即完成螺栓頭之內正六角孔深渡尺寸參數設定。然後在建立一個名稱爲 CB 的資料夾，並將實體檔名更改與資料夾相同之檔名 CB.CATpart。

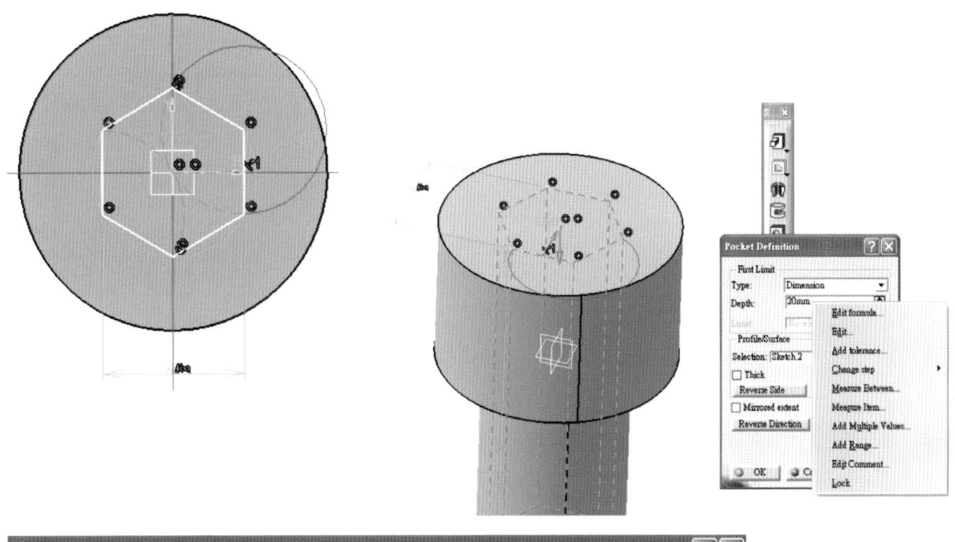

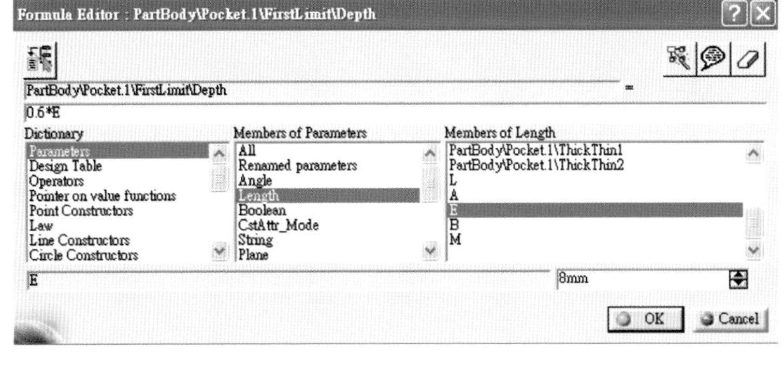

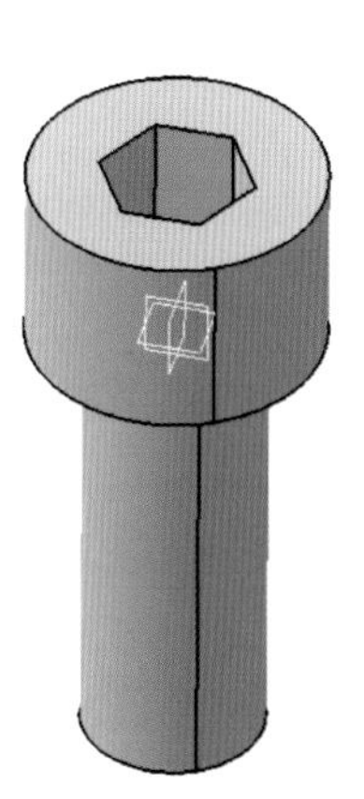

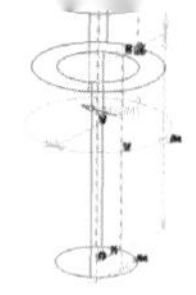

9. 接下來進行標準零件參數表之建立，點選【 Design table】指令，勾選 Create a design table with current parameter values 後，按下 OK。

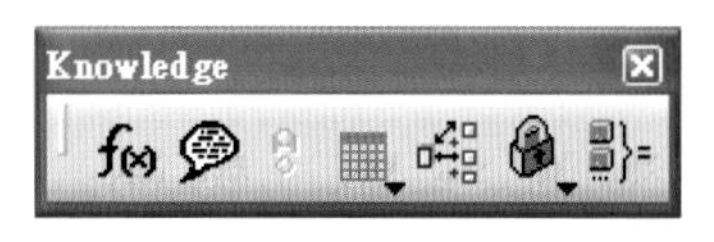

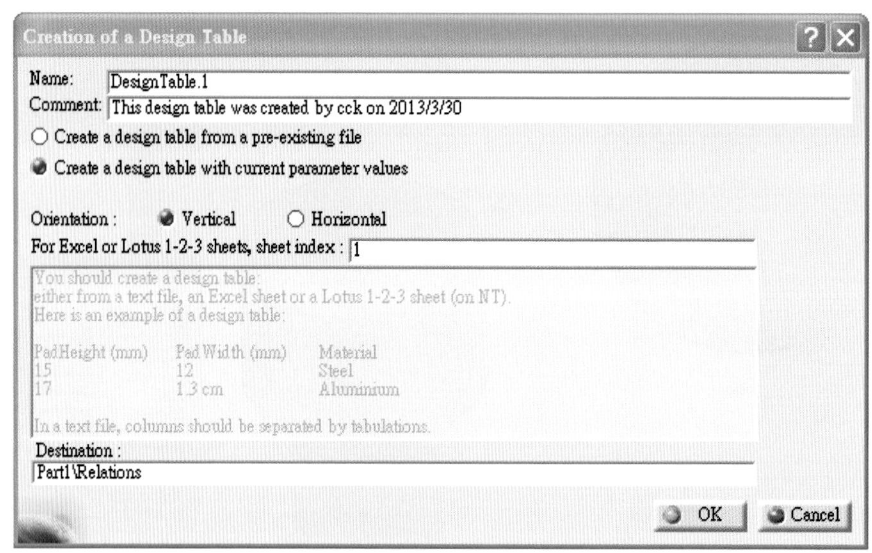

10. 完成後，在 Filter Type 選擇 Renamed parameters，再將 Parameters to insert 裡面所有參數，依序 M、L、A、E、B 移至 Inserted parameters，然後按 OK。

Select parameters to insert
Filter On Part1
Filter Name : *
Filter Type : Length
Parameters to insert
PartBody\Shaft.1\ThickThin1
PartBody\Shaft.1\ThickThin2
PartBody\Shaft.1\Sketch.1\Offset.25\Offset
PartBody\Shaft.1\Sketch.1\Offset.27\Offset
PartBody\Shaft.1\Sketch.1\Offset.29\Offset
PartBody\Shaft.1\Sketch.1\Offset.31\Offset
PartBody\Pocket.1\FirstLimit\Depth
PartBody\Pocket.1\SecondLimit\Depth
PartBody\Pocket.1\ThickThin1
PartBody\Pocket.1\ThickThin2
Inserted parameters
M
L
A
E
B
OK
Cancel

11. 將檔案儲存於跟實體相同位置的資料夾，命名爲 CB.xls，並修改 Excel 檔，如圖所示，最後儲存並關閉 CATpart 檔。

12. 以 Excel 打開標準零件參數檔 CB.xls，在第一欄位處必需打上零件碼（PartNumber），並將其他規格依序填入，最後再儲存關閉。

	A	B	C	D	E	F
1	PartNumber	M (mm)	L (mm)	A (mm)	E (mm)	B (mm)
2	CB8-20	8	20	13	8	6
3	CB8-30	8	30	13	8	6
4	CB8-50	8	50	13	8	6
5						

13. 接下來進入目錄編輯（Catalog Editor）模組，以目錄（Catalog）進行標準零件目錄建立。首先，點選【 Add Part Family】指令，然後點選 Select Document，匯入建構完成的螺栓 CATpart 檔案。連點右邊選框的 PartFamily.2 兩下，再按下 Preview 進行預覽。儲存爲 Catalog 檔，並將檔名命名爲 CB，按下 OK 完成 Catalog 檔建立及儲存。

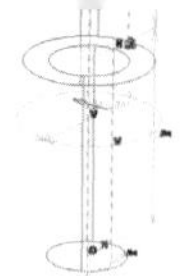

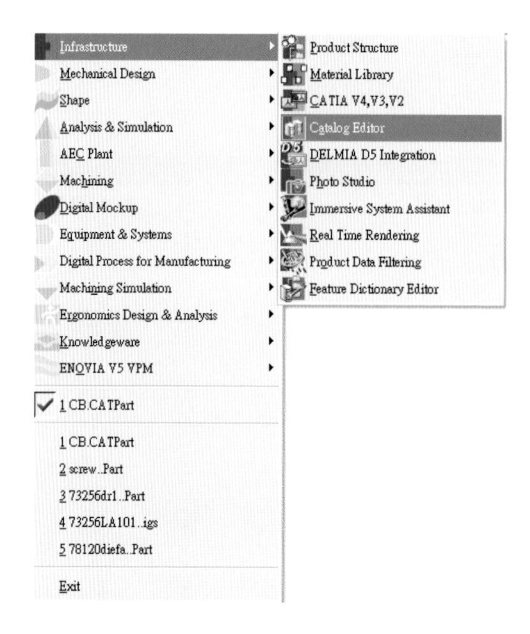
Infrastructure
Mechanical Design
Shape
Analysis & Simulation
AEC Plant
Machining
Digital Mockup
Equipment & Systems
Digital Process for Manufacturing
Machining Simulation
Ergonomics Design & Analysis
Knowledgeware
ENOVIA V5 VPM
1 CB.CATPart
1 CB.CATPart
2 screw..Part
3 73256dr1..Part
4 73256LA101..igs
5 78120diefa..Part
Exit
Product Structure
Material Library
CATIA V4,V3,V2
Catalog Editor
DELMIA D5 Integration
Photo Studio
Immersive System Assistant
Real Time Rendering
Product Data Filtering
Feature Dictionary Editor

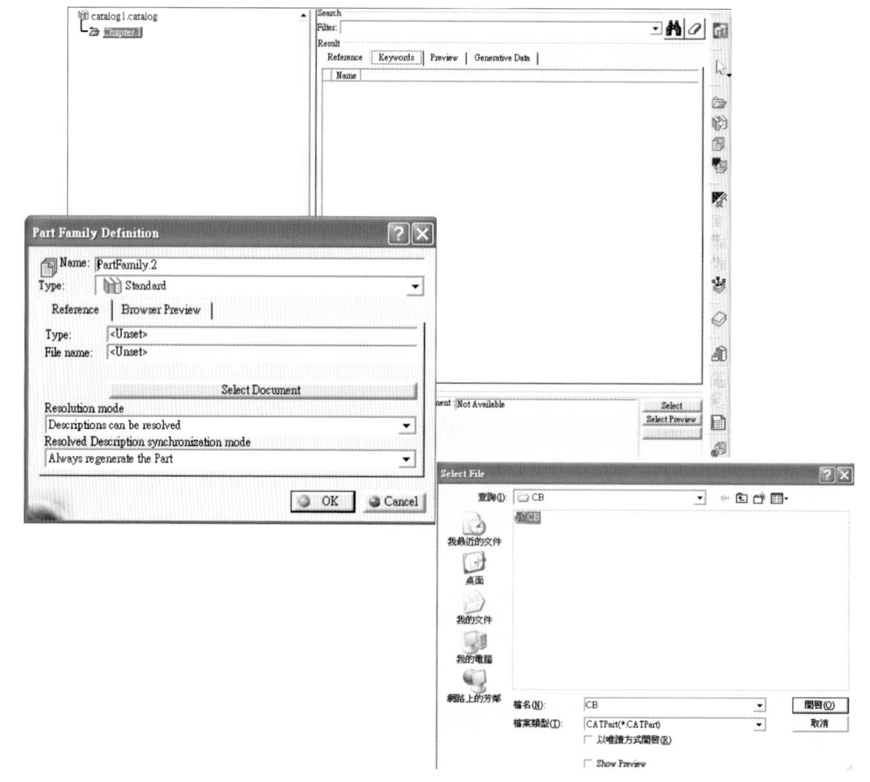
catalog1.catalog
Search
Filter:
Result
Reference
Keywords
Preview
Generative Data
Name
Part Family Definition
Name:
PartFamily.2
Type:
Standard
Reference
Browser Preview
Type:
<Unset>
File name:
<Unset>
Select Document
Resolution mode
Descriptions can be resolved
Resolved Description synchronization mode
Always regenerate the Part
OK
Cancel
Not Available
Select
Select Preview
Select File
查詢(I):
CB
我最近的文件
桌面
我的文件
我的電腦
網路上的芳鄰
檔名(N):
CB
檔案類型(T):
CATPart(*.CATPart)
以唯讀方式開啟(R)
Show Preview
開啟(O)
取消

6.2 標準零件組立

1. 本節以引伸模其鎖固螺栓爲例，說明標準零件組立。引伸模具之鎖固螺栓在標準零件目錄中規格代碼爲 CB。依 2-1 章節中所述：上模座與模穴以四支 M10- 長 25 mm 螺栓鎖固（標準編號：CB10-25）；下模座與模仁以四支 M12- 長 45 mm 螺栓鎖固（標準編號：CB12-45）。

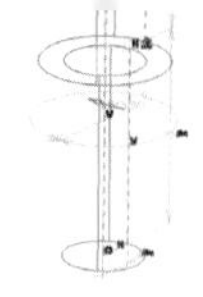

2. 開啓引伸模組立檔 drawing_die.CATPoruct，即進入 Assembly Design 模組。

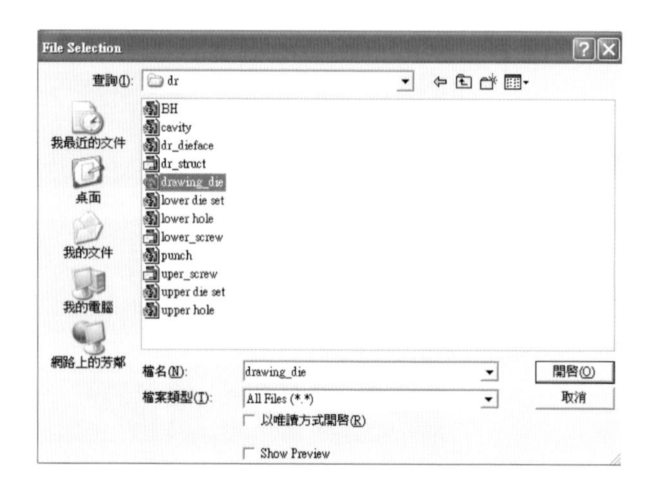

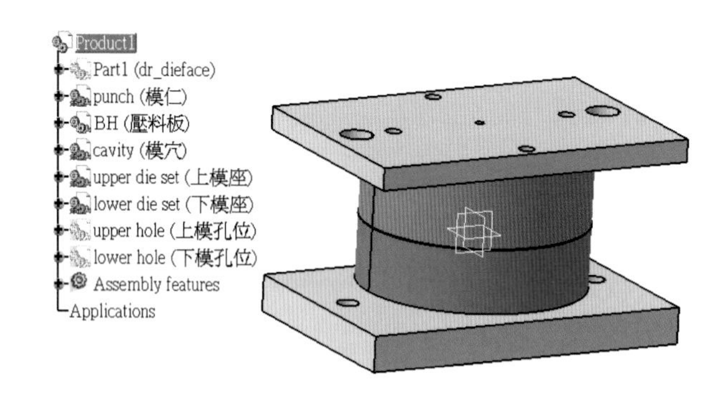

3. 點選【 Catalog Browser】開啓目錄檔後，選取螺栓標準零件目錄，並選擇所需要之螺栓規格 CB10-25 進行組立作業。由於該規格螺栓需四支，故勿選取四次；只須將組立模組中 CB10-25 規格螺栓零件處按右鍵複製，並於 Product 處按右鍵貼上另三次即完成四支螺栓匯入，以利 BOM 表輸出時能自動統計數量。

Tools
PartBody

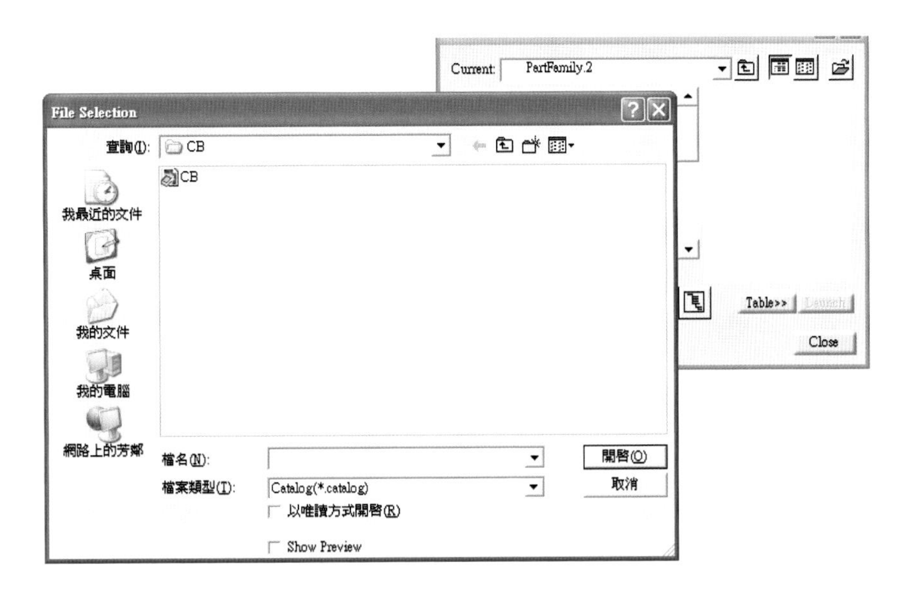
Current: PartFamily.2
Table>>
Launch
Close
File Selection
查詢(I): CB
CB
我最近的文件
桌面
我的文件
我的電腦
網路上的芳鄰
檔名(N):
檔案類型(T): Catalog(*.catalog)
以唯讀方式開啓(R)
Show Preview
開啓(O)
取消

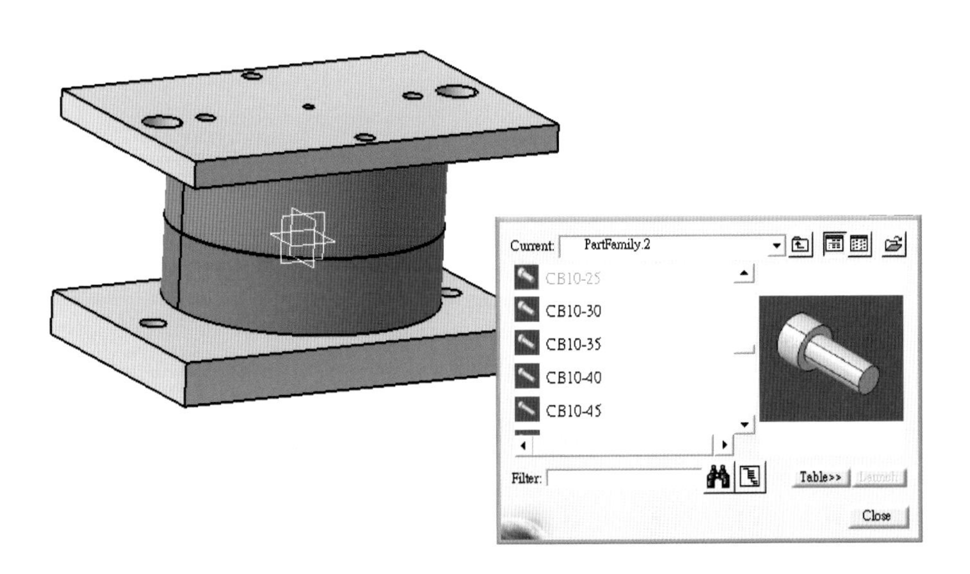
Current: PartFamily.2
CB10-25
CB10-30
CB10-35
CB10-40
CB10-45
Filter:
Table>>
Launch
Close

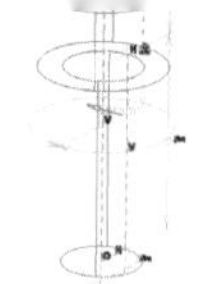

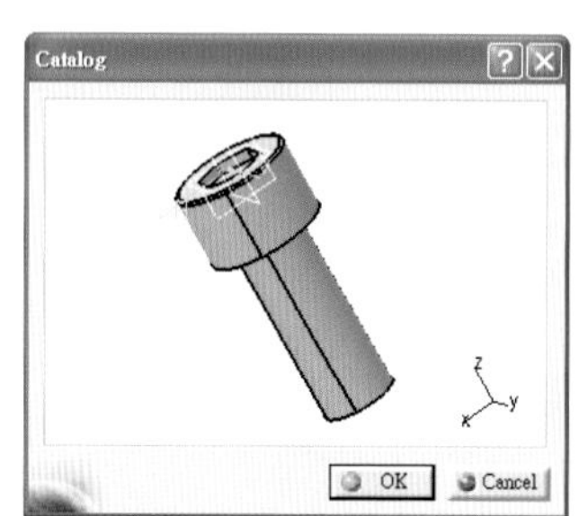
Catalog
OK
Cancel

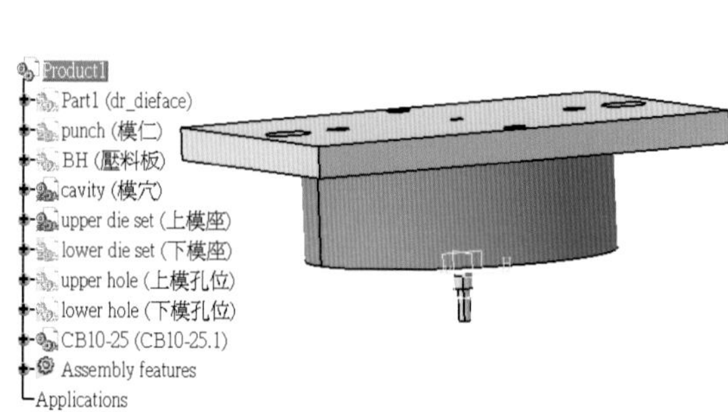
Product1
Part1 (dr_dieface)
punch (模仁)
BH (壓料板)
cavity (模穴)
upper die set (上模座)
lower die set (下模座)
upper hole (上模孔位)
lower hole (下模孔位)
CB10-25 (CB10-25.1)
Assembly features
Applications

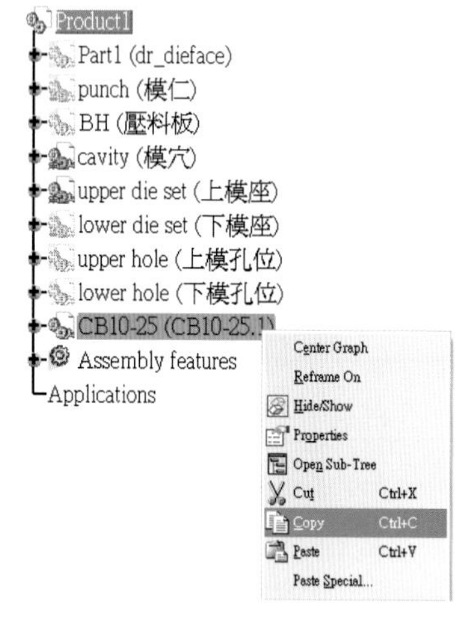
Product1
Part1 (dr_dieface)
punch (模仁)
BH (壓料板)
cavity (模穴)
upper die set (上模座)
lower die set (下模座)
upper hole (上模孔位)
lower hole (下模孔位)
CB10-25 (CB10-25.1)
Assembly features
Applications
Center Graph
Reframe On
Hide/Show
Properties
Open Sub-Tree
Cut Ctrl+X
Copy Ctrl+C
Paste Ctrl+V
Paste Special...

Product1
Center Graph
Reframe On
Hide/Show
Properties
Open Sub-Tree
Cut Ctrl+X
Copy Ctrl+C
Paste Ctrl+V
Paste Special...
Delete Del
Product1 object
Components
Representations
Selection Mode

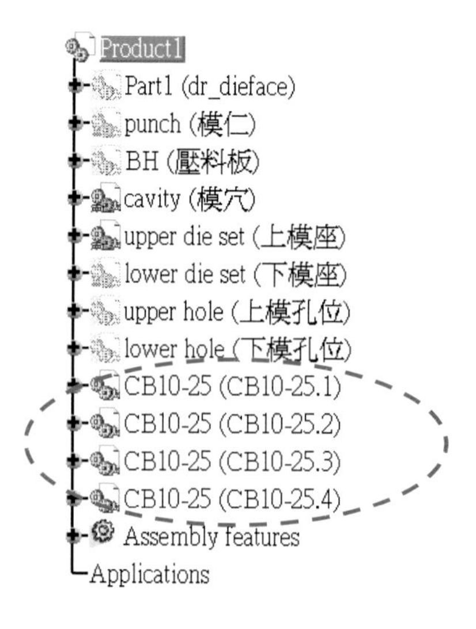
Product1
Part1 (dr_dieface)
punch (模仁)
BH (壓料板)
cavity (模穴)
upper die set (上模座)
lower die set (下模座)
upper hole (上模孔位)
lower hole (下模孔位)
CB10-25 (CB10-25.1)
CB10-25 (CB10-25.2)
CB10-25 (CB10-25.3)
CB10-25 (CB10-25.4)
Assembly features
Applications

4. 完成螺栓零件匯入後，開始進行組立拘束設定。點選【 Fix Component】指令，將上模座固定避免組立時移動，再點選【 Manipulation】指令，將標準螺栓零件作 XYZ 方向之移動，並移至孔位附近適當位置，按下 OK 即可。

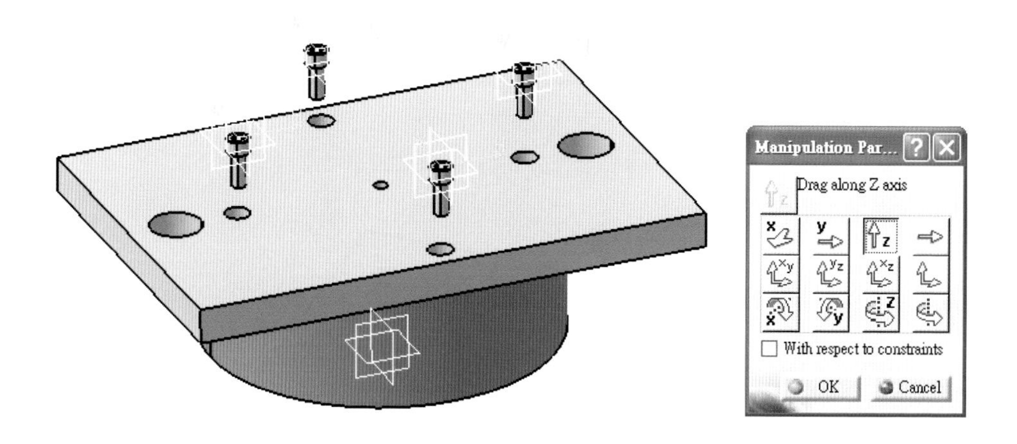

5. 點選【 Coincidence Constraint】指令，將螺栓與上模座之螺栓孔作同中心拘束，再點選【 Offset Constraint 】指令，作螺栓頭底面與上模座沉頭孔底面距離爲零之拘束。拘束完成後按下【 Update All】指令，完成拘束設定與螺栓組立。

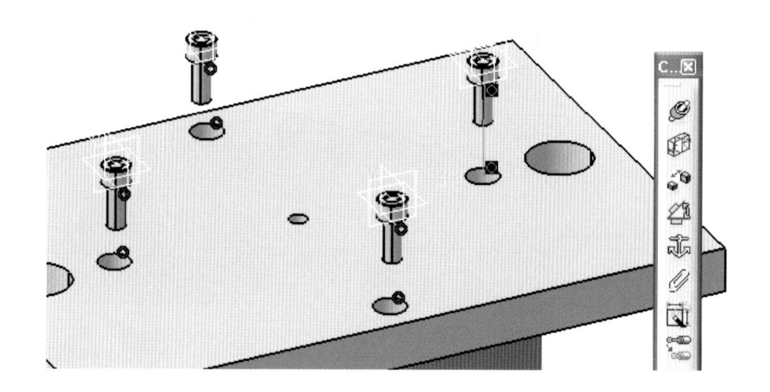

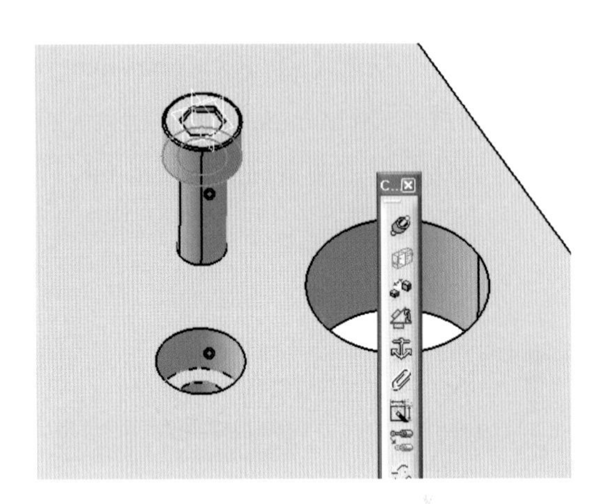

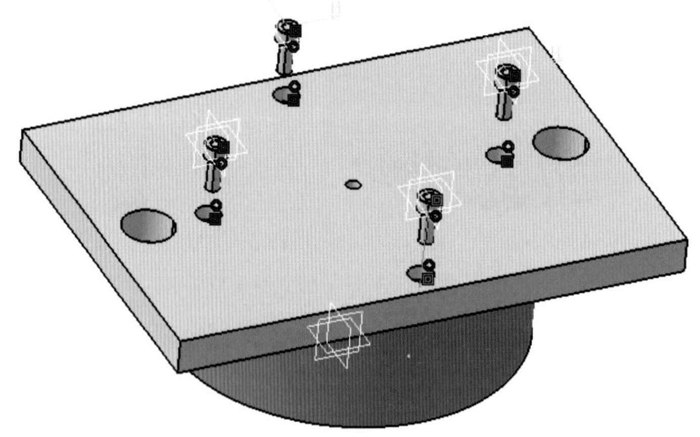

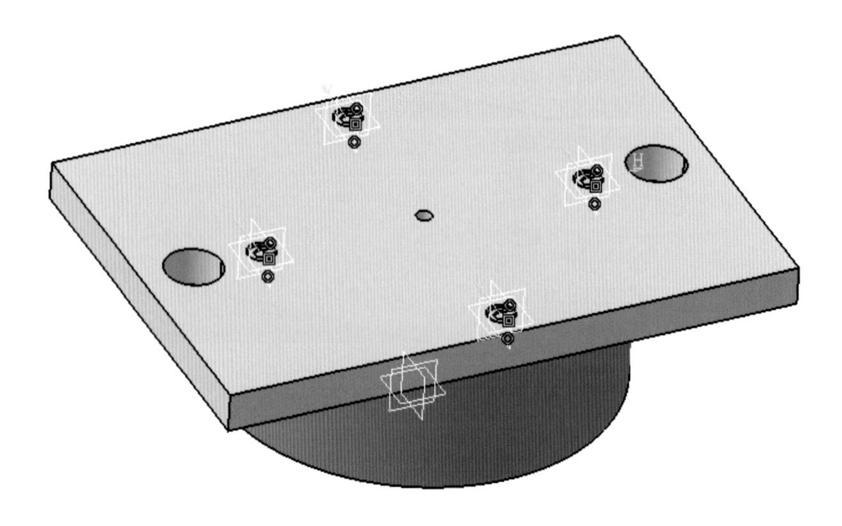

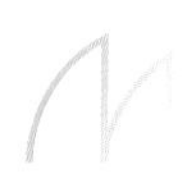

6. 由於標準零件置於資料庫中，爲使標準零件能與模具主體結構零件檔案儲存於同一檔案夾內，所以儲存組立檔案時，在 File 功能中選 Save Management，將標準零件 Save as 與組立檔同一資料夾內後，按 OK 即可完成儲存。

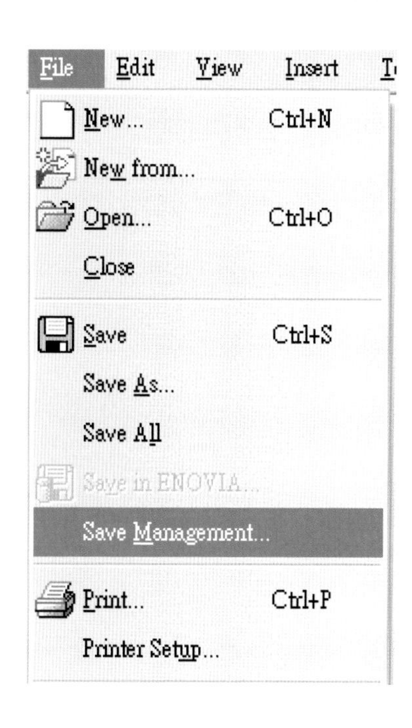

7. 將其餘各部位之零件，重覆步驟 3 至步驟 6，依序將標準零件組立儲存。

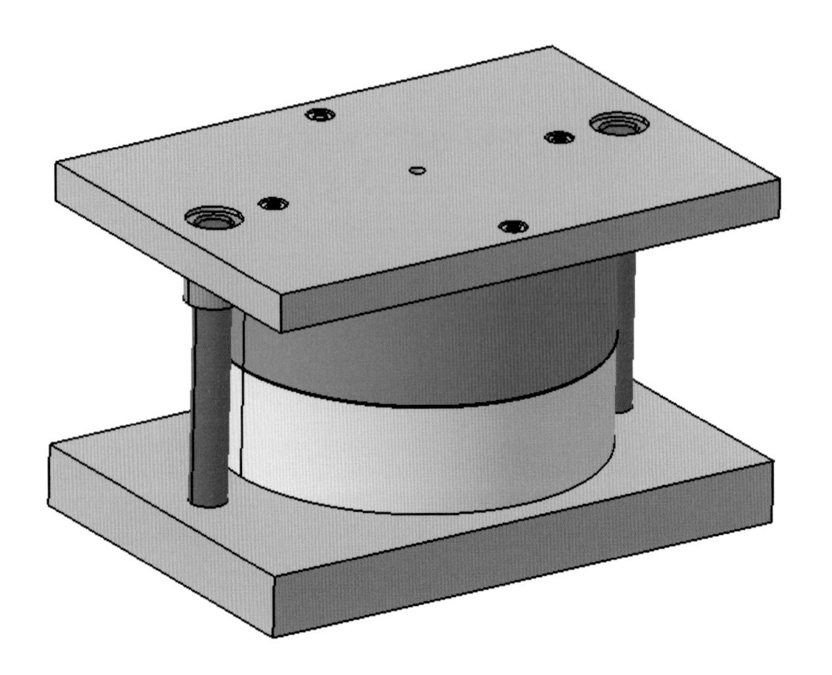

7

模具作動模擬

7.1 模具作動群組規劃

7.2 模具作動群組編輯

7.3 模具作動模擬

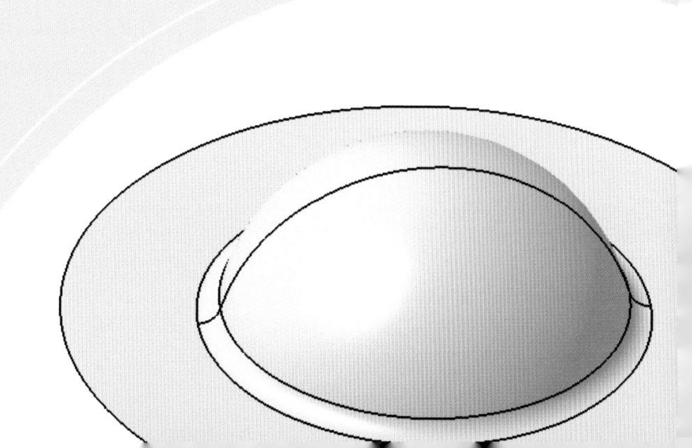

7.1 模具作動群組規劃

1. 沖壓模具主體結構與標準零件數量繁多，且一般模具設計時，皆將所有零件繪製於閉模位置，爲避免模具在開模與閉模作動時，發生主體結構及標準零件間干涉問題，「模具作動模擬」有其必要性。
2. 「模具作動模擬」係依據模具原始設計需求，規畫出一起作動之模具結構零件群組、各群組作動方向與距離、及各群組作動順序，再將每個群組作動過程錄製成動畫，即可完成模具作動模擬。
3. 以引伸模具爲例，共有四個作動群組。其中，在模具結構零件可分爲三個作動群組，包含：第一群組爲上模群組（上模座、模穴、襯套、上模系統之定位銷與螺栓）；第二群組爲壓料板群組（壓料板與壓力彈簧之等高螺栓）；第三群組爲下模群組（下模座、模仁、導柱、下模系統之定位銷與螺栓）。此外，第四個群組爲板材群組。由第二章引伸模具設計可知，引伸行程爲 60 mm。
4. 各群組作動程序係依據引伸模具原始設計需求，配合開模與閉模的順序規劃之移動距離與方向，如下所示：

群組	模具結構零件	開模			閉模				
		步驟一	步驟二	步驟三	步驟四	步驟五	步驟六	步驟七	步驟八
上模群組	上模座、模穴、襯套、上模系統之定位銷與螺栓	Z+60	Z+110	0	0	0	Z-110	Z-60	0
壓料板群組	壓料板與壓力彈簧之等高螺栓	Z+60	0	0	0	0	0	Z-60	0
下模群組	下模座、模仁、導柱、下模系統之定位銷與螺栓	固定	固定	固定	固定	固定	固定	固定	固定
板材群組	成形前板材	Z+60	Z+10	Y+250	隱藏	隱藏	隱藏	隱藏	隱藏
	成形後板材	隱藏	隱藏	隱藏	顯示	Y-250	Z-10	Z-60	0

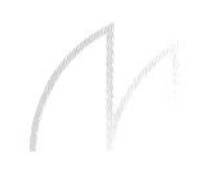

7.2 模具作動群組編輯

1. 進入 CATIA 裡面的 DMU Fitting 模組，進行作動模擬設定。

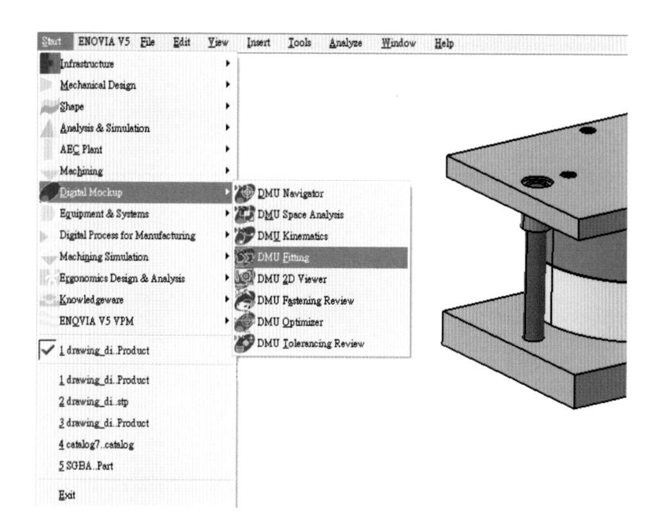

2. 點選工具列 Insert 中【 Shuttle 】指令，選取各移動群組之模具結構零件。上模移動群組包括：上模座、模穴、襯套、上模系統之定位銷與螺栓；壓料板移動群組包括：壓料板與壓力彈簧之等高螺栓。由於下模群組爲固定不動，因此不設定爲移動群組包括：下模座、模仁、導柱、下模系統之定位銷與螺栓。

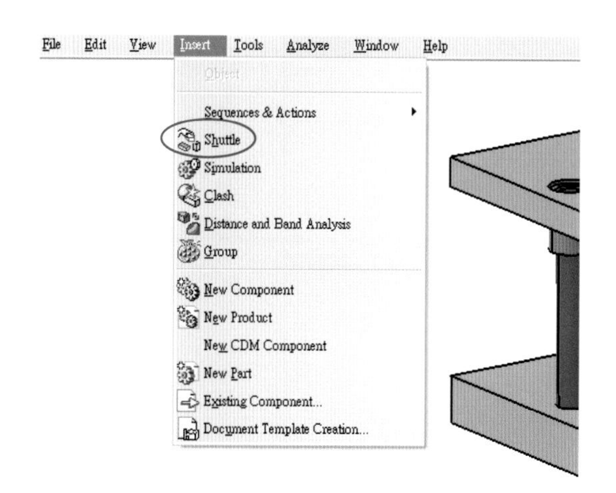

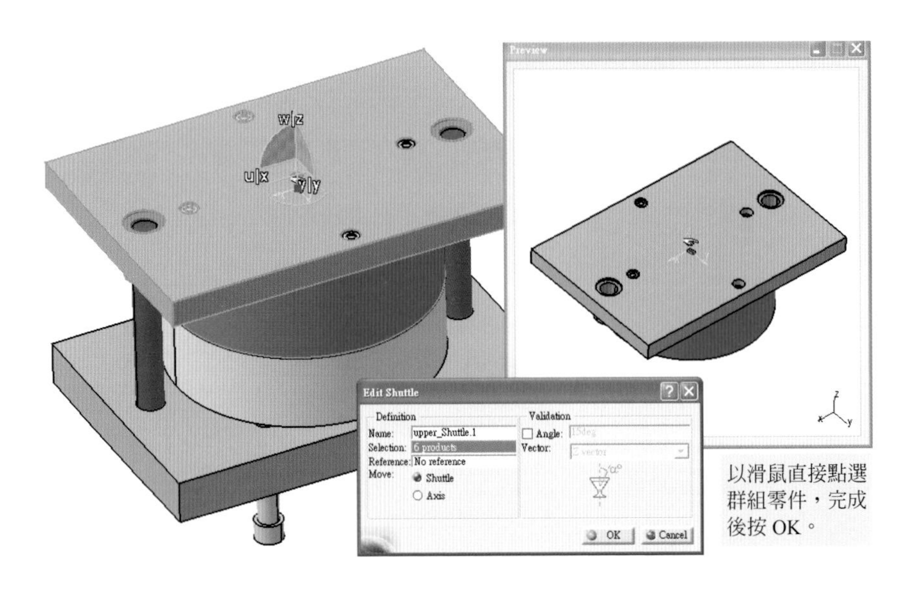

以滑鼠直接點選群組零件，完成後按 OK。

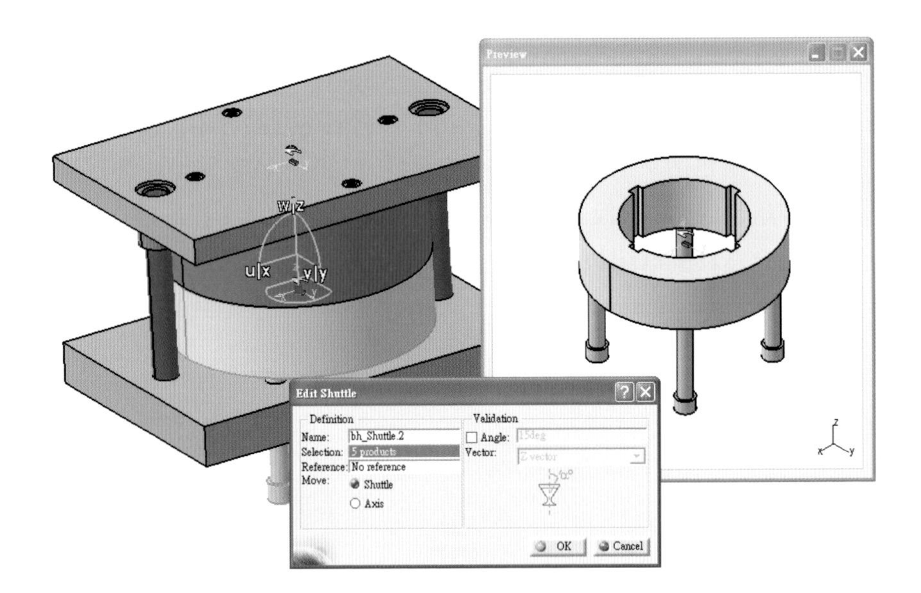

3. 以工具列 Insert 中【 Simulation】模擬功能，設定各移動群組在開閉模時作動順序。接著，選擇 upper_ Shuttle.1 後，按 OK 以跳出 Edit Simulation 視窗。在視窗中 Name 欄位輸入 upper_Simulation.1 後，開始進行作動順序設定。

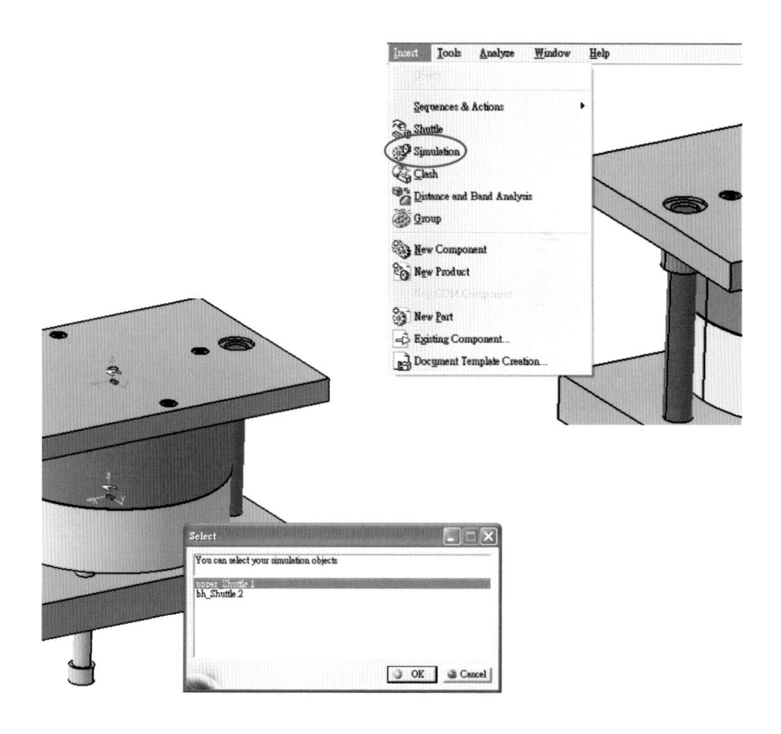

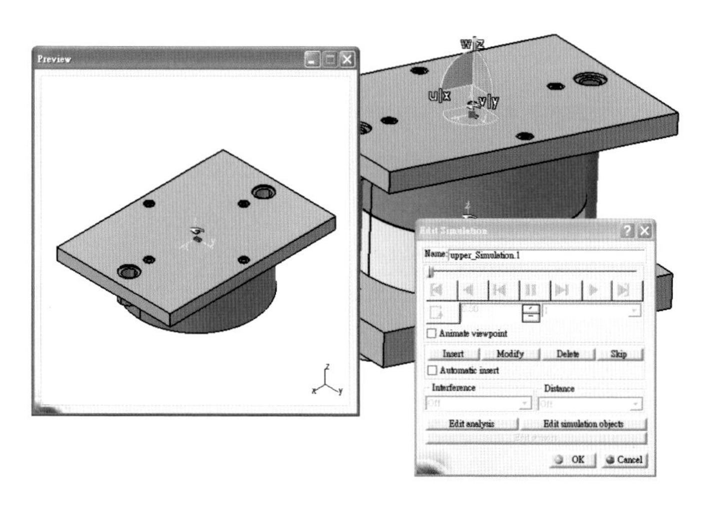

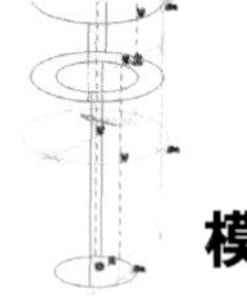

4. 點選【 Editor】指令，編輯上模移動群組 Z 方向高度位置。在本範例中，開閉模時作動順序共分爲八個步驟，以上模移動群組爲例，八個步驟依序爲：第一步驟爲向 Z 正方向移動 60 mm、第二步驟爲再向 Z 正方向移動 110 mm、第三至五步驟爲不動、第六步驟爲向 Z 負方向移動 110 mm、第七步驟爲再向 Z 負方向移動 60 mm、第八步驟爲不動。接著 Edit Simulation 中的 Insert 功能，來依序錄製移動群組作動順序。

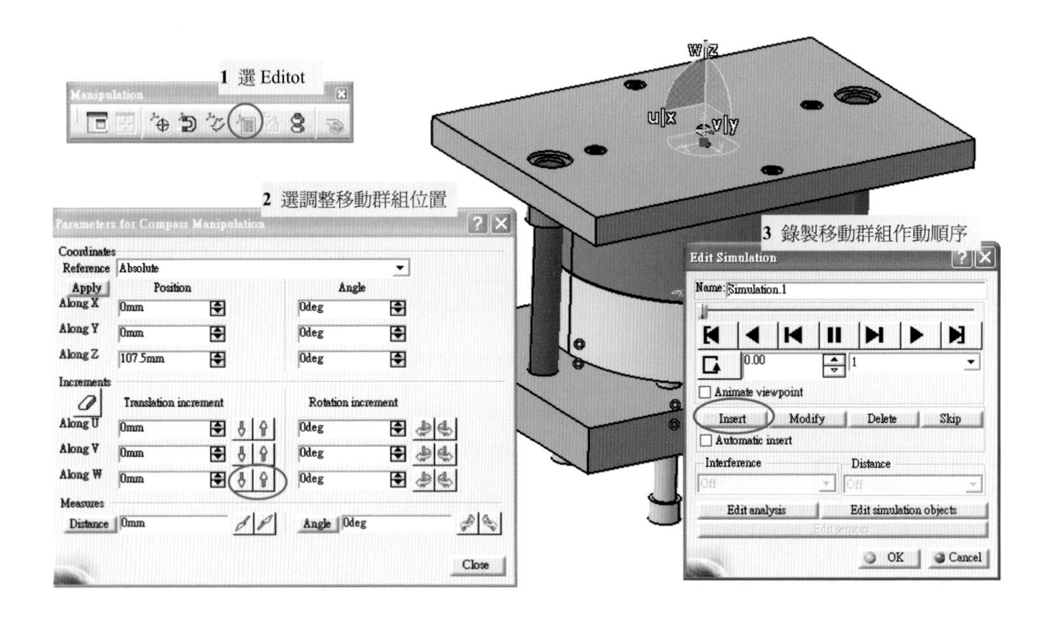

5. 按 Delete 清除所有記錄後，依照移動群組作動順序與移動距離開始進行錄製。所有模擬初始位置皆爲作動順序之第一張位置圖，因此，先 Insert 第一張爲未作動前位置圖，接下來，依序移動上模群組後，以 Insert 錄製下該位置圖，即可完成動群組作動順序設定。

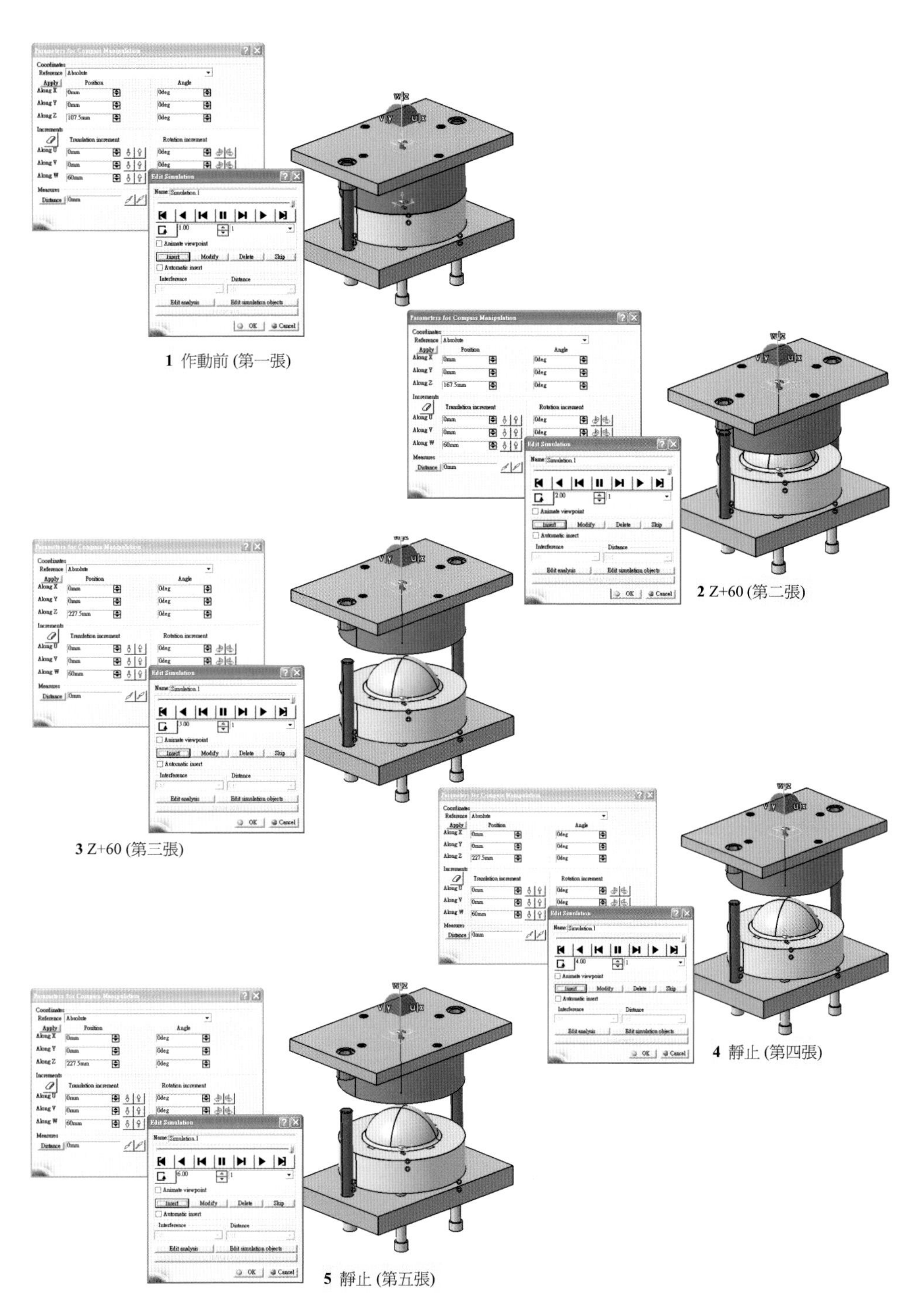

1 作動前 (第一張)

2 Z+60 (第二張)

3 Z+60 (第三張)

4 靜止 (第四張)

5 靜止 (第五張)

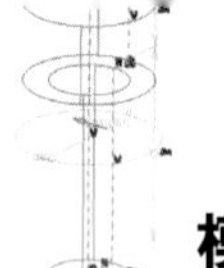

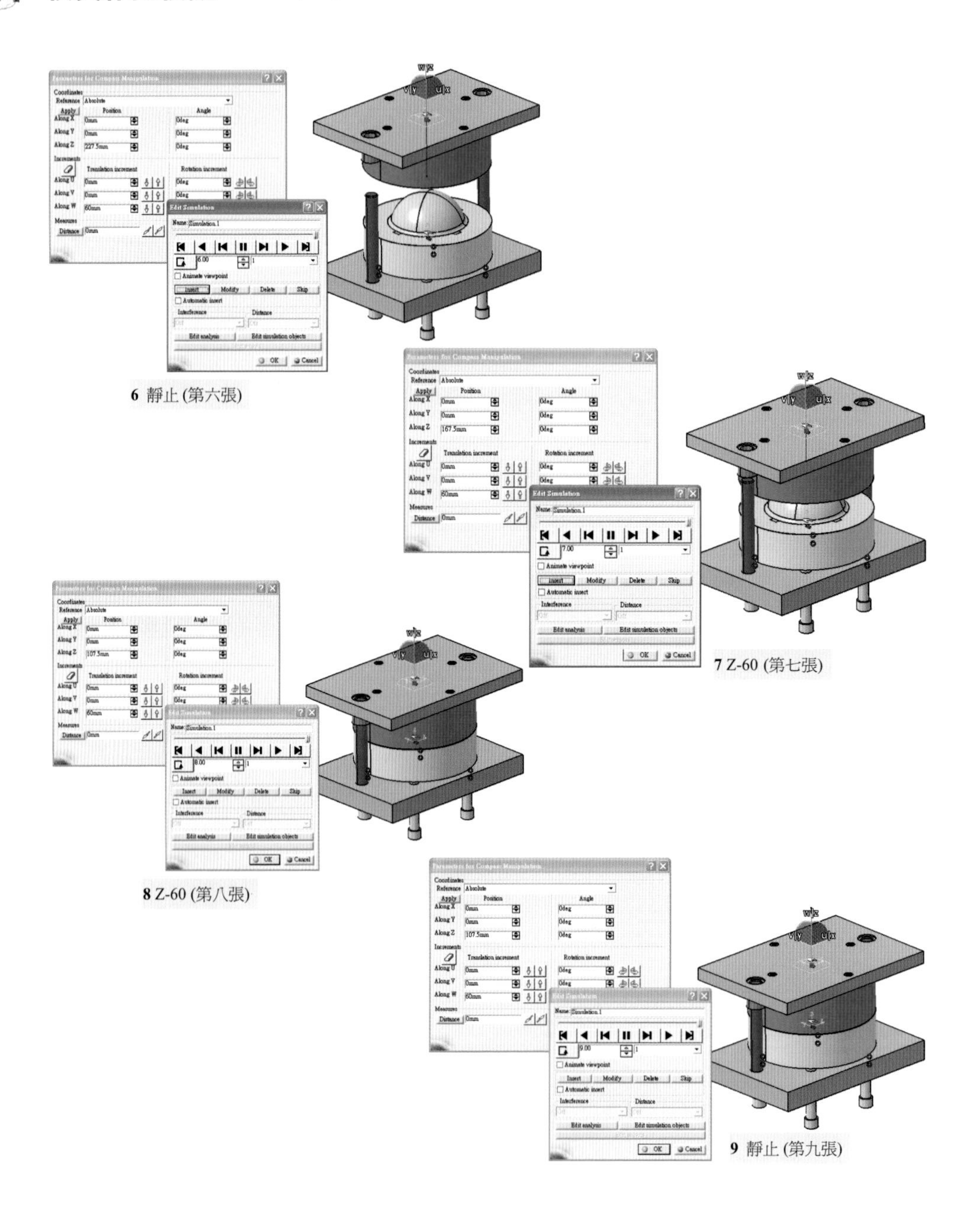

6 靜止 (第六張)

7 Z-60 (第七張)

8 Z-60 (第八張)

9 靜止 (第九張)

6. 在壓料移動群組部分，開閉模時作動順序共分爲八個步驟，其八個步驟依序爲：第一步驟爲向 Z 正方向移動 60 mm、第二至六步驟爲不動、第七步驟爲再向 Z 負方向移動 60 mm、第八步驟爲不動。同上述操作，以工具列 Insert 中【 Simulation】模擬功能來設定壓料群組在開閉模時作動順序。
7. 並選擇 bh_ Shuttle.1 後按 OK，將跳出 Edit Simulation 視窗，在視窗中 Name 欄位輸入 bh_Simulation.1 後，開始依序進行作動順序設定。

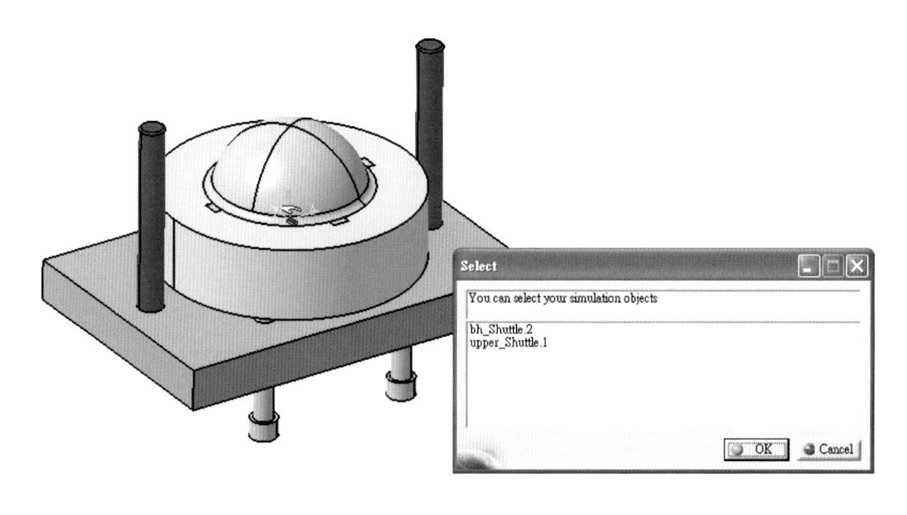

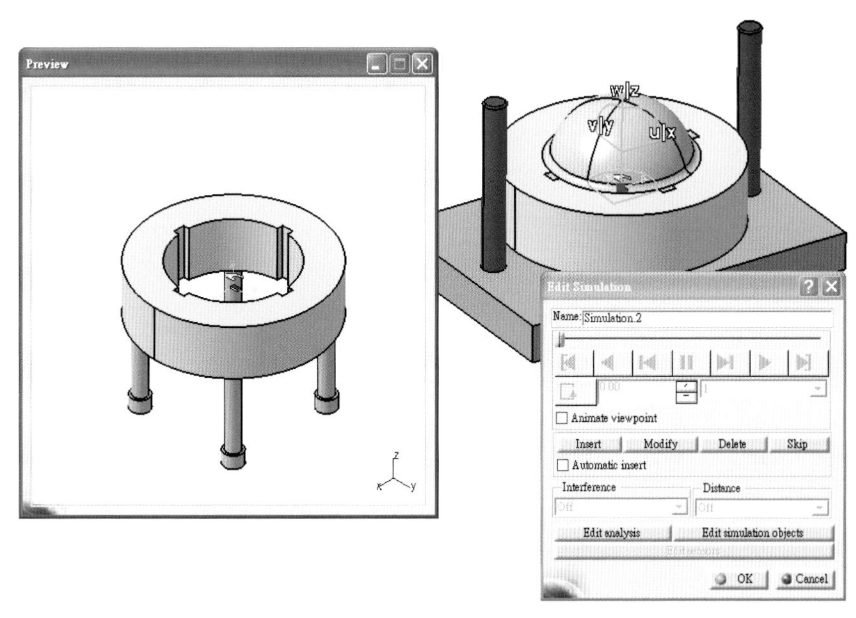

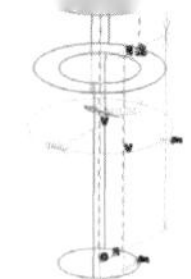

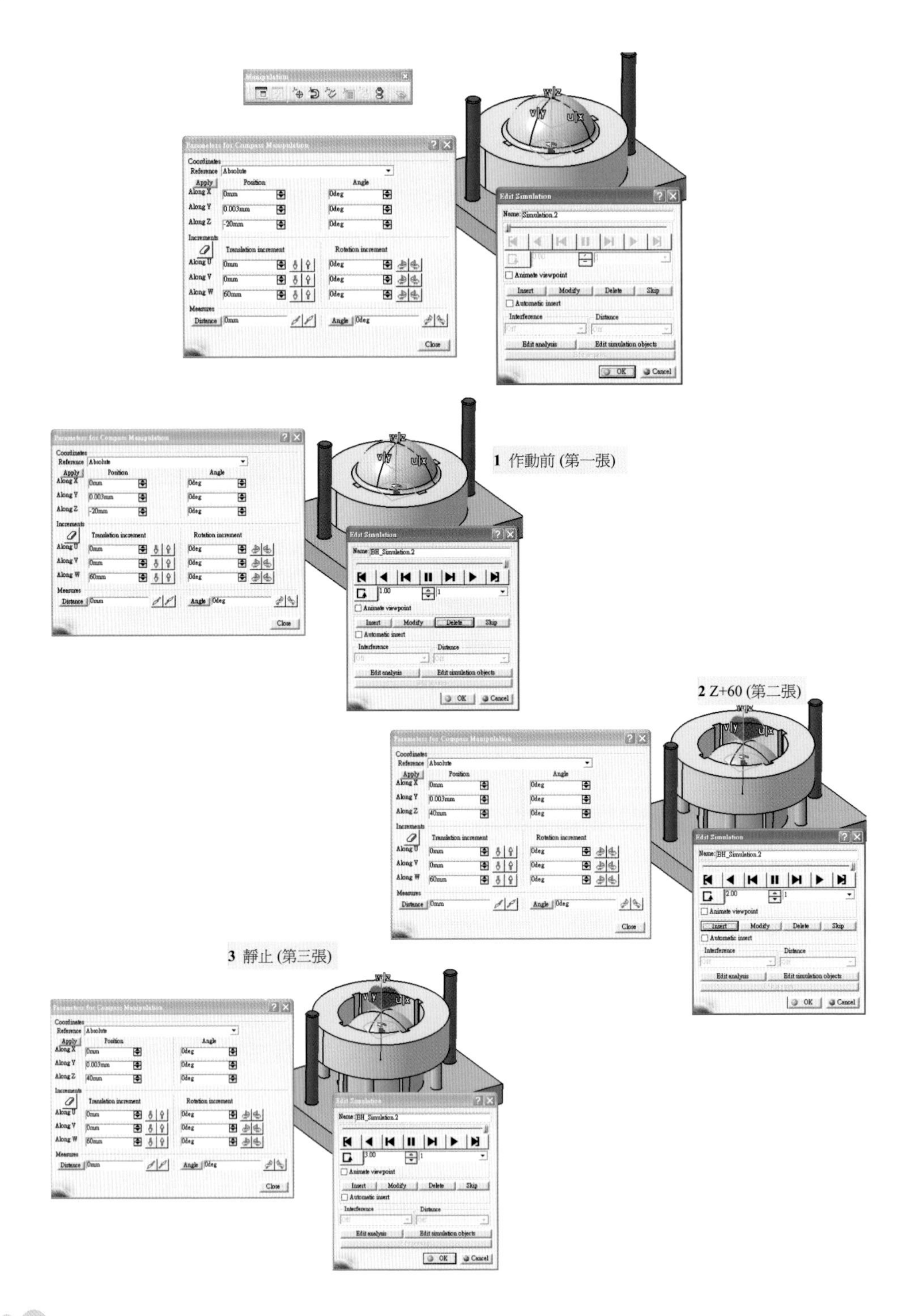

1 作動前 (第一張)

2 Z+60 (第二張)

3 靜止 (第三張)

4 靜止 (第四-七張)

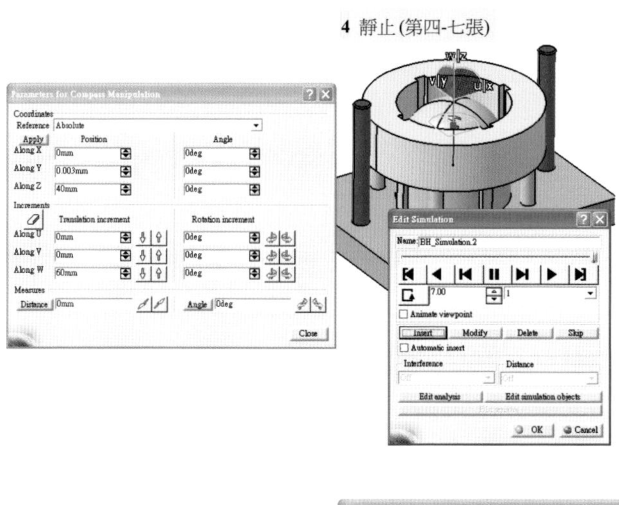

5 Z-60 (第八張)

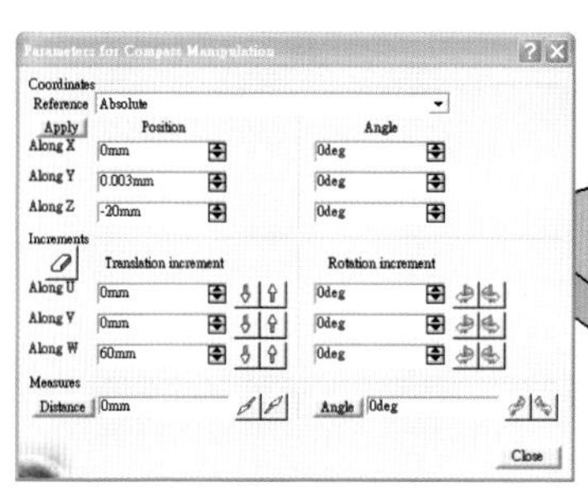

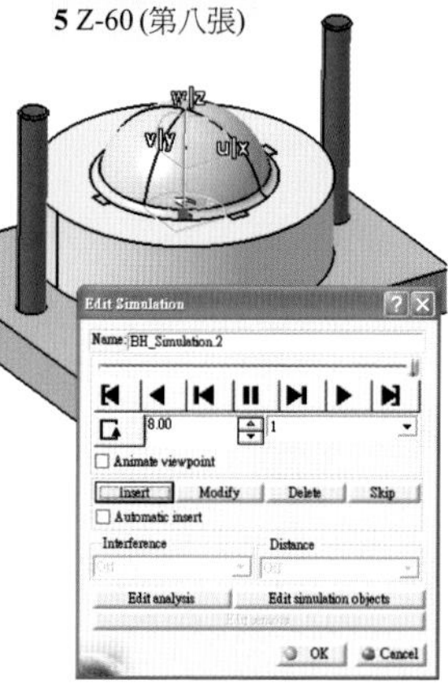

6 靜止 (第九張)

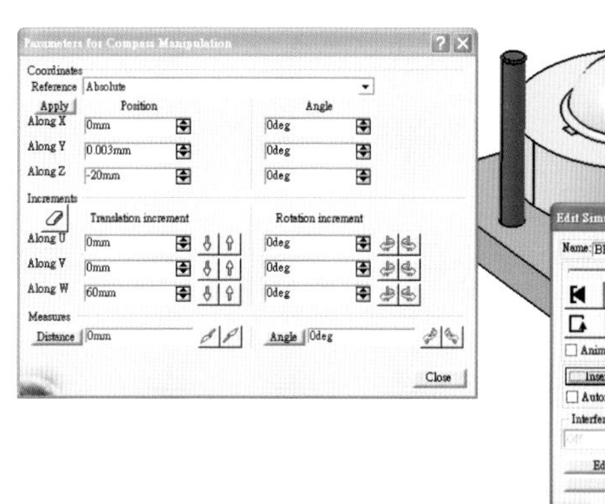

8. 在板材移動群組部分，分爲成形前板材移動群組與成形後板材移動群組。以開閉模時作動順序共分爲八個步驟表如下：

群組	模具結構零件	開模			閉模				
		步驟一	步驟二	步驟三	步驟四	步驟五	步驟六	步驟七	步驟八
板材群組	成形前板材	隱藏	隱藏	隱藏	顯示	Y+250	Z-10	Z-60	0
	成形後板材	Z+60	Z+10	Y+250	隱藏	隱藏	隱藏	隱藏	隱藏

9. 以成形前板材移動群組其八個步驟依序爲：第一至三步驟爲在 Y-250 位置隱藏不動、第四步驟爲在 Y-250 位置顯示不動、第五步驟爲向 Y 正方向移動 250 mm、第六步驟爲向 Z 負方向移動 10 mm、第七步驟向 Z 負方向移動 60 mm、第八步驟爲不動。另外，成形後板材移動群組其八個步驟依序爲：第一步驟爲向 Z 正方向移動 60 mm、第二步驟向 Y 正方向移動 60 mm、第三步驟向 Y 正方向移動 250 mm、第四至八步驟隱藏不動。同上述操作，點選工具列 Insert 中【 Shuttle】指令，分別選取成形前與成形後之板材移動群組。以工具列 Insert 中【 Simulation】模擬功能，分別設定成形前與成形後之板材移動群組作動順序。

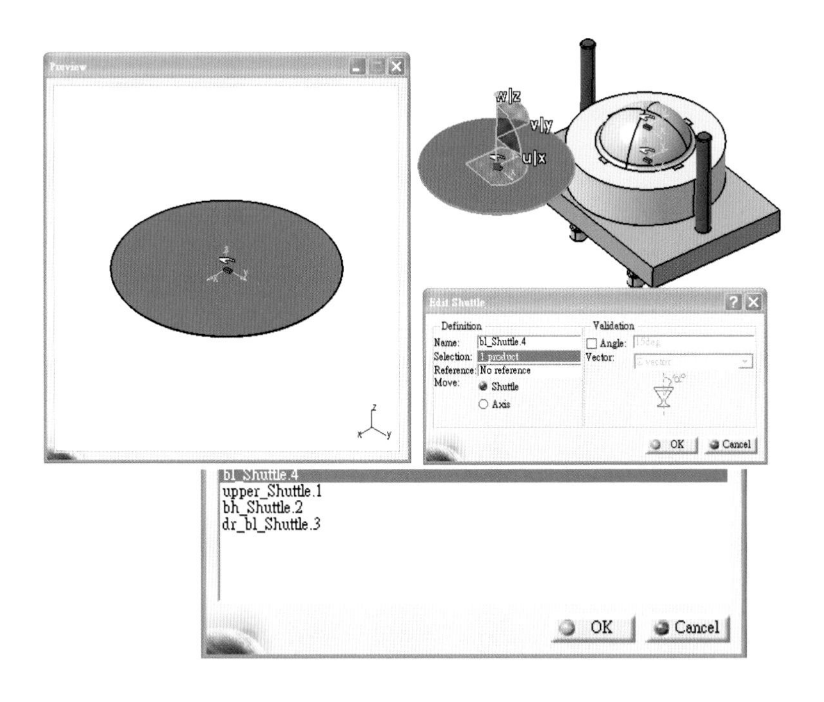
Preview
w|z
v|y
u|x
Edit Shuttle
Definition
Name: bl_Shuttle.4
Selection: 1 product
Reference: No reference
Move: Shuttle
Axis
Validation
Angle:
Vector:
OK
Cancel
bl_Shuttle.4
upper_Shuttle.1
bh_Shuttle.2
dr_bl_Shuttle.3
OK
Cancel

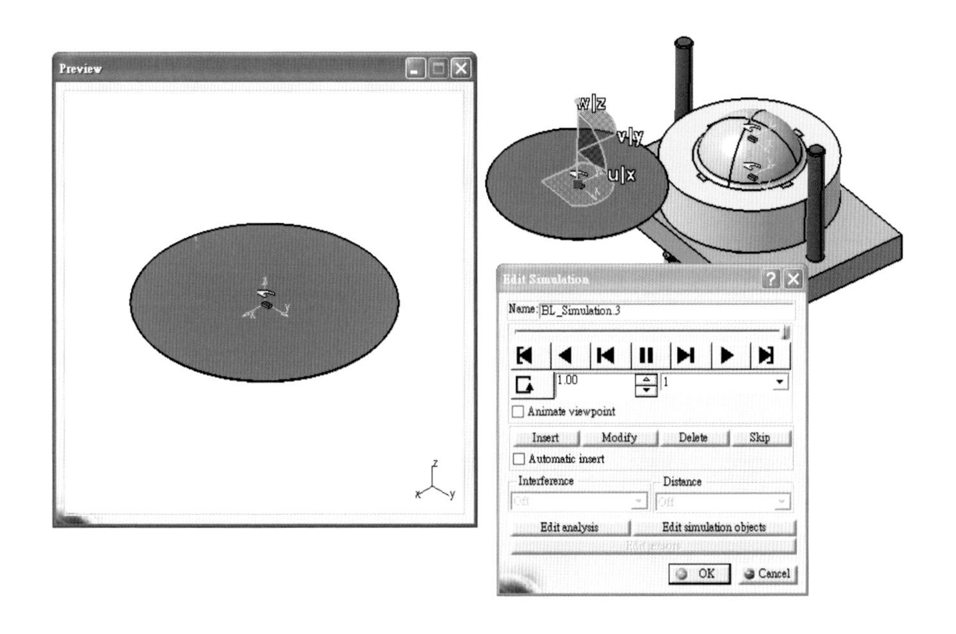
Preview
w|z
v|y
u|x
Edit Simulation
Name: BL_Simulation.3
1.00
1
Animate viewpoint
Insert
Modify
Delete
Skip
Automatic insert
Interference
Distance
Edit analysis
Edit simulation objects
OK
Cancel

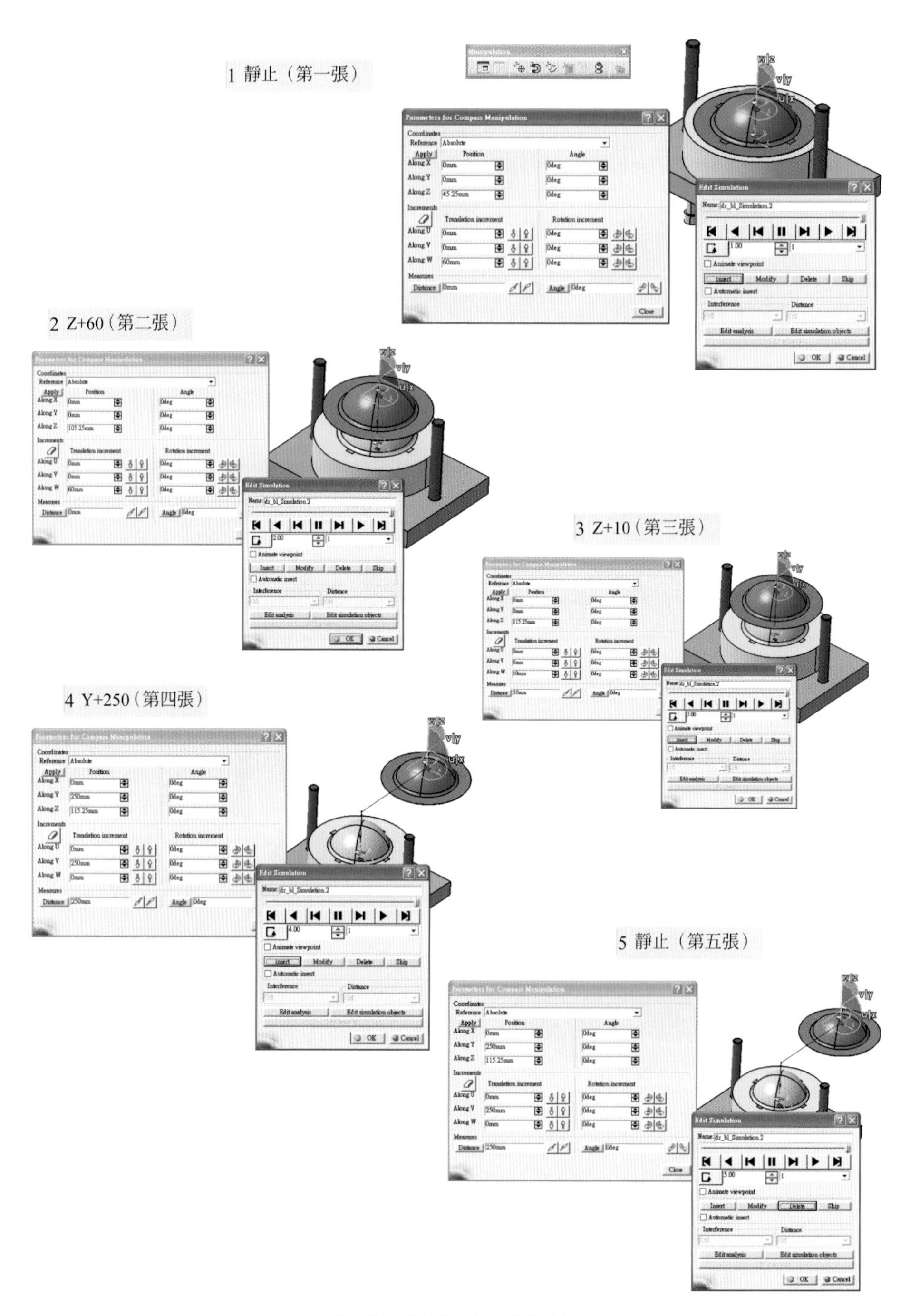

開模時成形後板材移動設定

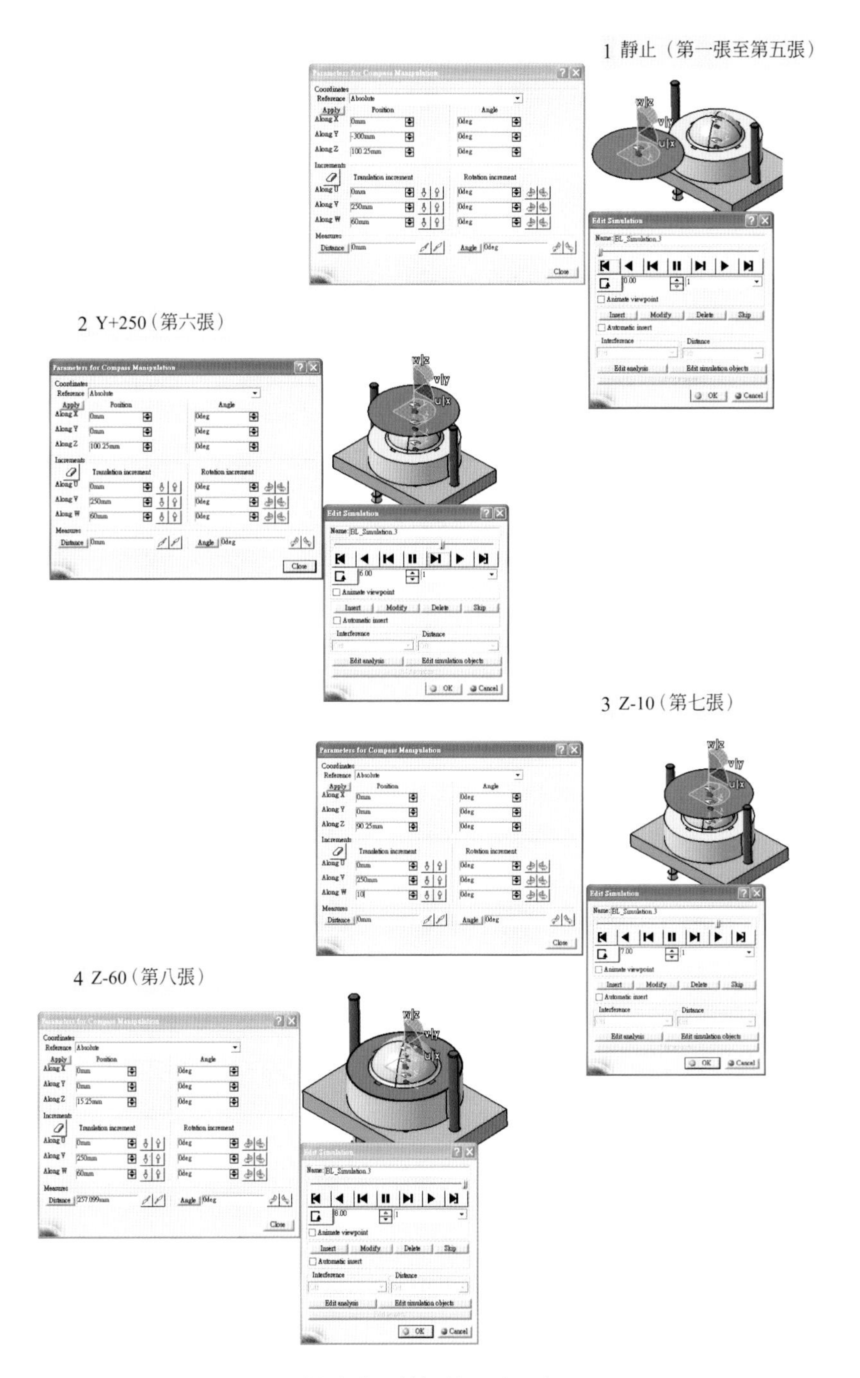

閉模時成形前板材移動設定

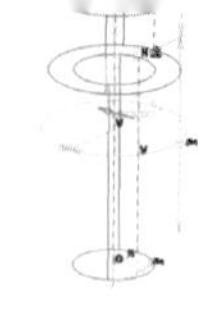

10. 由於在第四步驟時，成形前板材會顯示出開始作動，而成形後板材會隱藏。所以必須以【 Visibility Action】指令，分別設定成形前與成形後板材移動群組之顯示與隱藏二項程序各一次。

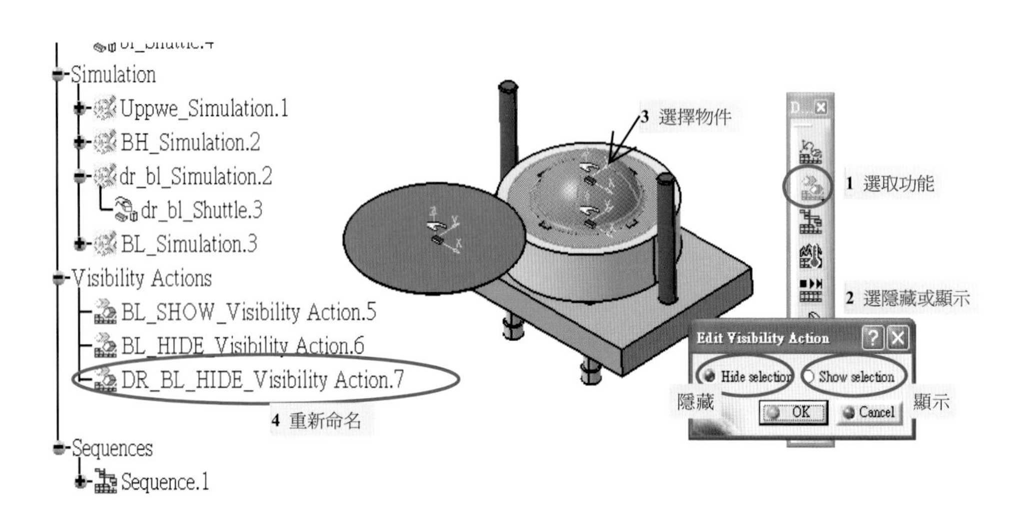

7.3 模具作動模擬

點選【 Edit Sequence】指令，將所有完成的移動群組作動程序進行整體性組合編製，也就是編製整體模具作動過程。將所需要的作動程序移動至右方欄位中，其中成形前板材顯示程序（BL_SHOW_Visibility Action）與成形後板材隱藏程序（DR_BL_HIDE_Visibility Action）的延遲時間修改成 5 秒，即可完成整體模具作動設定。並以【 Simulation Player】功能選取 Sequence .1 後，即可播放整體模具作動過程。

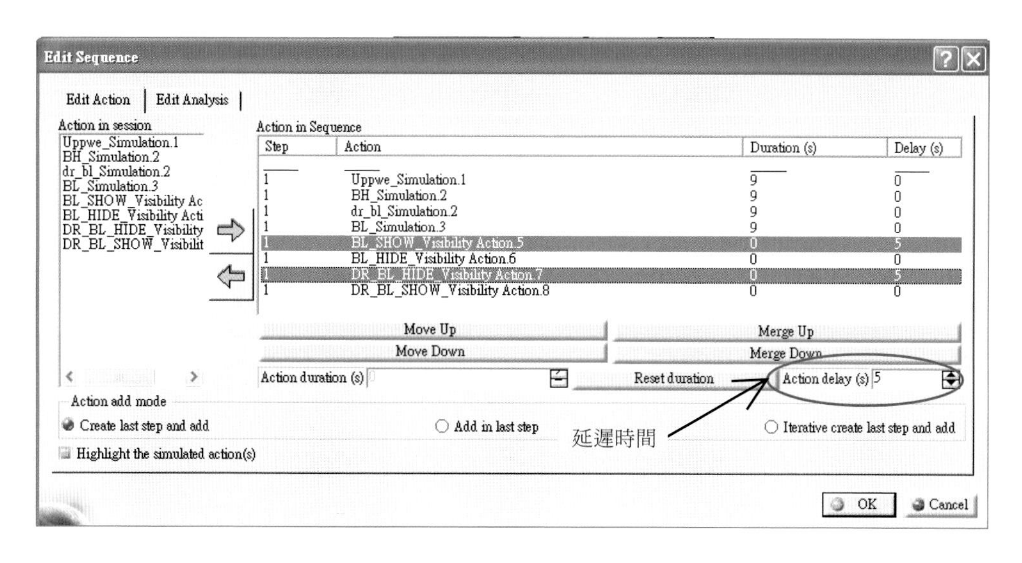
Edit Sequence
Edit Action
Edit Analysis
Action in session
Uppwe_Simulation.1
BH_Simulation.2
dr_bl_Simulation.2
BL_Simulation.3
Action in Sequence
Step
Action
Duration (s)
Delay (s)
Uppwe_Simulation.1
BH_Simulation.2
dr_bl_Simulation.2
BL_Simulation.3
BL_SHOW_Visibility Action.5
BL_HIDE_Visibility Action.6
DR_BL_HIDE_Visibility Action.7
DR_BL_SHOW_Visibility Action.8
Move Up
Move Down
Merge Up
Merge Down
Action duration (s)
Reset duration
Action delay (s) 5
Action add mode
Create last step and add
Add in last step
Iterative create last step and add
Highlight the simulated action(s)
延遲時間
OK
Cancel

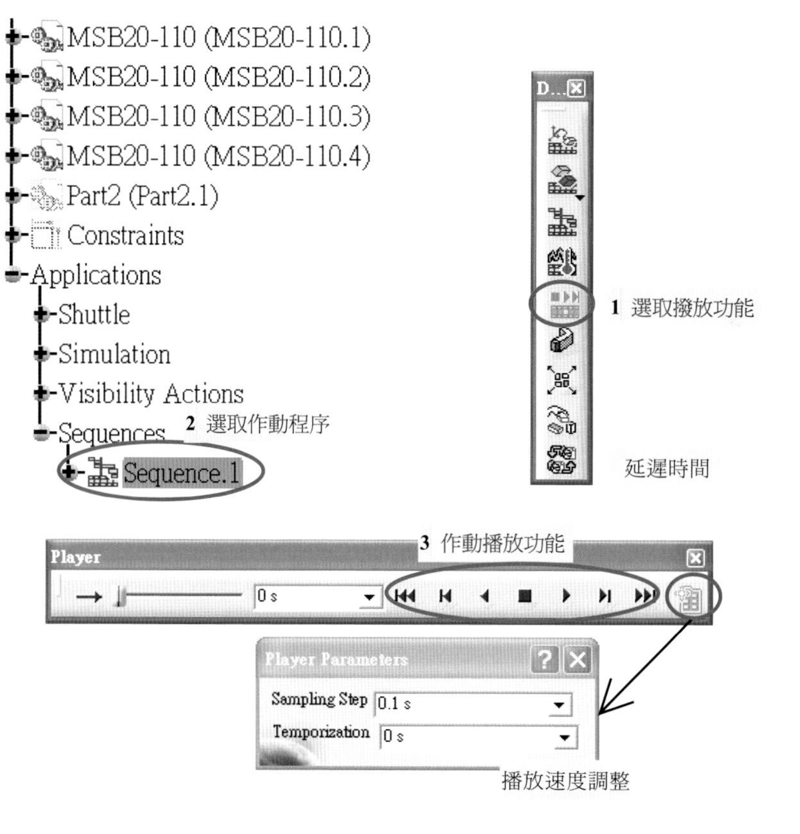
MSB20-110 (MSB20-110.1)
MSB20-110 (MSB20-110.2)
MSB20-110 (MSB20-110.3)
MSB20-110 (MSB20-110.4)
Part2 (Part2.1)
Constraints
Applications
Shuttle
Simulation
Visibility Actions
Sequences
Sequence.1
2 選取作動程序
1 選取撥放功能
延遲時間
3 作動播放功能
Player
0 s
Player Parameters
Sampling Step 0.1 s
Temporization 0 s
播放速度調整

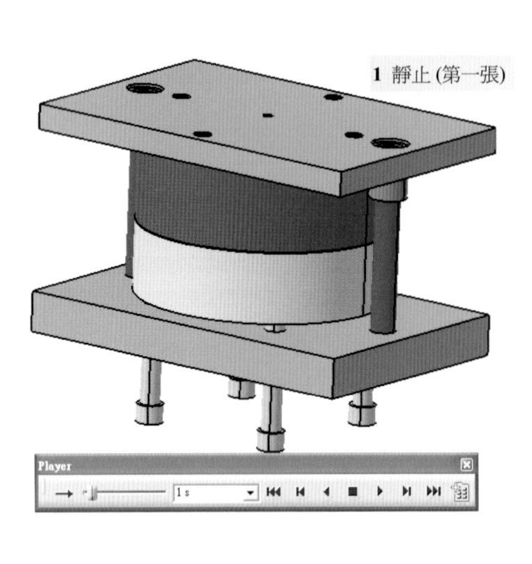

1 靜止 (第一張)

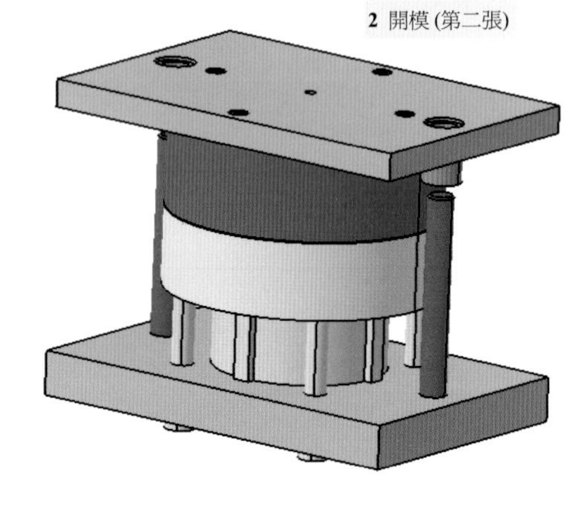

2 開模 (第二張)

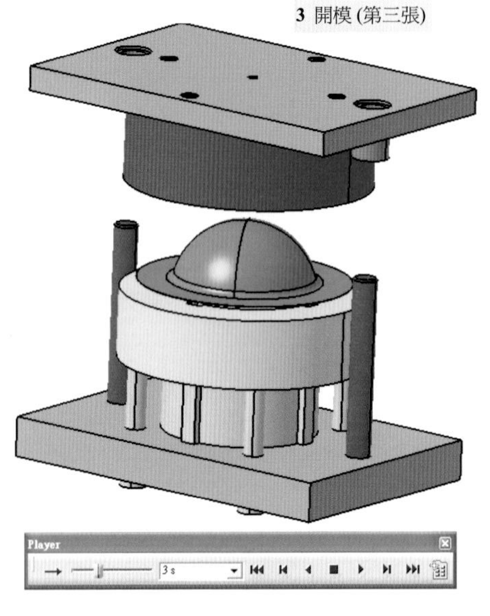

3 開模 (第三張)

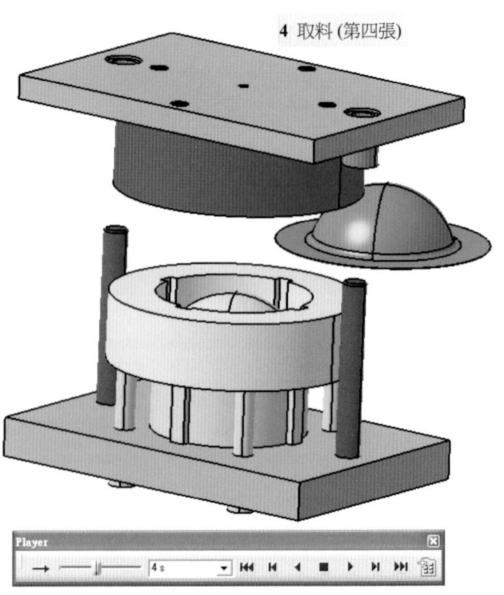

4 取料 (第四張)

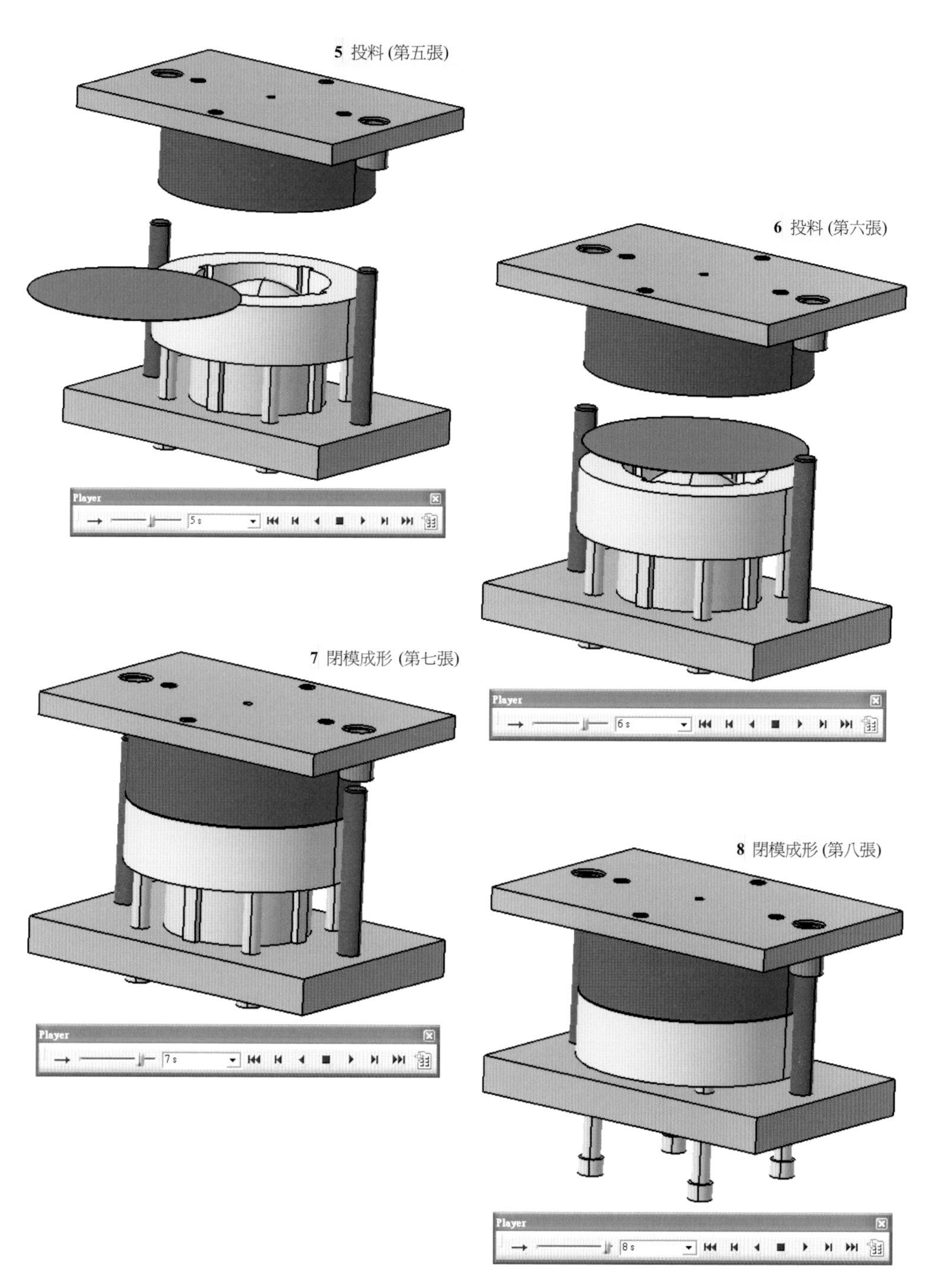
5 投料 (第五張)
Player
5 s
6 投料 (第六張)
Player
6 s
7 閉模成形 (第七張)
Player
7 s
8 閉模成形 (第八張)
Player
8 s

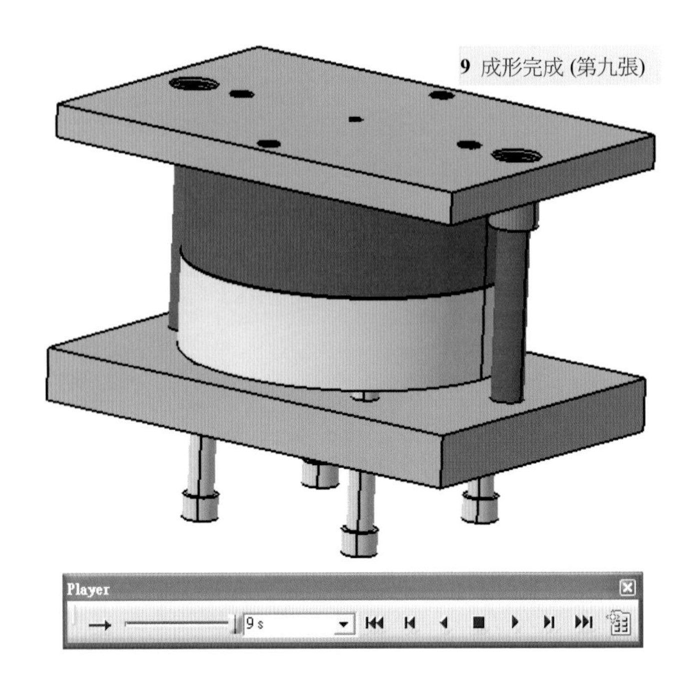
9 成形完成 (第九張)
Player
9 s

8

模具干涉檢查

8.1 模具靜態干涉檢查

8.2 模具作動干涉檢查

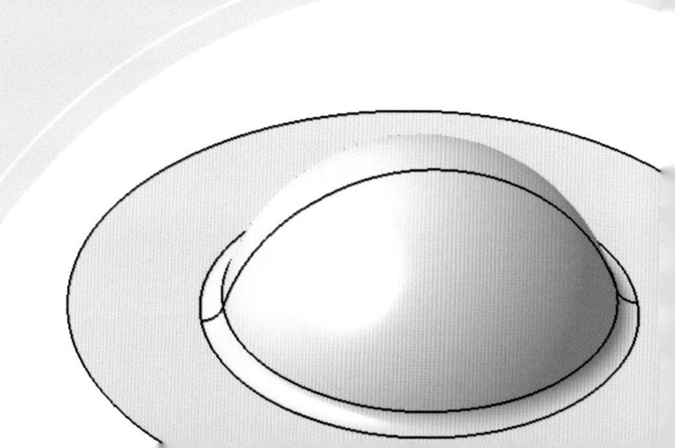

8.1 模具靜態干涉檢查

1. 模具主體結構與標準零件數量繁多，除各模板間之孔位需對位外，標準零件組立後也需與主體結構之孔位尺寸相符。為避免模具零件間發生干涉問題，以及使用 2D 模具設計驗圖相當耗時與繁鎖；因此目前模具設計採以 3D 實體設計，將可容易與快速地確認模具是否發生干涉。
2. 靜態干涉檢查，除可知模具在閉模狀態時是否發生干涉，並在模具製造之前，針對干涉部分進行修改。
3. 靜態模具干涉檢查類型分為三種：間隙檢查（Clearance）、接觸檢查（Contact）與碰撞檢查（Clash）。各干涉檢查說明如下：

干涉檢查類型	檢查說明	模具檢查重點處
間隙檢查	各零件間之間隙距離（可設定間隙距離，小於設定值會於顯示）。	上模穴與沖頭之板厚間隙、上模穴與壓料板之板厚間隙。
接觸檢查	各零件接觸但沒有碰撞干涉。	導柱與襯套、導柱與導柱孔、襯套與襯套孔、導柱與模板滑動孔、各模板固定接觸面、滑動面、定位銷與孔接觸面。
碰撞檢查	各零件間相交，有公共部分。	螺栓與螺栓孔間干涉以外，模具不可發生碰撞干涉。

模具靜態干涉檢查操作說明

1. 開啓組立檔，點選【 Clash】指令，在 Check Clash 視窗內 TYPE 欄位選取 Clearance+Contact+Clash，然後按下 Apply 後則出現 Preview 與 Check Clash 視窗。

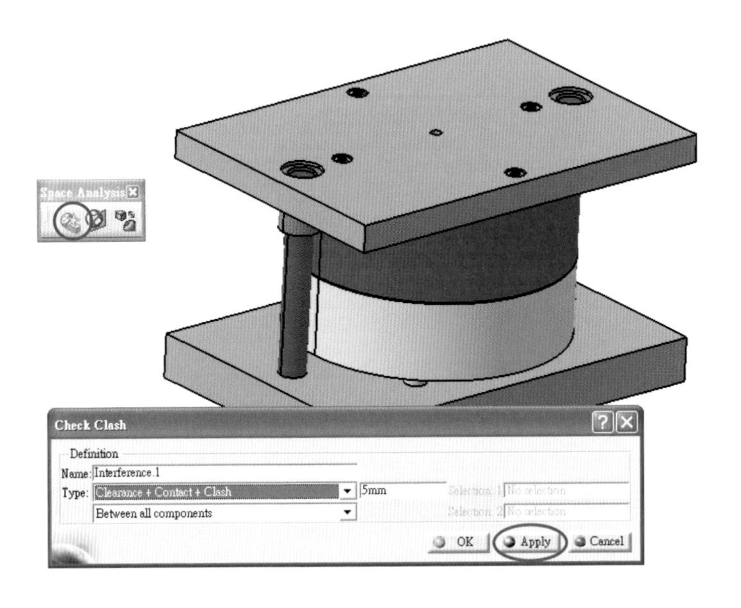

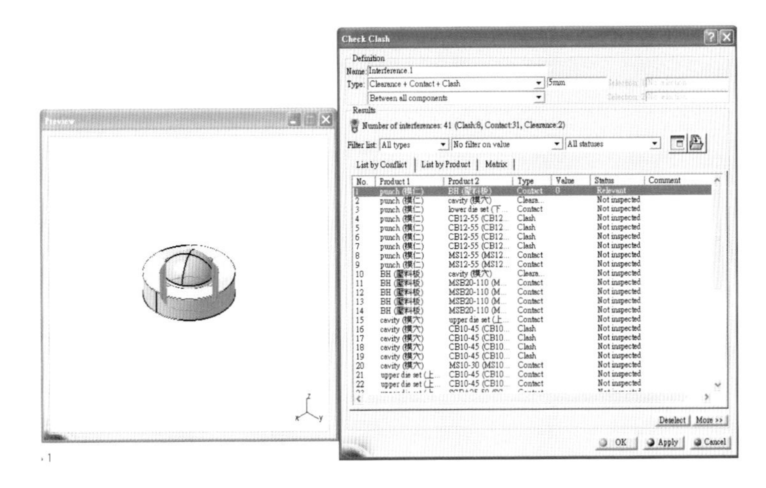

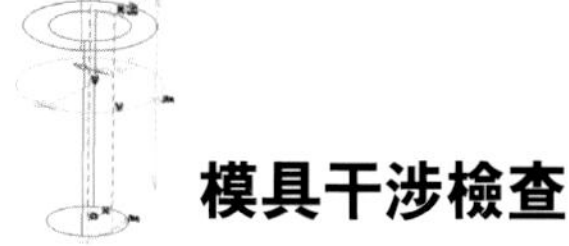

2. 在 Check Clash 視窗中可知模具中各零件之間隙、接觸與碰撞情形。透過 Filter List 可選擇只顯示間隙、接觸或碰撞情形。在碰撞檢查（Clash）中可發現模仁螺栓孔與固定螺絲、模穴螺栓孔與固定螺栓、壓料板螺栓孔與等高螺栓發生干涉，其發生原因為螺栓孔位內徑尺寸，螺栓為外徑尺寸，因此會發生碰撞干涉情形，所以該碰撞干涉情形是正常的。

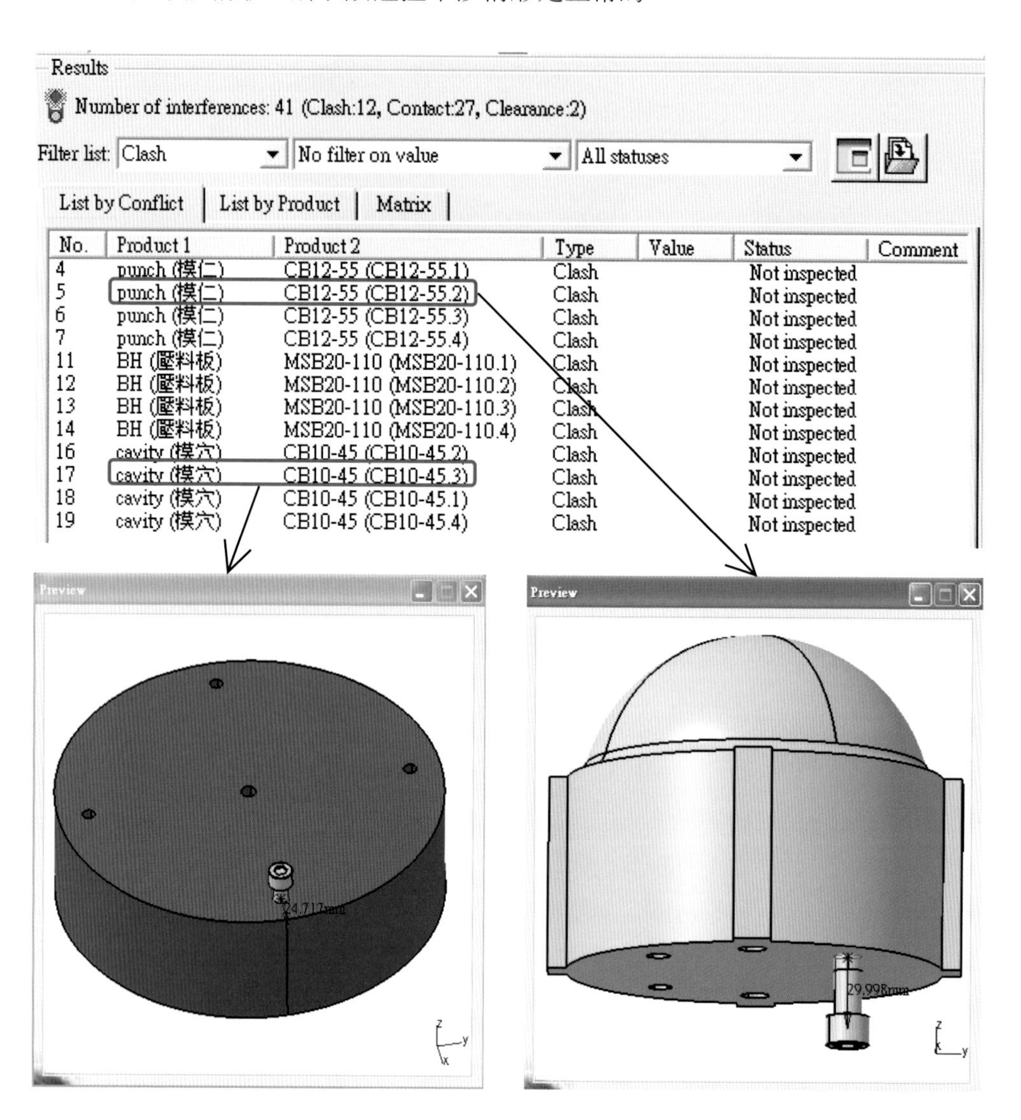

No.	Product 1	Product 2	Type	Value	Status	Comment
4	punch (模仁)	CB12-55 (CB12-55.1)	Clash		Not inspected	
5	punch (模仁)	CB12-55 (CB12-55.2)	Clash		Not inspected	
6	punch (模仁)	CB12-55 (CB12-55.3)	Clash		Not inspected	
7	punch (模仁)	CB12-55 (CB12-55.4)	Clash		Not inspected	
11	BH (壓料板)	MSB20-110 (MSB20-110.1)	Clash		Not inspected	
12	BH (壓料板)	MSB20-110 (MSB20-110.2)	Clash		Not inspected	
13	BH (壓料板)	MSB20-110 (MSB20-110.3)	Clash		Not inspected	
14	BH (壓料板)	MSB20-110 (MSB20-110.4)	Clash		Not inspected	
16	cavity (模穴)	CB10-45 (CB10-45.2)	Clash		Not inspected	
17	cavity (模穴)	CB10-45 (CB10-45.3)	Clash		Not inspected	
18	cavity (模穴)	CB10-45 (CB10-45.1)	Clash		Not inspected	
19	cavity (模穴)	CB10-45 (CB10-45.4)	Clash		Not inspected	

8.2 模具作動干涉檢查

1. 作動干涉檢查除可知模具在閉模狀態（一般模具設計皆以下止點設計）時，是否發生干涉外，並可結合模具作動模擬功能，偵測出模具各主體結構、標準結構與部品零件在作動過程中是否發生干涉。
2. 模具經由靜、動態干涉檢查，在模具製造之前可針對干涉部分進行修改，以有效地確認模具設計正確性。

模具作動干涉檢查操作說明

1. 開啓引伸模具組立檔，進入 CATIA 裡面的 DMU Fitting 模組。

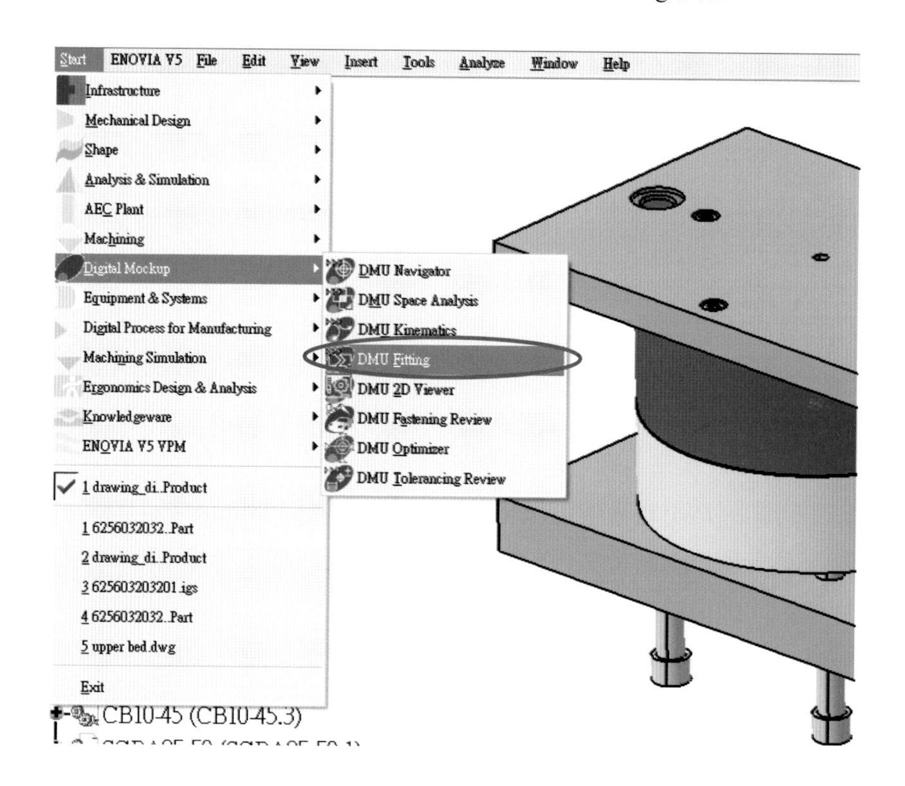

2. 點選模具作動程序 Sequence .1 後，進入作動程序編輯與作動程序播放。

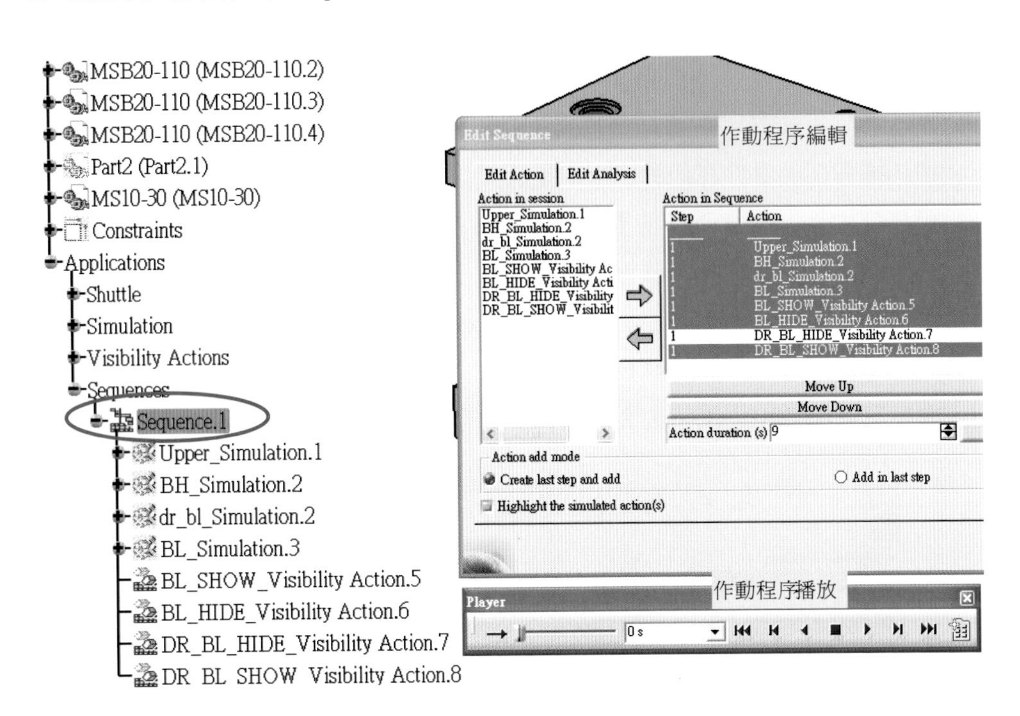

3. 在作動程序播放功能中，以逐步播放鍵【 Step Forward】依序逐步播放模具每個作動，在每個作動後可點選【 Clash】指令，在 Check Clash 視窗內 TYPE 欄位選取 Clearance+Contact+Clash，然後按下 Apply 後則出現 Preview 與 Check Clash 視窗，即可檢查模具在每個作動過程中干涉情形。以引伸模具第二張作動圖爲壓料板與上模移動群組上 Z+ 方向 60 mm，此時有二項檢測重點，第一項爲壓料板與模仁間仍需保持滑動接觸，經由 Contact 得知壓料板與模仁間仍保持滑動接觸。第二項爲導柱與襯套仍需保持滑動接觸，但在 Contact 檢查中無導柱與襯套滑動接觸，且由作動圖中得知導柱已脫離襯套，並經由 Clearance 檢查得知，導柱與襯套距離爲 12.14 mm，因此需將襯套長度由 50 mm 增長爲 70 mm。

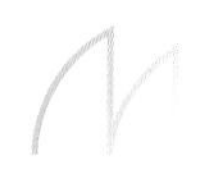

4. 所有作動過程中皆需干涉檢查，以確保模具作動過程中無任何干涉發生。

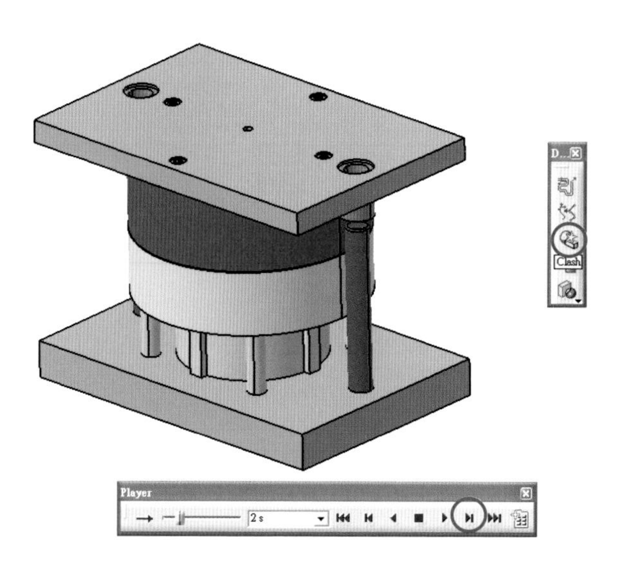

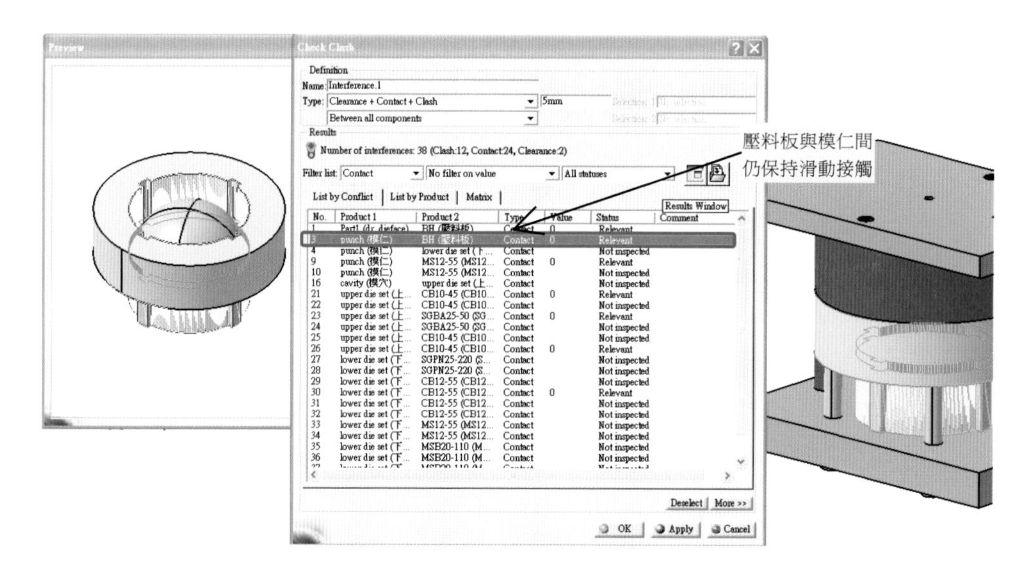

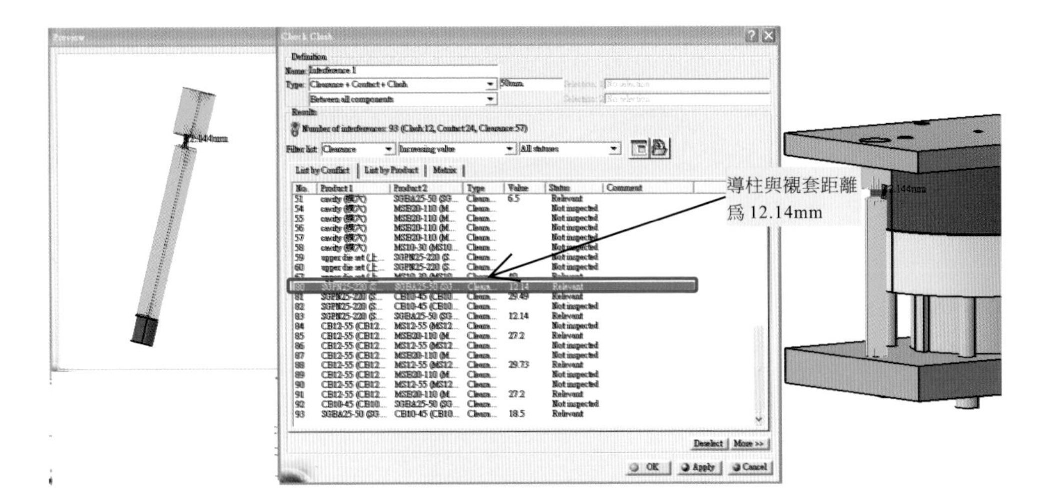
導柱與襯套距離
爲 12.14mm

9

模具工程圖

9.1 圖框設計

9.2 模具組立圖繪製

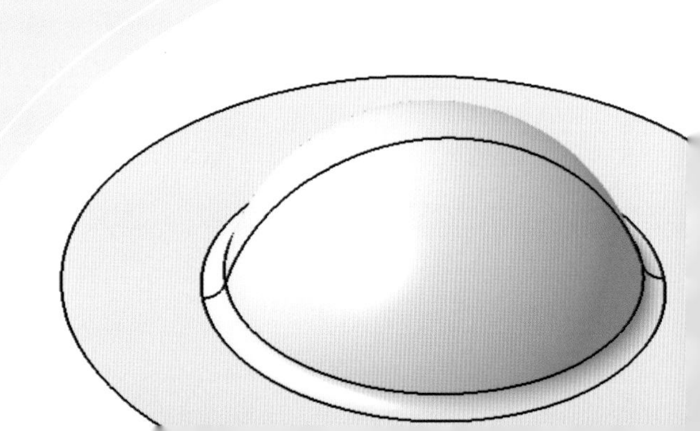

9.1 圖框設計

1. 一般模具圖框內容包括：標題欄位、公差標準說明欄位、版本管控欄位、註解說明區與模具視圖區等。
2. 模具組立圖之標題欄位，包括：客戶名稱、產品編號與名稱、產品材質、模具編號與名稱、工程別、生產設備、圖面頁數、單位、視圖角法、圖面比例、圖面設計審核與核准者，發行時間等。如下表所示：

客户名稱	○○公司	產品編號	TC6011000	產品名稱	車燈外殼	產品材質	SUS304
模具編號	PDAL2233	模具名稱	引伸模具	工程別	DR 1/3	生產設備	A1-400T
核准	審核	設計	日期	比例	視圖角法	單位	頁 / 總頁
林○○	陳○○	楊○○	2013.05.01	1:10	第 3 角法	mm	1/2
FISTPD	第 一 模 具 公 司 FIST PRESSING DIES INDUSTRY CO., LTD.						

3. 零件圖之標題欄位，包括：產品編號與名稱、模具編號與名稱、工程別、零件編號與名稱、材質與熱處理、數量、單位、視圖角法、圖面比例、圖面設計審核與核准者，發行時間等。如下表所示：

產品編號	TC6011000	產品名稱	車燈外殼	模具編號	PDAL2233	模具名稱 / 工程別	引伸模具 DR 1/3
零件編號	PDAL2233-001	零件名稱	模仁	材質 / 熱處理	SKD11/ HRC55 以上	數量	1
核准	審核	設計	日期	比例	視圖角法	單位	頁 / 總頁
林○○	陳○○	楊○○	2013.05.01	1:4	第 3 角法	mm	1/1
FISTPD	第 一 模 具 公 司 FIST PRESSING DIES INDUSTRY CO., LTD.						

4. 版本管控欄位：主要是在註解模具或零件之圖面版本與版本修改履歷。如下表所示：

NO.	設 計 變 更 記 錄	時 間	擔 當
△			
△			
△			
△			

5. 爲避免圖面尺寸公差過於複雜與凌亂，一般會以尺寸之小數點以下位數來表示公差尺寸。因此，依公司標準在圖框內附公差標準說明欄位。如下表所示：

製造加工公差表示			
*	±0.2	*+0	+0 -0.2
.	±0.1	*.*-0	+0.1 -0
*.**	±0.02	*.**+0	+0 -0.02
圖面上有公差標示時，以圖面公差優先 (* 為標示尺寸之數字)			

6. 註解說明區：主要針對組立件或零件需特別註解說明部份，會依序條列註解說明。
7. 模具視圖區：一般是以第三角法投影視圖來表示模具或零件之前視圖、俯視圖、右側視圖、3D 視圖與尺寸。

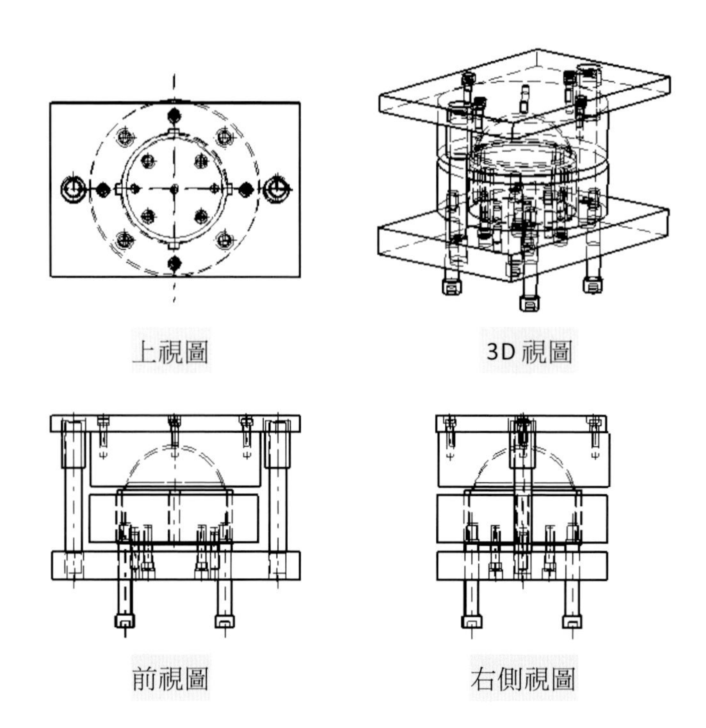

上視圖　　3D 視圖

前視圖　　右側視圖

8. 一般常用圖框尺寸，如下表所示：

圖框類型	圖框尺寸
A0	841×1189 橫印
A1	594×841 橫印
A2	420×594 橫印
A3	297×420 橫印
A4	297×210 直印

圖框設計操作說明

1. 以 A3 尺寸（297×420）橫印圖框設計為範例。首先選擇【Drafting】繪圖模組，並在 Sheet Style 中選擇 A3 ISO，Landscape 中選擇橫印，然後按 OK 鍵，即進入繪圖模組。

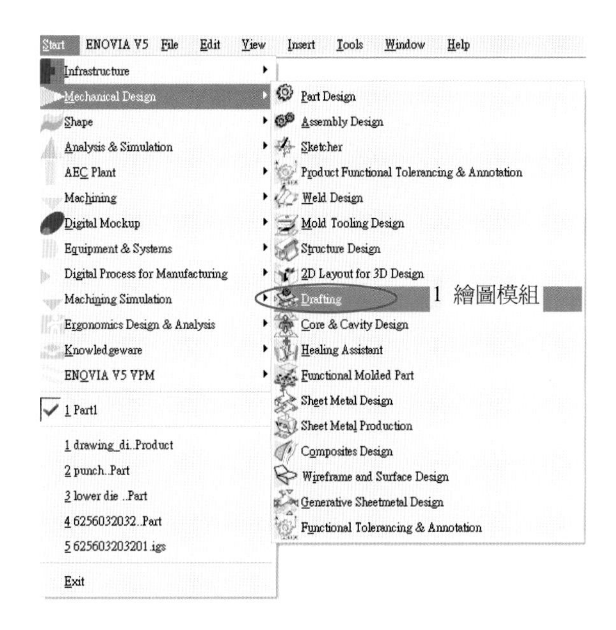

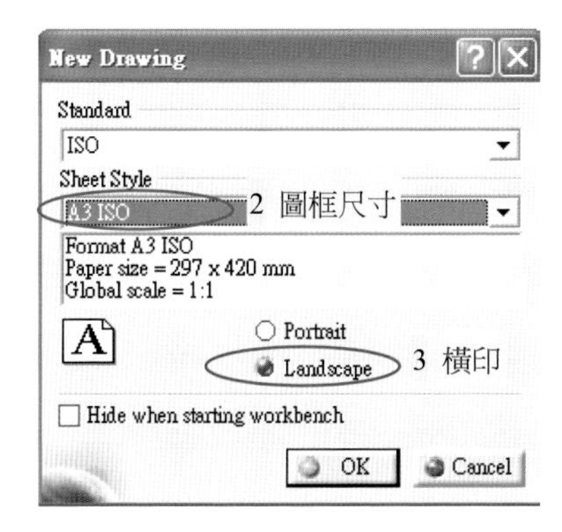

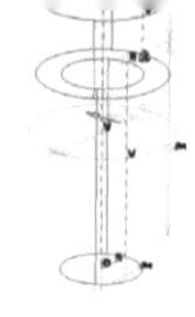

2. 在圖框設計時，爲避免圖框在繪圖過程中不小心被修改與刪除，一般會在背景建置圖框。因此，在 Edit 中選取 Sheet Background 後，即進入背景繪圖區。

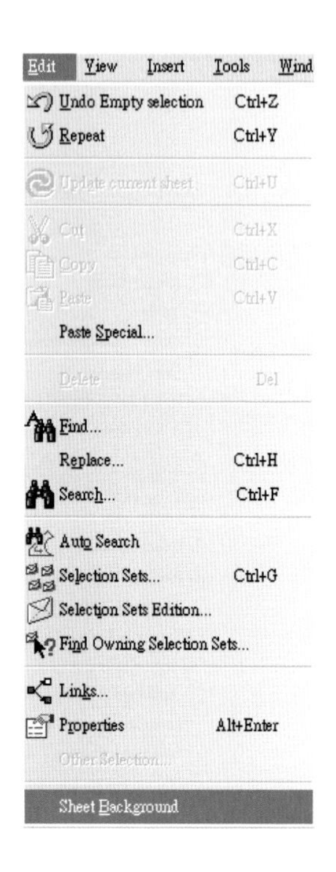

3. 以【 Frame Cration】繪製 A3 尺寸（297×420）橫印之標準圖框（Drawing Titleblock Sample1）。由於標準圖框中標題欄非客製類型，所以可將原標題欄範圍圈選後刪除，再重新客製化建立新標題欄。

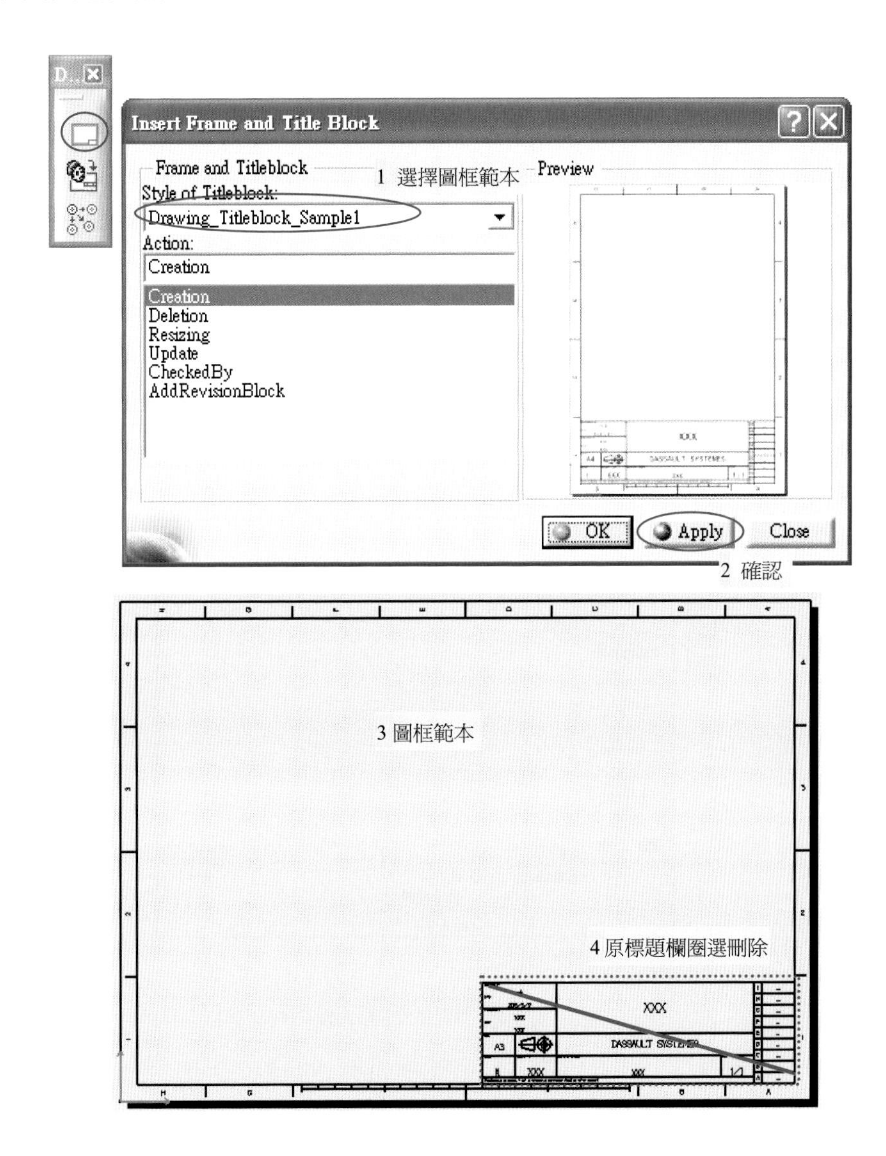

4. 客製化標題欄內容（如前述2.模具組立圖之標題欄或3.零件圖之標題欄說明）先以 Excel 先行輸入，並另存爲 CSV 格式檔案。以【Table from CSV】功能鍵將標題欄 CSV 檔案讀入。在欄位處按右鍵中 Properties 指令可調整標題欄內容格式與尺寸。完成欄位內容編輯後，移至右下角對齊圖框（shift+ 滑鼠左鍵可微調整位置）。若需放入公司 LOGO，以 Insert 功能鍵中 Picture 指令插入 LOGO 圖片，即可完成客製化標題欄製作。

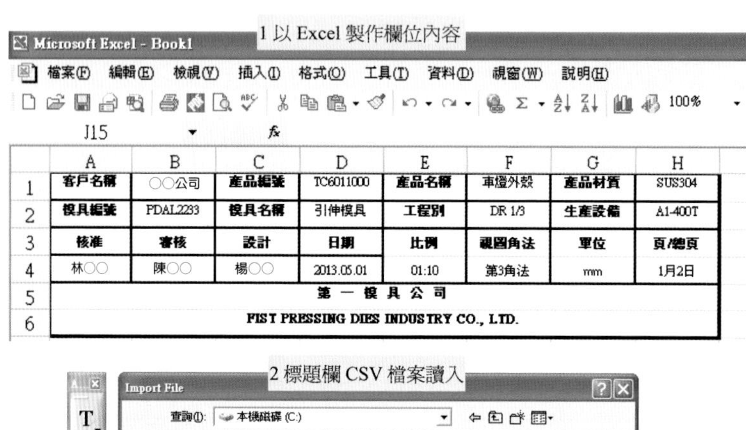

1 以 Excel 製作欄位內容

	A	B	C	D	E	F	G	H
1	客戶名稱	○○公司	產品編號	TC6011000	產品名稱	車燈外殼	產品材質	SUS304
2	模具編號	PDAL2233	模具名稱	引伸模具	工程別	DR 1/3	生產設備	A1-400T
3	核准	審核	設計	日期	比例	視圖角法	單位	頁/總頁
4	林○○	陳○○	楊○○	2013.05.01	01:10	第3角法	mm	1月2日
5	第 一 模 具 公 司							
6	FIST PRESSING DIES INDUSTRY CO., LTD.							

2 標題欄 CSV 檔案讀入

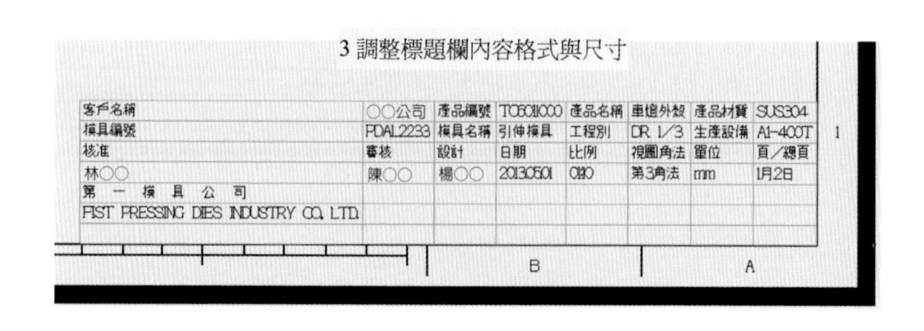

3 調整標題欄內容格式與尺寸

4 完成標題欄內容

客戶名稱	○○公司	產品編號	TC6011000	產品名稱	車燈外殼	產品材質	SUS304
模具編號	PDAL2233	模具名稱	引伸模具	工程別	DR 1/3	生產設備	A1-400T
核准	審核	設計	日期	比例	視圖角法	單位	頁/總頁
林○○	陳○○	楊○○	20130501	1：10	第3角法	mm	1/2

FIST PD　第　一　模　具　公　司
FIST PRESSING DIES INDUSTRY CO. LTD.

1　B　A

5. 版本管控欄位製作內容（如前述 4. 說明）先以 Excel，可行輸入，並另存爲 CSV 格式檔案。以【Table from CSV】功能鍵將標題欄 CSV 檔案讀入。在欄位處按右鍵中 Properties 指令，調整標題欄內容格式與尺寸。完成欄位內容編輯後移至右上角對齊圖框（shift+ 滑鼠左鍵可微調整位置）。

Microsoft Excel - Book2

檔案(F)　編輯(E)　檢視(V)　插入(I)　格式(O)　工具(T)　資料(D)

F4　fx

	A	B	C	D
1	NO.	設計變更記錄	時間	擔當
2				
3				
4				
5				

B　A

NO.	設計變更記錄	時間	擔當

4

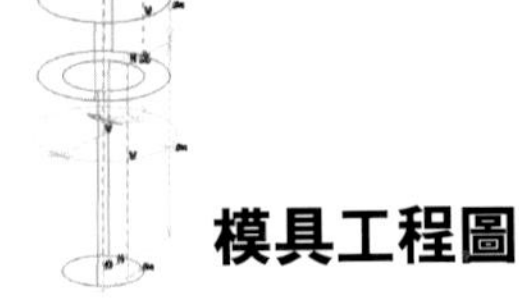

6. 公差標準說明欄位製作內容（如前述 5. 說明），可以 Excel 先行輸入，並另存爲 CSV 格式檔案。以【 Table from CSV】功能鍵，將標題欄 CSV 檔案讀入。在欄位處按右鍵中 Properties 指令可調整標題欄內容格式與尺寸。完成欄位內容編輯後移至版本管控欄位下方對齊（shift+ 滑鼠左鍵可微調整位置）。

Microsoft Excel - Book3

檔案(F) 編輯(E) 檢視(V) 插入(I) 格式(O) 工具

G12 fx

	A	B	C	D
1	製造加工公差表示			
2	*	±0.2	*+0	0
3				-0.2
4	*.*	±0.1	*.*-0	0.1
5				0
6	*.**	±0.02	*.**+0	0
7				-0.02
8	圖面上有公差標示時，以圖面公差優先			

B A

NO.	設 計 變 更 記 錄	時 間	擔 當

4

製造加工公差表示			
*	±0.2	* +0	0 -0.2
**	±0.1	** -0	0.1 0
***	±0.02	*** +0	0 -0.02
圖面上有公差標示時，以圖面公差優先			

7. 完成圖框內容設計後，在 Edit 中選取 Working Views，指令即跳出背景繪圖區。並儲存為 A3LAYOUT.CATDrawing 檔案。

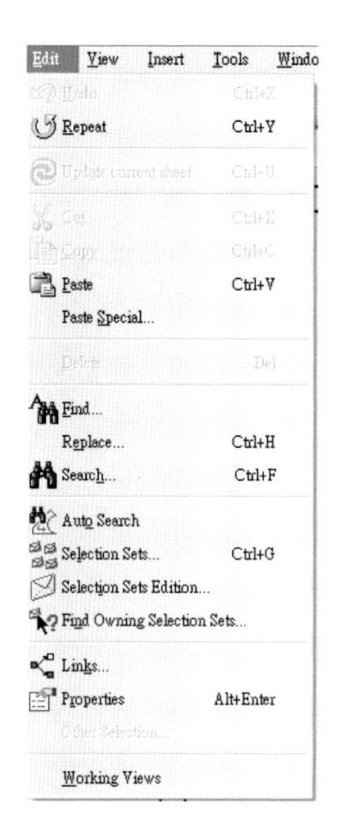

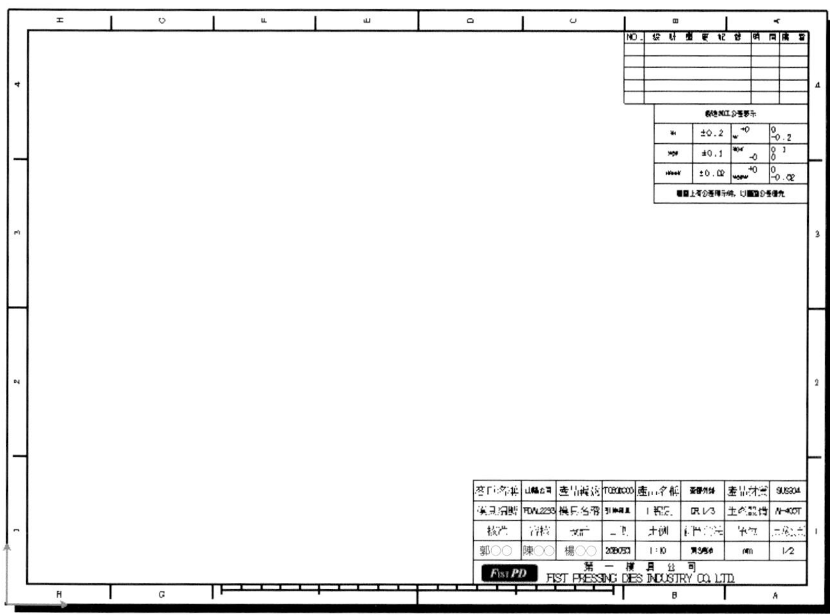

9.2 模具組立圖繪製

1. 模具圖繪製主要目的是提供客戶確認模具結構是否正確，並做爲後續模具組立參考。
2. 一般模具組立圖包括整副模具閉模狀態組立圖與上、下模平面組立圖。

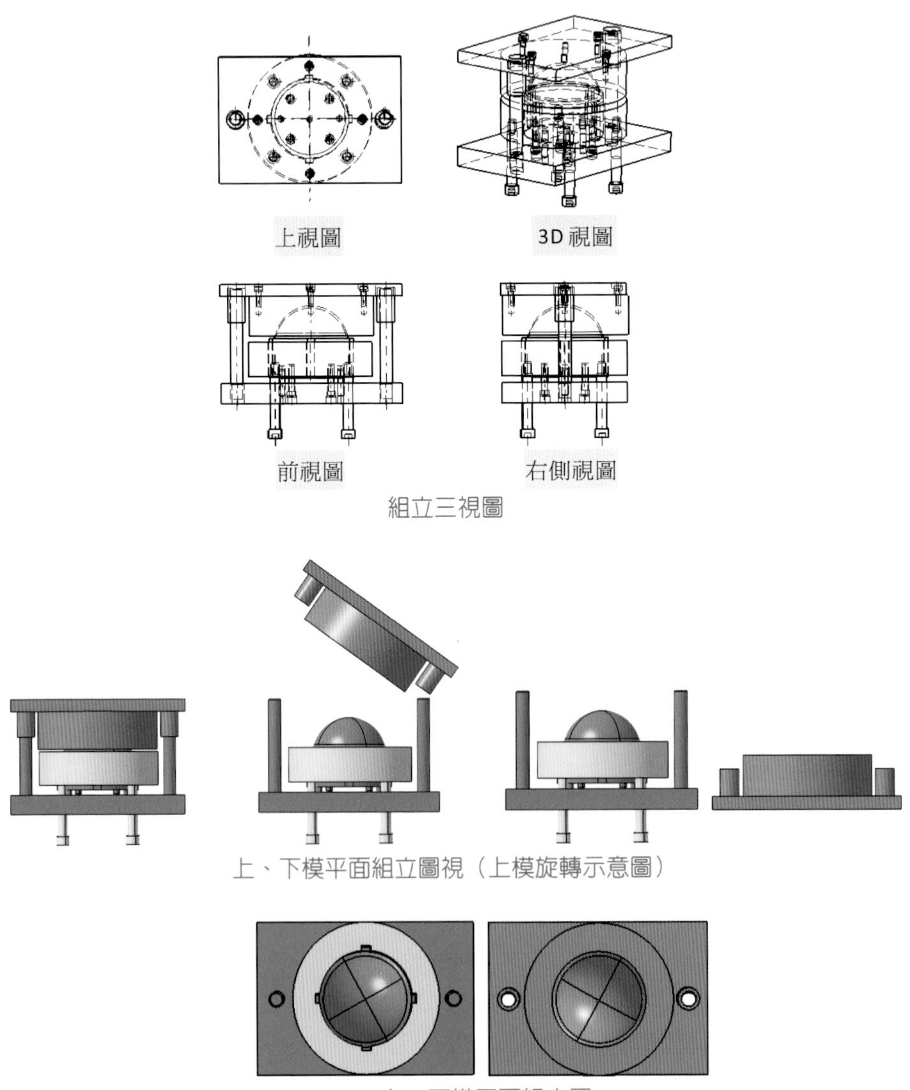

組立三視圖

上、下模平面組立圖視（上模旋轉示意圖）

上、下模平面組立圖

模具組立圖繪製操作說明

1. 開啓 A3 圖框檔 A3LAYOUT.CATDrawing，並在 Sheet 處按右鍵，在 Properties 指令中選擇圖視角法－第三角法（Third angle Standard）。

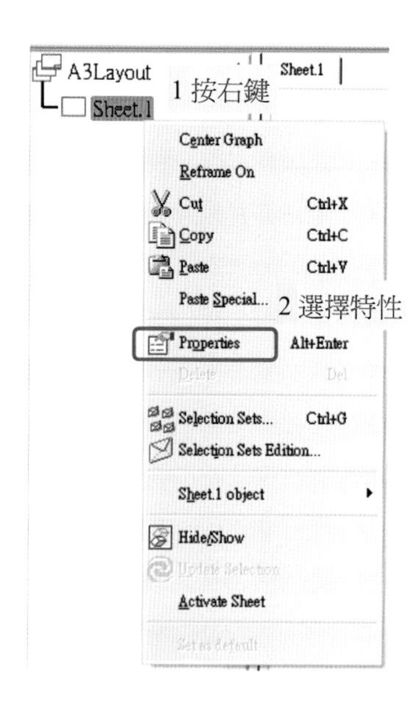

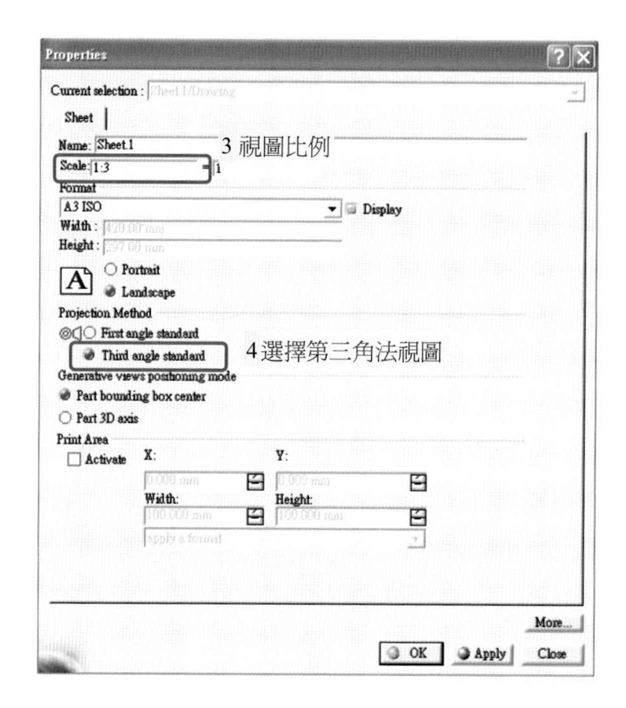

2. 選擇【View Creation Wizard】規劃組立件之視圖位置，包括：前視圖、俯視圖、右側視圖與立體視圖。完成後至 3D 實體圖中擇一平面爲視圖依據，進行組立件之 2D 圖自動轉換繪製。並調整視圖比例，使其所有視圖可入 A3 圖框中。

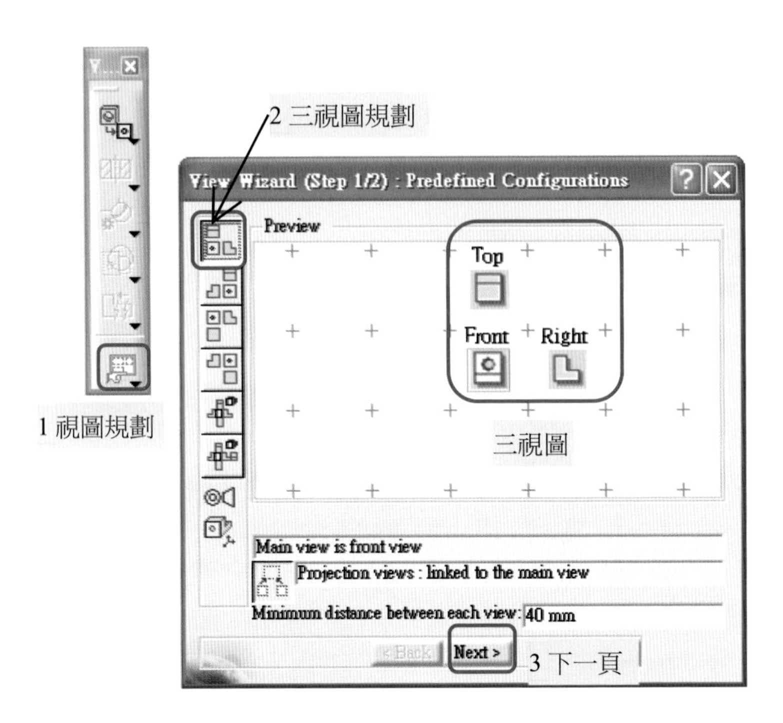
1 視圖規劃
2 三視圖規劃
View Wizard (Step 1/2) : Predefined Configurations
Preview
Top
Front
Right
三視圖
Main view is front view
Projection views : linked to the main view
Minimum distance between each view: 40 mm
< Back
Next >
3 下一頁

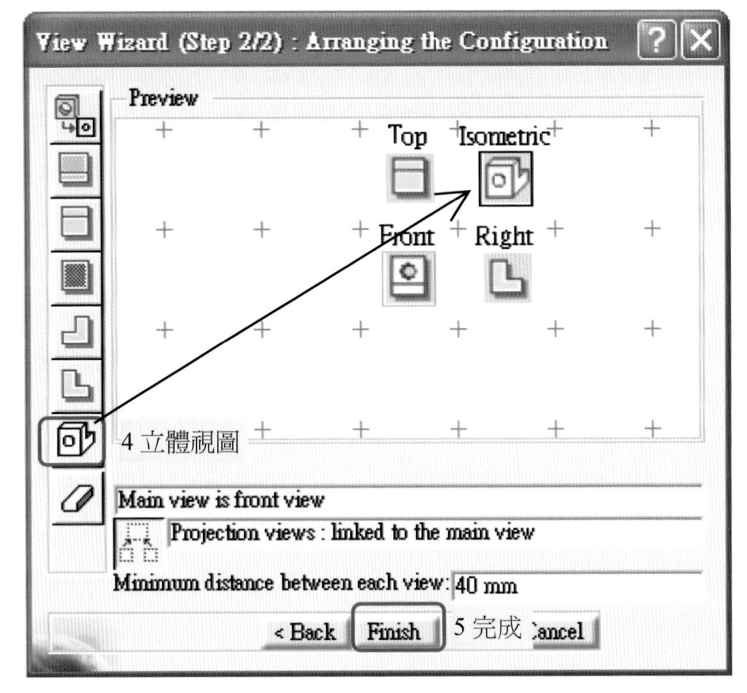
View Wizard (Step 2/2) : Arranging the Configuration
Preview
Top
Isometric
Front
Right
4 立體視圖
Main view is front view
Projection views : linked to the main view
Minimum distance between each view: 40 mm
< Back
Finish
5 完成
Cancel

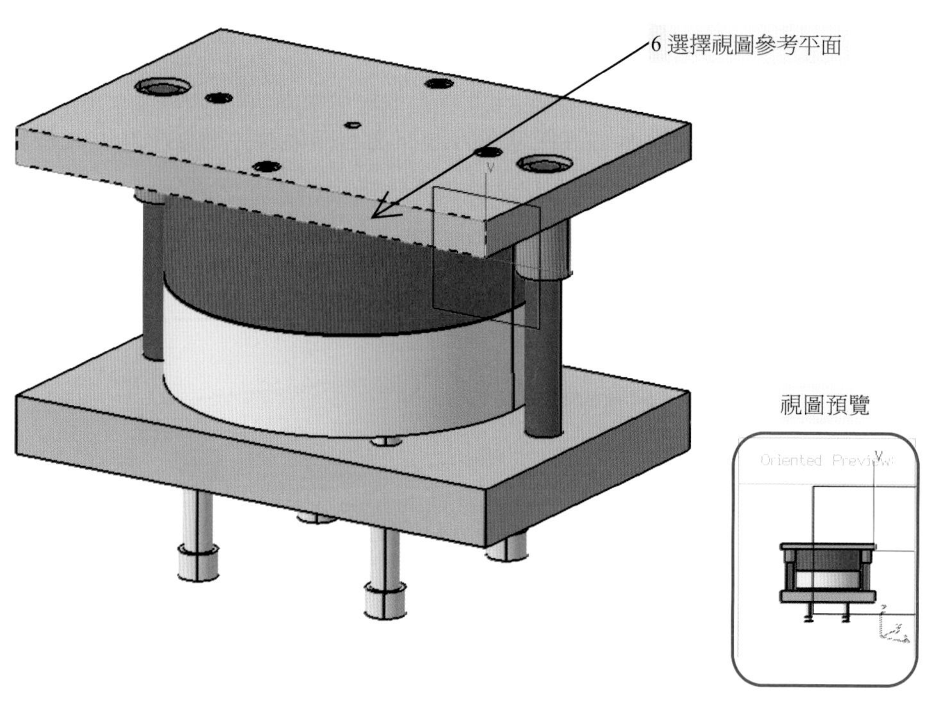
6 選擇視圖參考平面
視圖預覽
Oriented Preview

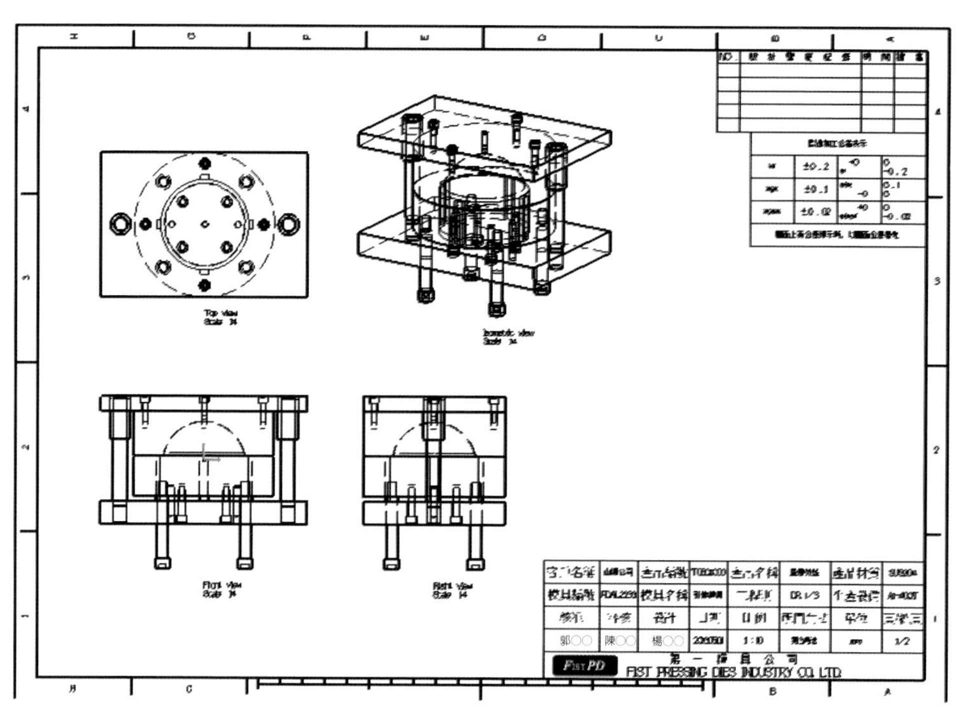
Top View
Front View
Right View
第一模具公司
FIST PRESSING DIES INDUSTRY CO. LTD.

3. 上、下模組立圖之繪製，必須將閉模狀態之 3D 組立模具之上模部分，旋轉 180 度後平放。首先，在組立設計模組（Assembly Design）中以【Snap】指令，將上模所有零件以投入取出之方向旋轉，進行 180 度旋轉與移動對齊【Manipulation】，以利後續上、下模組立圖之繪製輸出。

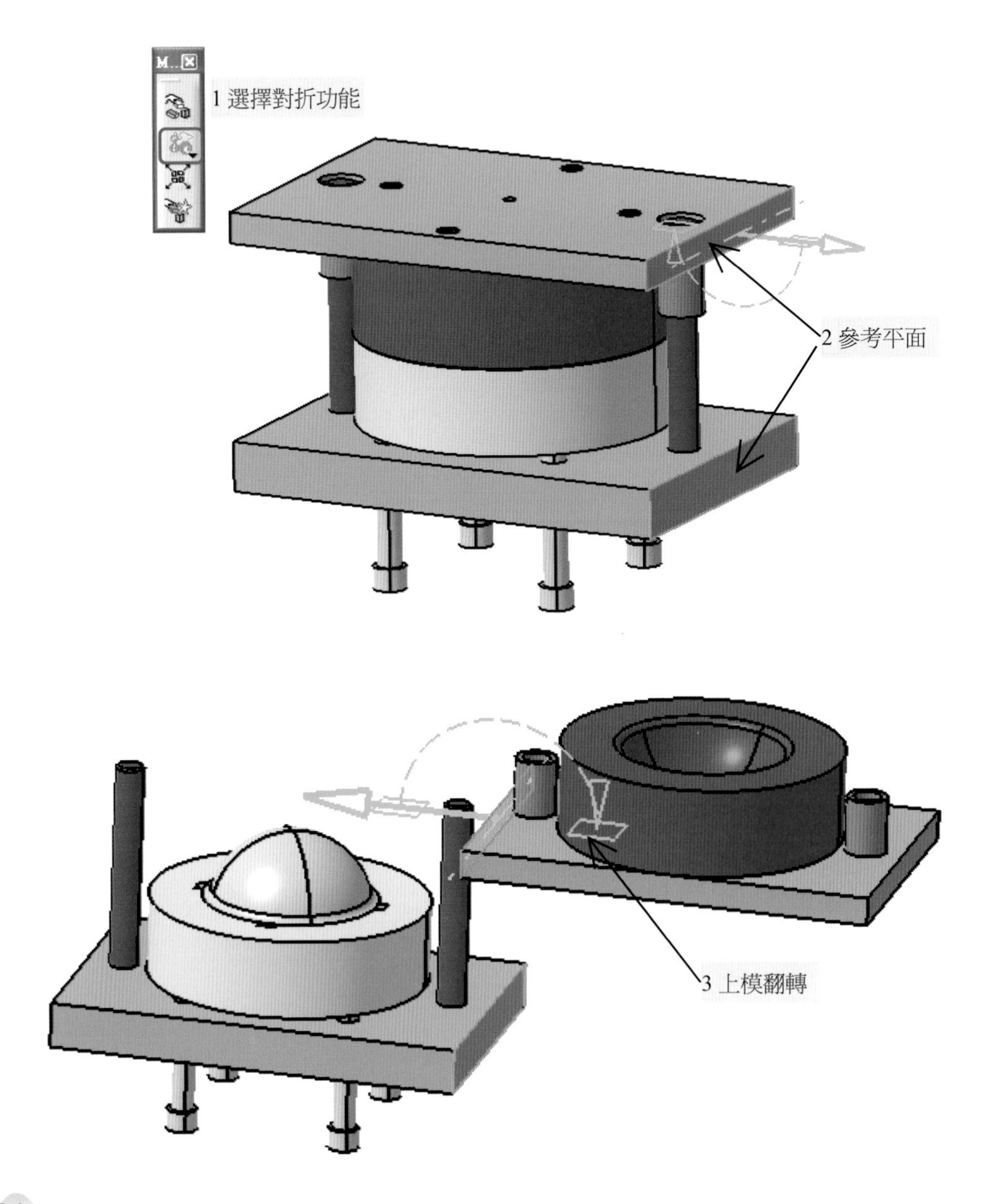

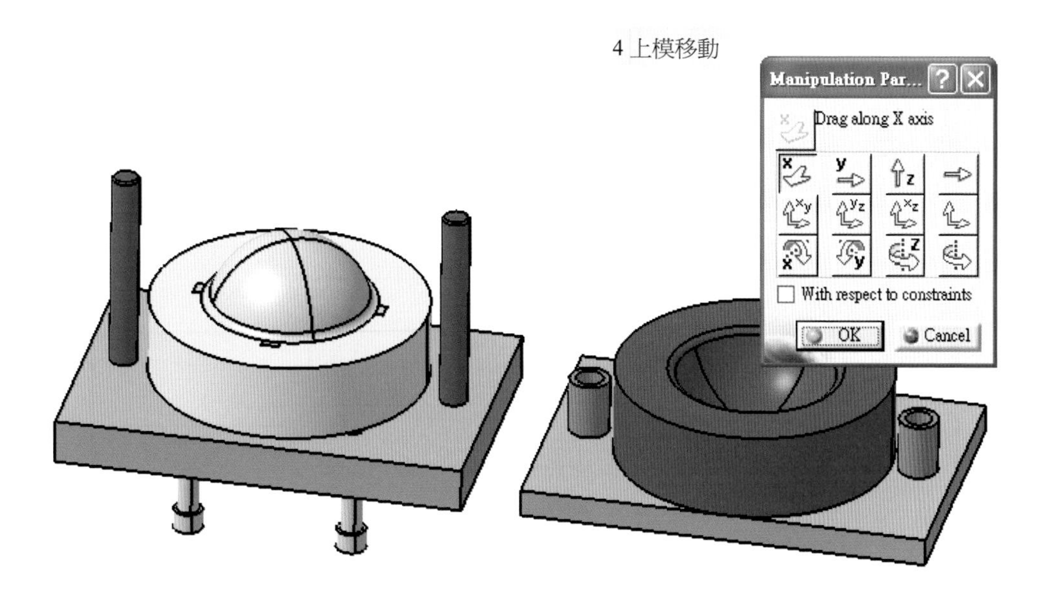

4. 在 Insert 中 Drawing 指令建立新圖紙（New Sheet），以【 Front View】功能鍵，在 3D 組立圖中選擇視圖參考平面後，即可在 2D 圖紙上自動完成建立上、下模組立圖。

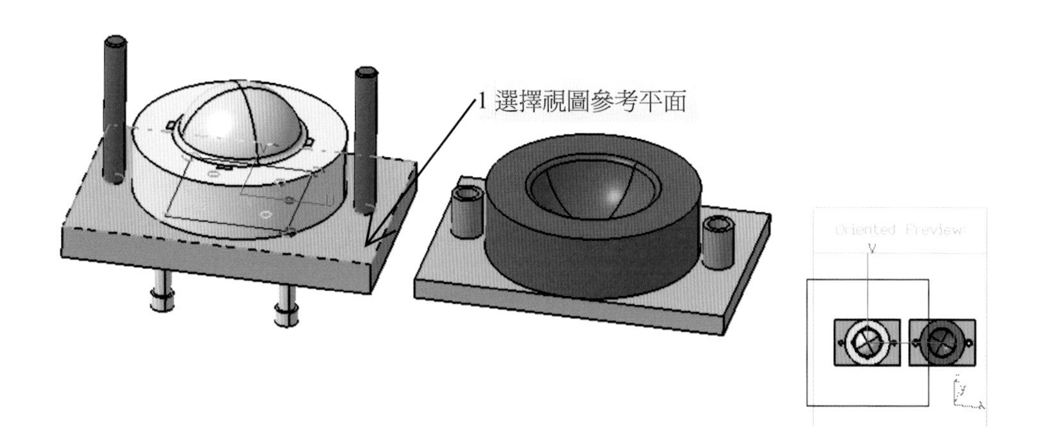

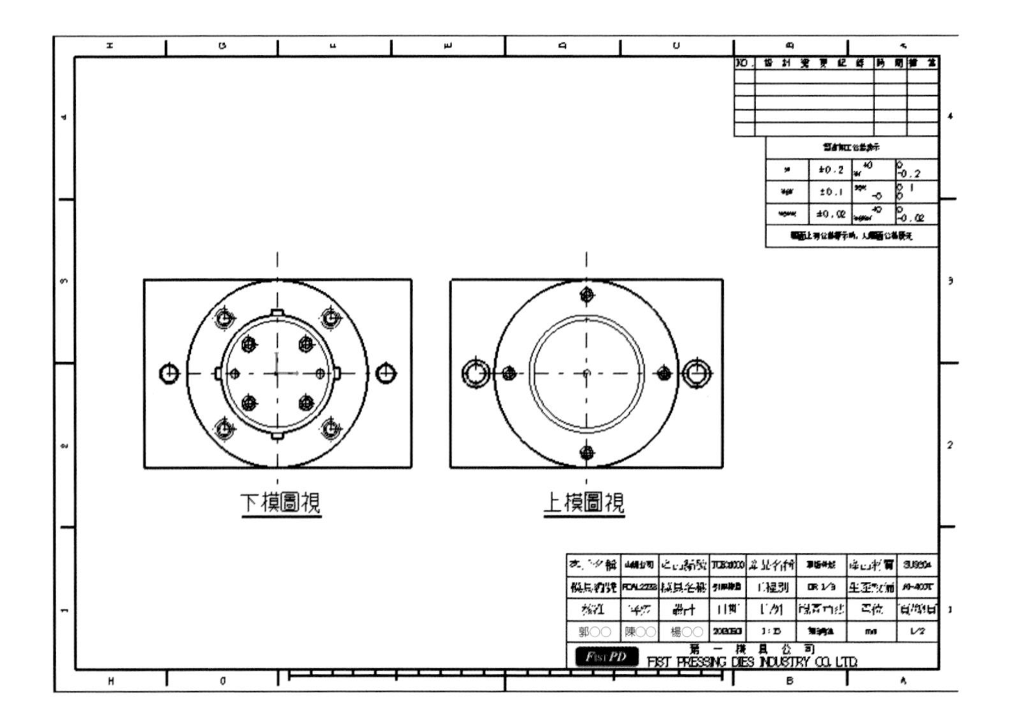
下模圖視
上模圖視
±0.2
±0.1
±0.02
SUS304
郭○○
陳○○
楊○○
1:15
L/2
第 一 模 具 公 司
FIST PRESSING DIES INDUSTRY CO. LTD.

10

BOM 表

10.1 模具零件基本訊息建立

10.2 BOM 表建立

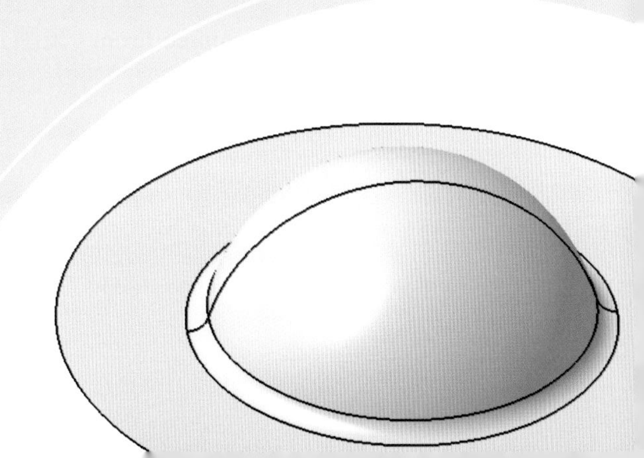

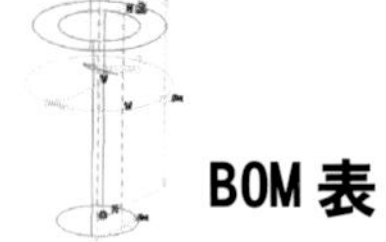

10.1 模具零件基本訊息建立

1. 零件清單（Bill of Material，簡稱 BOM），主要是詳細記錄每一個模具零件之名稱、品號、材料、規格、數量、零件來源與其他相關訊息等等。在一般沖壓模具配合採購及管理需求，其零件清單是由標準零件、外購零件與自製零件所構成。模具零件種類繁多，若以人工方式統計與輸入零件清單，往往因疏忽而發生採購短缺或不正確。
2. 隨著 3D 實體模具設計技術在模具業中廣泛被應用，設計完成之模具實體設相關訊息經由 BOM 表自動生成，該自動生成 BOM 表不但可正確地輸出所有部品相關訊息外，更提供了公司 CAPP、PDM 與 ERP 系統中銷售、採購、製造、庫存與財務重要資訊。
3. 一般 BOM 表中各部品零件基本訊息包括：項次、部品名稱、品號、材料、規格尺寸、數量、來源、備註等。

模具零件基本訊息建立操作說明

1. 由於每個零件性質（Properties）欄位中需有 BOM 表所需相關訊息內容項目，包括：名稱、品號、材料、規格、數量、零件來源與其他相關訊息項目，因此在提供零件性質設定功能中，提供了 BOM 表訊息項目統一命名檔案輸入功能，讓所有零件性質設定中皆有相同訊息項目命名，以利後續 BOM 表格式項目輸出。
2. 開啓微軟記事本（NotePad）程式，即可將 BOM 表中部品零件基本訊息內容項目依序以英文統一命名輸入（中文無法在 BOM 輸出讀取）：NO.（項次）、Part Name（部品名稱）、Part NO.（品號）、Material（材料）、Size（規格尺寸）、Quantity（數量）、Source From（來源）、Note（備註）等八欄位名稱。完成統一命名後儲存爲 BOM.txt。

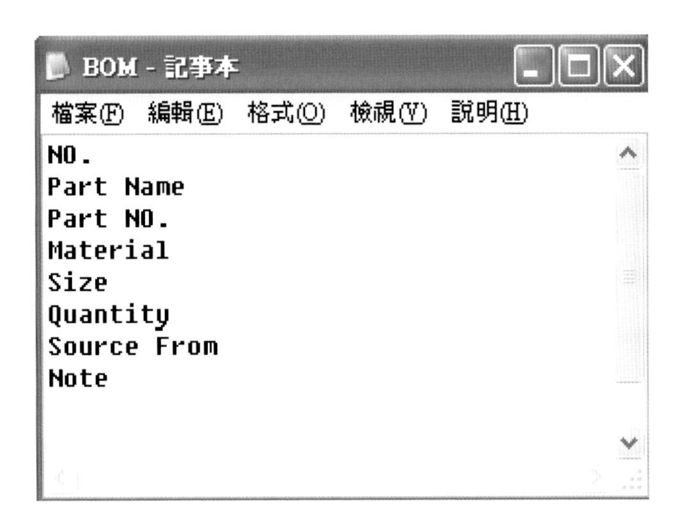

3. 開啓引伸模具組立檔，在每個部品零件中按下右鍵後選擇 Properties 指令進入零件性質視窗。在零件性質視窗點選 Define other properties 後，以 Extemal Properties 匯入先前製作的 BOM 訊息內容項目之檔案 BOM.txt 後開啓，模具零件 BOM 表所需訊息內容將會匯入零件性質視窗。

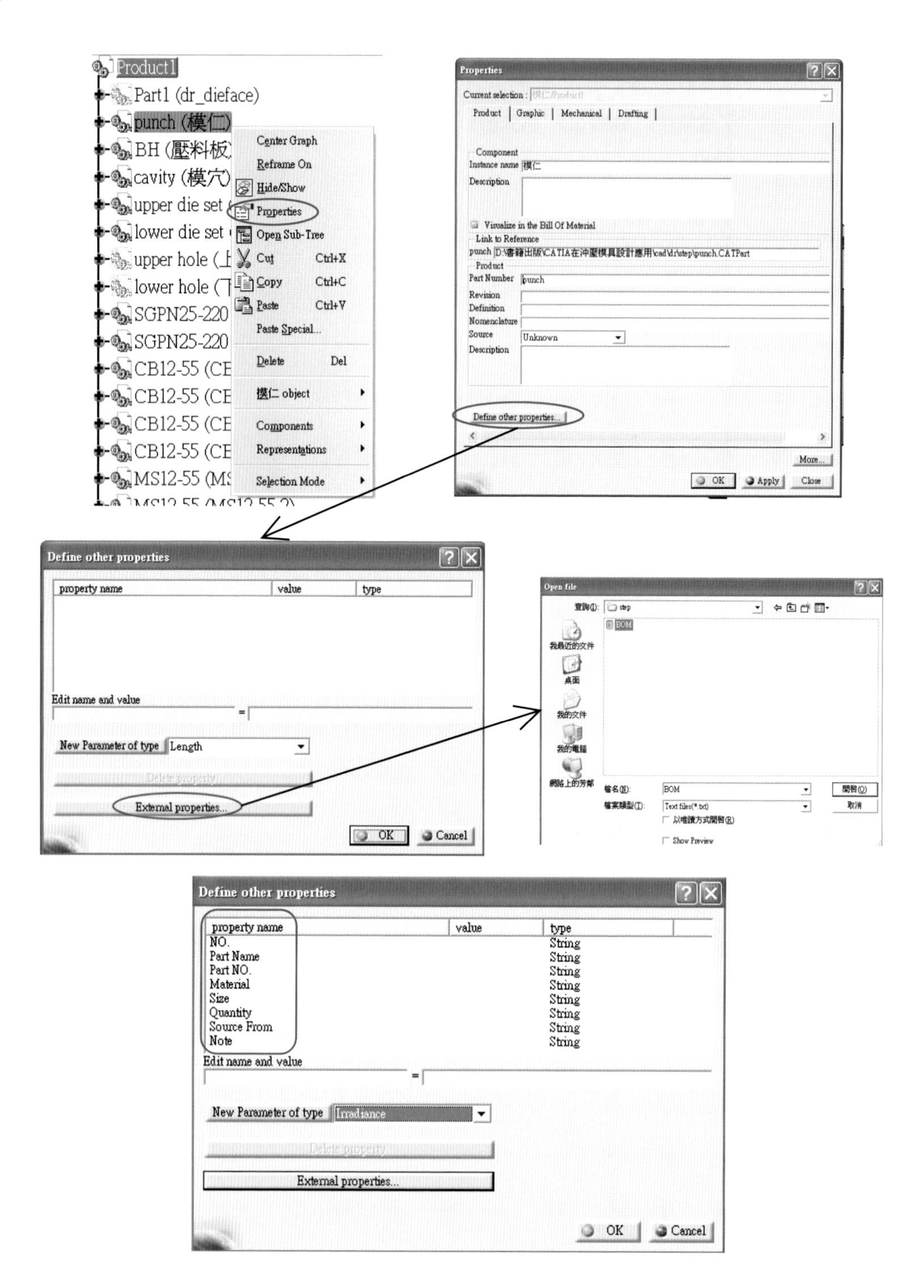

Product1
Part1 (dr_dieface)
punch (模仁)
Center Graph
Reframe On
Hide/Show
Properties
Open Sub-Tree
Cut Ctrl+X
Copy Ctrl+C
Paste Ctrl+V
Paste Special...
Delete Del
模仁 object
Components
Representations
Selection Mode
Properties
Define other properties...
Define other properties
property name
value
type
Edit name and value
New Parameter of type
Length
Delete property
External properties...
OK
Cancel
Open file
BOM
NO.
Part Name
Part NO.
Material
Size
Quantity
Source From
Note
String
Irradiance

Properties

Current selection : 模仁/Product1

Product | Graphic | Mechanical | Drafting

Product

Part Number punch

Revision

Definition

Nomenclature

Source Unknown

Description

Product: Added Properties

NO.

Part Name

Part NO.

Material

Size

Quantity

Source From

Note

Define other properties...

More...

OK Apply Close

4. 在零件性質設定中依序填入相關資料，例如在模仁零件中填入下列資料：

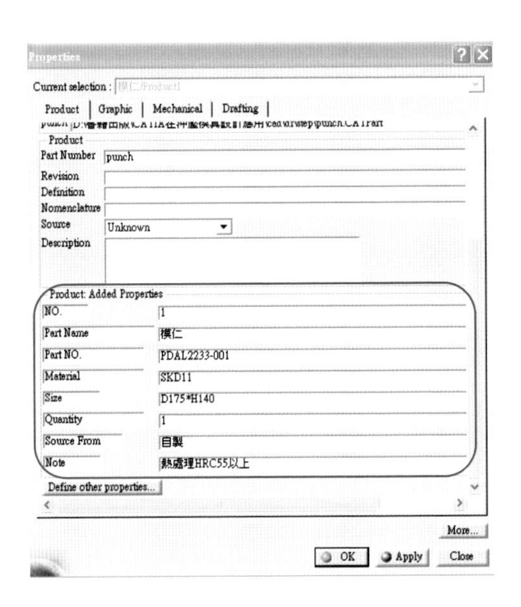

5. 所有模具零件重覆以上述步驟3-4，依序填入BOM表訊息內容項目相關資料，即可完成所有零件 BOM 表內容。另外，同一規格零件有多個時，只需填寫一次，並明確填寫零件數量。

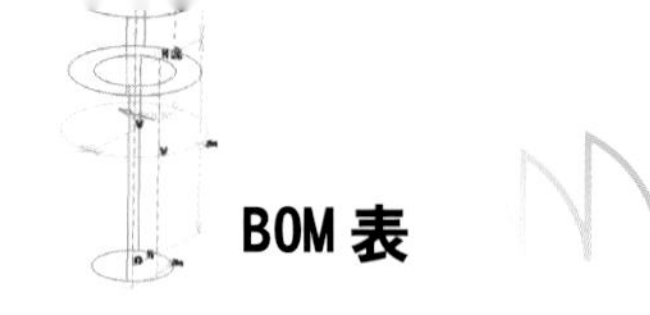

10.2　BOM 表建立

1. 一般 BOM 表包括二部分內容。第一部分爲產品與模具訊息，例如：產品編號與名稱、模具編號與名稱、設計者與審核者等。第二部分爲部品零件基本訊息，例如：部品名稱、品號、材料、規格、數量、來源與其他備註等。參考表格如下：

XX 模具公司

模具 BOM 表　　時間：　年　月　日

產品	編號		模具	編號		工序	
	名稱			名稱		工序名稱	
項次	部品名稱	品號	材料	規格	數量	來源	備註

核准：＿＿＿＿＿＿　審核：＿＿＿＿＿＿　設計：＿＿＿＿＿＿

BOM 輸出操作說明

1. 開啓工具列中 Analyze 功能鍵，選擇 Bill of Material 指令後，將會出現 BOM 表內容項目設定視窗。

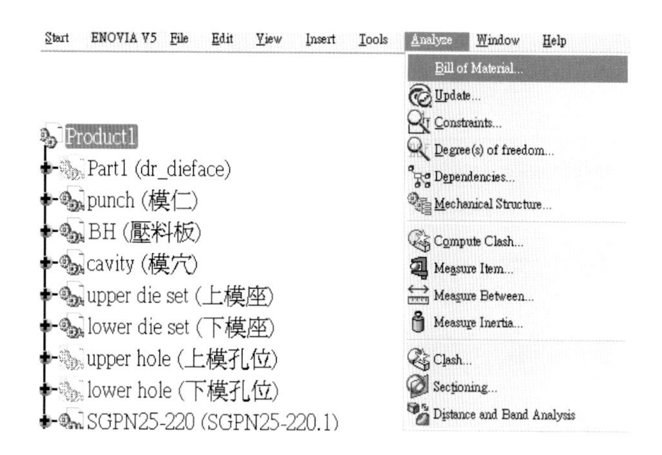

2. BOM 表內容設定視窗中分爲二區，第一區爲 BOM 表性質顯示區，主要是顯示總組立與各次組立部品零件清單內容。第二區爲 BOM 表摘要顯示區，主要是顯示總組立所有部品零件清單內容（不分組立層次）。BOM 表之自訂內容項目可按右下角之 Define formats 指令依序進行設定。

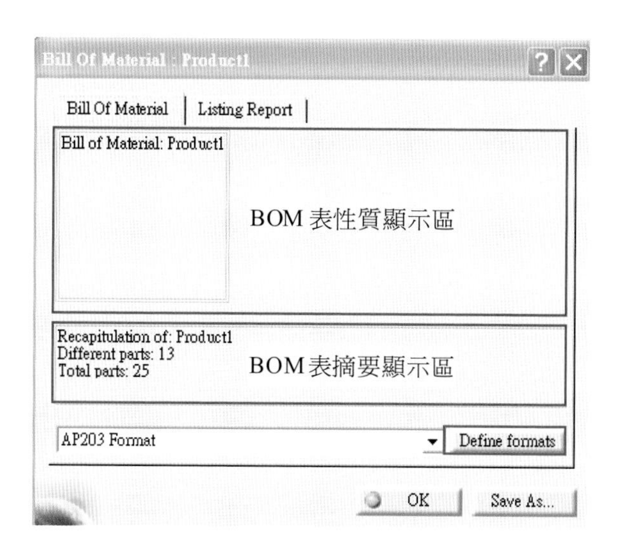

3. 在 Define formats 視窗之 BOM 表性質顯示區與 BOM 表摘要顯示區，依序將 BOM 所需零件之基本訊息內容由右側隱藏欄移至左側顯示欄中。其零件之基本訊息內容依序爲：NO.、Part Name、Part NO.、Material、Size、Quantity、Source From、Note 等八項。完成後按下 OK，即完成組立件 BOM 表。

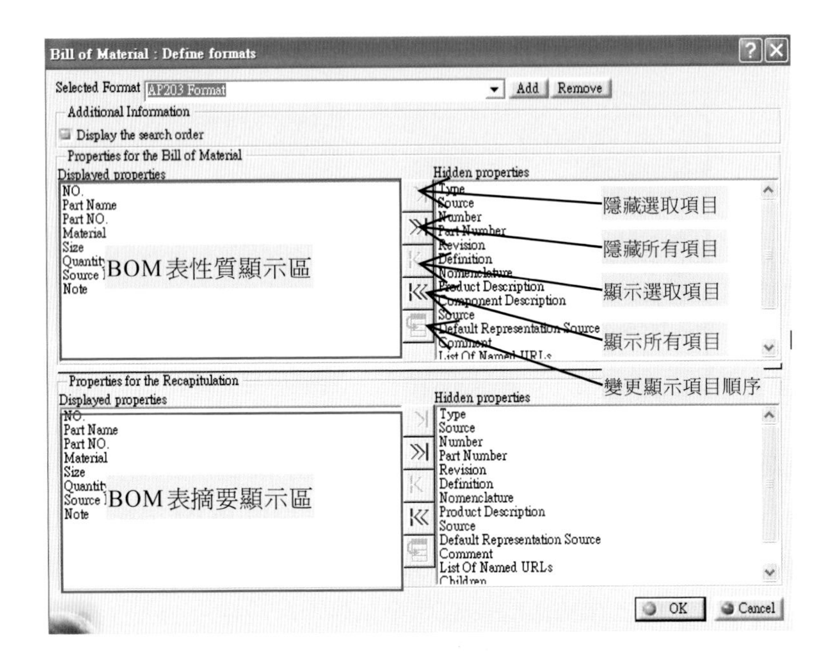

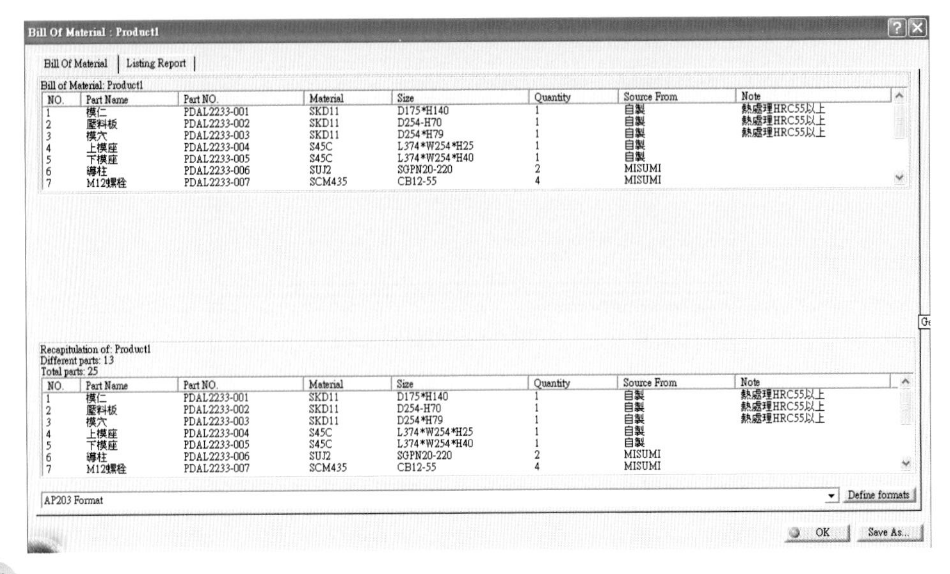

Bill Of Material : Product1

Bill Of Material | Listing Report

Bill of Material: Product1

NO.	Part Name	Part NO.	Material	Size	Quantity	Source From	Note
1	模仁	PDAL2233-001	SKD11	D175*H140	1	自製	熱處理HRC55以上
2	壓料板	PDAL2233-002	SKD11	D254-H70	1	自製	熱處理HRC55以上
3	模穴	PDAL2233-003	SKD11	D254*H79	1	自製	熱處理HRC55以上
4	上模座	PDAL2233-004	S45C	L374*W254*H25	1	自製	
5	下模座	PDAL2233-005	S45C	L374*W254*H40	1	自製	
6	導柱	PDAL2233-006	SUJ2	SGPN20-220	2	MISUMI	
7	M12螺栓	PDAL2233-007	SCM435	CB12-55	4	MISUMI	

Recapitulation of: Product1
Different parts: 13
Total parts: 25

NO.	Part Name	Part NO.	Material	Size	Quantity	Source From	Note
1	模仁	PDAL2233-001	SKD11	D175*H140	1	自製	熱處理HRC55以上
2	壓料板	PDAL2233-002	SKD11	D254-H70	1	自製	熱處理HRC55以上
3	模穴	PDAL2233-003	SKD11	D254*H79	1	自製	熱處理HRC55以上
4	上模座	PDAL2233-004	S45C	L374*W254*H25	1	自製	
5	下模座	PDAL2233-005	S45C	L374*W254*H40	1	自製	
6	導柱	PDAL2233-006	SUJ2	SGPN20-220	2	MISUMI	
7	M12螺栓	PDAL2233-007	SCM435	CB12-55	4	MISUMI	

AP203 Format | Define formats

OK | Save As...

4. 完成之 BOM 表後，以 Save as 可另存為 txt、html、Excel 格式。方便後續 BOM 表資料編輯與運用。

第一模具公司							
		模具 BOM 表		時間：102 年 06 月 30 日			
產品	編號	TC6011000	模具	編號	PDAL2233	工序	DR 1/3
	名稱	車燈外殼		名稱	車燈外殼之引伸模具	工序名稱	引伸
項次	部品名稱	品號	材料	規格	數量	來源	備註
1	模仁	PDAL2233-001	SKD11	D175*H140	1	自製	熱處理 HRC55 以上
2	壓料板	PDAL2233-002	SKD11	D254-H70	1	自製	熱處理 HRC55 以上
3	模穴	PDAL2233-003	SKD11	D254*H79	1	自製	熱處理 HRC55 以上
4	上模座	PDAL2233-004	S45C	L374*W254*H25	1	自製	
5	下模座	PDAL2233-005	S45C	L374*W254*H40	1	自製	
6	導柱	PDAL2233-006	SUJ2	SGPN20-220	2	MISUMI	
7	M12 螺栓	PDAL2233-007	SCM435	CB12-55	4	MISUMI	
8	D12 定位銷	PDAL2233-008	SUJ2	MS12-55	2	MISUMI	
9	M10 螺栓	PDAL2233-009	SCM435	CB10-45	4	MISUMI	
10	襯套	PDAL2233-010	SUJ2	MDB25-80	2	MISUMI	
11	等高螺栓	PDAL2233-011	SCM435	MSB20-110	4	MISUMI	
12	D10 定位銷	PDAL2233-012	SUJ2	MS10-30	1	MISUMI	
核准：○○○			審核：○○○		設計：○○○		

國家圖書館出版品預行編目資料

電腦輔助沖壓模具設計／林栢村，郭峻志著.
——初版. ——臺北市：五南圖書出版股份
有限公司，2013.07
面；　公分
ISBN 978-957-11-7160-9（平裝）

1.模具　2.電腦輔助設計

446.8964　　　102011125

5F59

電腦輔助沖壓模具設計

Computer Aided Stamping Die Design

作　　者— 林栢村　郭峻志
發 行 人— 楊榮川
總 經 理— 楊士清
總 編 輯— 楊秀麗
副總編輯— 王正華
責任編輯— 王者香
封面設計— 小小設計有限公司
出 版 者— 五南圖書出版股份有限公司
地　　址：106台北市大安區和平東路二段339號4樓
電　　話：(02)2705-5066　　傳　　真：(02)2706-6100
網　　址：https://www.wunan.com.tw
電子郵件：wunan@wunan.com.tw
劃撥帳號：01068953
戶　　名：五南圖書出版股份有限公司
法律顧問　林勝安律師
出版日期　2013年7月初版一刷
　　　　　2023年7月初版二刷
定　　價　新臺幣450元